LATEX
入门与实战应用

周峰　周俊庆 / 编著

电子工业出版社
Publishing House of Electronics Industry
北京·BEIJING

内 容 简 介

LaTeX 作为国际上数学、物理、计算机等科技领域专业排版的标准软件，其处理的文稿版面美观，特别擅长排版数学公式和符号，被广泛应用于数学、科技类的文档排版。本书以丰富的实例和简洁的语言，系统讲解了 LaTeX 在 10 个方面的实战应用，即文字、样式、列表与表格、图形、图像和盒子、浮动体、数学公式排版、参考文献排版、自定义命令和环境及幻灯片制作，最后讲解两个 LaTeX 综合实战应用，即中学数学公式手册的排版、普通高考数学试卷的排版。

本书在讲解过程中既考虑读者的学习习惯，又通过具体实例剖析讲解 LaTeX 实战应用中的热点问题、关键问题及种种难题。

本书适合数学、物理、计算机、化学、生物、工程等专业的学生、工程师和教师阅读，也可供对 LaTeX 排版有兴趣的人员阅读，既可作为 LaTeX 入门学习者的简明教程，亦可作为 LaTeX 日常使用者的参阅手册。

未经许可，不得以任何方式复制或抄袭本书之部分或全部内容。
版权所有，侵权必究。

图书在版编目（CIP）数据

LaTeX 入门与实战应用 / 周峰，周俊庆编著. —北京：电子工业出版社，2022.6
ISBN 978-7-121-43479-2

Ⅰ. ①L… Ⅱ. ①周…②周… Ⅲ. ①排版-应用软件 Ⅳ. ①TS803.23

中国版本图书馆 CIP 数据核字（2022）第 084207 号

责任编辑：刘　博
印　　刷：三河市华成印务有限公司
装　　订：三河市华成印务有限公司
出版发行：电子工业出版社
　　　　　北京市海淀区万寿路 173 信箱　　邮编：100036
开　　本：720×1000　1/16　印张：23.75　字数：380 千字
版　　次：2022 年 6 月第 1 版
印　　次：2022 年 6 月第 1 次印刷
定　　价：79.00 元

凡所购买电子工业出版社图书有缺损问题，请向购买书店调换。若书店售缺，请与本社发行部联系，联系及邮购电话：（010）88254888，88258888。

质量投诉请发邮件至 zlts@phei.com.cn，盗版侵权举报请发邮件至 dbqq@phei.com.cn。
本书咨询联系方式：（010）51260888-819，faq@phei.com.cn。

前　　言

　　LaTeX 是一款免费、开源的专业编程排版软件，其最擅长的是数学公式排版，并且数学公式越多、越复杂，其排版效果就越好。LaTeX 可以为数学公式排序，公式的字体、序号的形式和位置等既可由用户设定，也可交给 LaTeX 按照常规方式处理。

　　LaTeX 实现了文档格式处理与内容处理分离功能，即在导言区进行格式设置，在正文中应用即可。这样，当我们修改文档时，可以任意调整其中的篇、章、节、图标，不需要担心序号排列，因为 LaTeX 编程代码中没有序号，序号是在最后编译时自动统一编排添加的，所以不会出错。

　　创建参考文献是 LaTeX 的另一个强项。LaTeX 利用自带的辅助程序 BibTex 查找一个或多个文献数据库，然后自动为文档创建所需要的参考文献条目。若在编写其他文档时使用这些参考文献，则可以直接引用该数据库。

本书结构

本书共 13 章，具体章节安排如下。

- ❑ 第 1 章：讲解 LaTeX 编程排版的基础知识，如 LaTeX 的优缺点、TeX Live 和 TeXstudio 的下载和安装、TeXstudio 的环境配置、LaTeX 命令环境和源代码结构。
- ❑ 第 2 章到第 11 章：讲解 LaTeX 在 10 个方面的实战应用，即文字应用、样式应用、列表与表格应用、图形应用、图像和盒子应用、浮动体应用、数学公式排版、参考文献排版、自定义命令和环境，以及幻灯片制作。
- ❑ 第 12 章和第 13 章：讲解两个 LaTeX 综合实战应用，即中学数学公式手册的排版和普通高考数学试卷的排版。

本书特色

本书的特色归纳如下。

- 实用性：着眼于 LaTeX 实战应用，探讨深层次的技巧问题。
- 详尽的例子：每一章都附有大量的例子，每个例子都是编者精心选取的，读者反复练习，举一反三，就可以真正掌握 LaTeX 的实战技巧，从而学以致用。
- 全面性：包含了丰富的 LaTeX 知识，包括基础知识和实战知识。
- 生动性：在内容表现上采用了大量的图表，以使整本书的风格更加生动、形象。

创作团队

本书由周峰、周俊庆编写，下面人员对本书的编写提出过宝贵意见并参与了部分内容的编写工作，他们是周凤礼、陈宣各、周令、张新义、周二社、王征、张瑞丽等。

由于时间仓促，加之水平有限，书中的缺点和不足之处在所难免，敬请读者批评指正。

编者
2022 年 2 月

本书代码下载页面入口：http://www.broadview.com.cn/43479

目　　录

第 1 章　LaTeX 快速入门 1

1.1　初识 LaTeX 2
1.1.1　TeX 简介 2
1.1.2　LaTeX 简介 2
1.2　LaTeX 开发环境配置 3
1.2.1　TeX Live 的下载 4
1.2.2　TeX Live 的安装 7
1.2.3　TeXstudio 的下载 11
1.2.4　TeXstudio 的安装 13
1.2.5　TeXstudio 的环境配置 16
1.3　LaTeX 命令环境和源代码结构 18
1.3.1　利用 TeXstudio 新建文档并编写代码 18
1.3.2　LaTeX 程序命令 21
1.3.3　LaTeX 程序命令的参数 22
1.3.4　LaTeX 环境 24
1.3.5　LaTeX 源代码结构 24
1.3.6　LaTeX 命令的注释 25
1.4　实例：利用 LaTeX 显示英文短文章 26
1.5　实例：利用 LaTeX 显示中文短文章 27

第 2 章　LaTeX 文字实战应用 30

2.1　英文字体的设置 31
2.1.1　字体类型应用实例 31
2.1.2　字体粗细应用实例 33
2.1.3　字体形状应用实例 34

2.1.4　字号大小应用实例 35
2.2　中文字体的设置 39
　　2.2.1　中文字体类型应用实例 39
　　2.2.2　加粗与倾斜应用实例 41
　　2.2.3　字号与字距应用实例 43
2.3　特殊字符的处理 46
　　2.3.1　空白符号应用实例 46
　　2.3.2　LaTeX 控制符应用实例 49
　　2.3.3　其他特殊字符应用实例 52
2.4　文字装饰和强调 53
　　2.4.1　添加下画线应用实例 53
　　2.4.2　改变文字的正斜体应用实例 55

第 3 章　LaTeX 样式实战应用 57

3.1　段落样式 58
　　3.1.1　分段应用实例 58
　　3.1.2　段落的行间距应用实例 59
　　3.1.3　段落的缩进应用实例 61
3.2　章节样式 64
　　3.2.1　篇、章、节、小节程序命令应用实例 64
　　3.2.2　编号相关样式应用实例 69
　　3.2.3　标题的格式应用实例 73
　　3.2.4　间距与缩进相关样式应用实例 76
3.3　页面设置和分栏效果 80
　　3.3.1　页面设置应用实例 80
　　3.3.2　分栏应用实例 84
3.4　页眉和页脚 88
　　3.4.1　修改页眉页脚的命令及参数意义 89
　　3.4.2　改变页眉页脚中的页码样式 90
　　3.4.3　手动修改页眉页脚中的内容 90
　　3.4.4　页眉页脚应用实例 91

第 4 章　LaTeX 列表与表格实战应用...96

4.1　LaTeX 列表...97
- 4.1.1　无序列表应用实例...97
- 4.1.2　有序列表应用实例...98
- 4.1.3　描述列表应用实例...99
- 4.1.4　列表项目间距设置...101
- 4.1.5　无序列表嵌套应用实例...102
- 4.1.6　有序列表嵌套...104
- 4.1.7　列表样式设置...106

4.2　LaTeX 表格...108
- 4.2.1　列样式设置...108
- 4.2.2　水平单元格合并...112
- 4.2.3　垂直单元格合并...114
- 4.2.4　绘制不同粗细边框的表格...116
- 4.2.5　绘制彩色表格...118
- 4.2.6　绘制带有斜线的表头...124

第 5 章　LaTeX 图形实战应用...126

5.1　初识 Tikz 宏包...127
5.2　利用 Tikz 宏包绘制基本图形...127
- 5.2.1　绘制直线和三角形...127
- 5.2.2　绘制不同样式并带有颜色的直线...129
- 5.2.3　绘制不同样式的箭头...131
- 5.2.4　绘制矩形、圆和椭圆...132
- 5.2.5　绘制直角、圆弧、椭圆弧...134
- 5.2.6　绘制曲线...136
- 5.2.7　绘制网格和坐标轴...137

5.3　图形的变换...139
- 5.3.1　图形的平移...139
- 5.3.2　图形的缩放...140
- 5.3.3　图形的倾斜...143
- 5.3.4　图形的旋转...144

5.4 绘制文字结点 146
    5.4.1 绘制文字结点命令 146
    5.4.2 绘制图形文字结点 147
    5.4.3 为绘制的图形添加文字结点 149
    5.4.4 利用 child 关键字生成一棵树 150
    5.4.5 生成神经网络图 152
5.5 绘制函数图形 154
5.6 绘制太阳图形 155

第 6 章 LaTeX 图像和盒子实战应用 157

6.1 图像应用 158
    6.1.1 加载单张图像 158
    6.1.2 加载多张图像 159
    6.1.3 利用 wrapfig 宏包实现图文混排效果 161
    6.1.4 利用 picinpar 宏包实现图文混排效果 163
    6.1.5 实现背景图像水印效果 166
6.2 盒子的应用 168
    6.2.1 水平盒子 169
    6.2.2 垂直盒子 171
    6.2.3 标尺盒子 173
    6.2.4 在盒子中显示图像 175
    6.2.5 显示不同样式的盒子 176

第 7 章 LaTeX 浮动体实战应用 178

7.1 初识浮动体 179
    7.1.1 什么是浮动体 179
    7.1.2 浮动体的作用 179
    7.1.3 浮动体环境 179
    7.1.4 浮动体参数设置注意事项 180
7.2 figure 浮动体实战应用 181
    7.2.1 利用 figure 浮动体排版图像 181
    7.2.2 交叉引用和生成目录 183
    7.2.3 修改标题中的计数器类型 186

		7.2.4 修改标题的文字样式	188
		7.2.5 无序号标题	190
	7.3	table 浮动体实战应用	192
		7.3.1 利用 table 浮动体排版表格	192
		7.3.2 修改表格标题的样式及计数器类型	194
	7.4	figure 和 table 浮动体综合实战应用	197
	7.5	并排图像和子图实战应用	199
		7.5.1 图像的并排	199
		7.5.2 子图	201

第 8 章　LaTeX 数学公式排版实战应用　203

    8.1　初识 LaTeX 数学公式排版　204
        8.1.1　行内公式和行间公式　204
        8.1.2　LaTeX 数学模式的特点　206
    8.2　LaTeX 常用数学符号　207
        8.2.1　上标、下标和希腊字母　207
        8.2.2　分式和根式　210
        8.2.3　运算符　212
        8.2.4　关系符　215
        8.2.5　数学函数　217
        8.2.6　求导和巨算符　219
        8.2.7　数学重音和箭头　220
        8.2.8　定界符和其他符号　223
    8.3　矩阵和数组　226
        8.3.1　矩阵　226
        8.3.2　数组　229
    8.4　多行公式和长公式折行排版　232
    8.5　定理和定理符号排版　234

第 9 章　LaTeX 参考文献排版实战应用　237

    9.1　常规的参考文献排版　237
        9.1.1　thebibliography 环境　238
        9.1.2　简单参考文献的定义与引用实例　238

9.2 BibTeX 240
 9.2.1 BibTeX 内各参考文献条目的语法格式 240
 9.2.2 引用 BibTeX 中的参考文献 243
 9.2.3 引用参考文献条目的技巧 244
 9.2.4 显示所有参考文献 249

9.3 参考文献的 BibLaTeX 251
 9.3.1 初识 BibLaTeX 251
 9.3.2 BibLaTeX 管理参考文献实例 252

第 10 章 LaTeX 自定义命令和环境实战应用 256

10.1 自定义命令 256
 10.1.1 \newcommand 命令的语法格式 256
 10.1.2 自定义命令应用实例 257

10.2 重定义命令 259

10.3 自定义和重定义环境 261

第 11 章 LaTeX 幻灯片实战应用 264

11.1 幻灯片的框架和风格 264
 11.1.1 幻灯片的框架 265
 11.1.2 幻灯片的风格 266

11.2 幻灯片的内容 268
 11.2.1 幻灯片的帧 269
 11.2.2 幻灯片的首页 269
 11.2.3 幻灯片的分节 270
 11.2.4 生成幻灯片的目录 272

11.3 幻灯片实战案例Ⅰ——勾股定理 273
 11.3.1 幻灯片文字排版——勾股定理在中国的简史 273
 11.3.2 幻灯片图像排版——勾股定理在外国的简史 275
 11.3.3 幻灯片图形排版——勾股定理的定义 276
 11.3.4 幻灯片公式排版——勾股定理的证明 277
 11.3.5 幻灯片表格排版——勾股数 279
 11.3.6 幻灯片项目符号排版——勾股定理的意义 280

11.4 幻灯片的动态演示 281

11.4.1 利用\pause 命令实现幻灯片的逐步显示 282
11.4.2 利用\onslide 命令实现幻灯片的逐步显示 284
11.4.3 利用\only 命令实现幻灯片的逐步显示 286
11.5 幻灯片实战案例Ⅱ——三角函数图像性质演示文稿 288
11.5.1 创建演示文稿首页 288
11.5.2 创建演示文稿目录页 289
11.5.3 绘制 $y=\sin x$ 图像 291
11.5.4 $y=\sin x$ 的基本性质 293
11.5.5 $y=\sin x$ 的特殊性质 295

第 12 章　中学数学公式手册的排版 297
12.1 中学数学公式手册的首页排版 298
12.2 中学代数公式 299
　　12.2.1 比例公式 299
　　12.2.2 分式公式 300
　　12.2.3 因式分解公式 303
　　12.2.4 一次方程组解的公式 304
　　12.2.5 行列式公式 306
　　12.2.6 数列公式 310
　　12.2.7 指数公式 313
　　12.2.8 对数公式 314
12.3 中学几何公式 316
　　12.3.1 三角形面积公式 316
　　12.3.2 四边形面积公式 317
　　12.3.3 正多边形公式 322
　　12.3.4 圆公式 327
　　12.3.5 圆柱公式 328
　　12.3.6 圆锥公式 329
12.4 中学平面三角公式 331
　　12.4.1 弧度与度的关系 331
　　12.4.2 三角函数的定义公式 332
　　12.4.3 三角函数的基本关系公式 335
　　12.4.4 三角函数在各象限的正负 336

- 12.4.5 三角函数的正值区域 ... 337
- 12.4.6 两角和的三角函数公式 ... 338
- 12.4.7 倍角的三角函数公式 ... 339
- 12.4.8 半角的三角函数公式 ... 340
- 12.5 中学数学公式手册的目录 ... 341

第 13 章 普通高考数学试卷的排版 ... 344

- 13.1 数学试卷标题和注意事项的排版 ... 345
  - 13.1.1 纸张及页面边距设置 ... 345
  - 13.1.2 数学试卷标题 ... 345
  - 13.1.3 注意事项 ... 346
- 13.2 数学试卷选择题的排版 ... 347
  - 13.2.1 选择题说明信息 ... 347
  - 13.2.2 选择题中的第一、二题 ... 348
  - 13.2.3 选择题中的第三题 ... 350
  - 13.2.4 选择题中的第四～七题 ... 351
  - 13.2.5 选择题中的第八题 ... 352
  - 13.2.6 选择题中的第九、十题 ... 353
  - 13.2.7 选择题中的第十一、十二题 ... 354
- 13.3 数学试卷填空题的排版 ... 356
  - 13.3.1 填空题中的第一题 ... 356
  - 13.3.2 填空题中的第二、三题 ... 358
  - 13.3.3 填空题中的第四题 ... 358
- 13.4 数学试卷解答题的排版 ... 359
  - 13.4.1 解答题说明信息和第一题 ... 360
  - 13.4.2 解答题中的第二题 ... 361
  - 13.4.3 解答题中的第三题 ... 363
  - 13.4.4 解答题中的第四、五题 ... 364
  - 13.4.5 解答题中的选考题 ... 365
- 13.5 为数学试卷添加页眉和页脚 ... 367

第 1 章

LaTeX 快速入门

LaTeX 是一款专业的排版软件，适用于生成高质量的科技类和数学类文档。同时，它也可以生成其他种类的文档，如个人简历、毕业论文、学术海报、书籍、说明文档、演示文稿等。

本章主要内容包括：

- ✓ 什么是 TeX 和 LaTeX。
- ✓ LaTeX 的优点和缺点。
- ✓ TeX Live 的下载和安装。
- ✓ TeXstudio 的下载和安装。
- ✓ TeXstudio 的环境配置。
- ✓ 利用 TeXstudio 新建文档并编写代码。
- ✓ LaTeX 程序命令及参数。
- ✓ LaTeX 环境和 LaTeX 源代码结构。
- ✓ LaTeX 命令的注释。
- ✓ 实例：利用 LaTeX 显示英文及中文短文章。

1.1 初识LaTeX

LaTeX 使用 TeX 作为格式化引擎,是当今世界上最流行、使用最为广泛的 TeX 格式。下面来介绍一下 TeX、LaTeX 及 LaTeX 的优缺点。

1.1.1 TeX 简介

TeX 是著名的计算机科学家高德纳(Donald E. Knuth)为排版文字与数学公式而开发的软件。TeX 的拼写来自希腊词语 τεχνική(technique,技术)开头的几个字母在 ASCII 字符环境中写作 TeX。

1977 年,正在写作《计算机程序设计艺术》一书的高德纳意识到糟糕的排版质量将影响其著作的销量,为改变这种状况,他着手开发 TeX,发掘当时刚刚用于出版工业的数字印刷设备的潜力。1982 年,高德纳发布 TeX 排版引擎,而后在 1989 年,为更好地支持 8-bit 字符和多语言排版而进行了改进。

当前,大多数的 TeX 系统都是免费的,高德纳公开了它的全部源程序。TeX 以其卓越的稳定性、跨平台能力和几乎没有 bug(缺陷,系统漏洞)的特性而著称。

1.1.2 LaTeX 简介

LaTeX 是一种使用 TeX 程序作为排版引擎的格式,是美国计算机学家莱斯利·兰伯特(Leslie Lamport)在 20 世纪 80 年代初期开发出来的。

LaTeX 最初的设计目标是分离内容与格式,以便使用者能够专注于内容创作而非版式设计,并能以此得到高质量排版的作品。利用 LaTeX,即使用户没有文档排版和程序设计的知识,也能通过 TeX 所提供的强大功能,在几天、甚至几个小时内完成许多达到出版质量的印刷品。LaTeX 在数学公式和复杂表格的排版方面优势最为明显,所以,LaTeX 非常适用于生成高质量的科技和数学类文档。

1. LaTeX 的优点

LaTeX 的优点主要表现在以下 6 个方面。

（1）LaTeX 具有专业的排版输出能力。

（2）LaTeX 具有方便而强大的数学公式排版能力。

（3）当用户使用 LaTeX 时，不需要花费精力进行文档的版面设计，只需要输入一些组织文档结构的基础命令即可。

（4）LaTeX 很容易生成复杂的专业排版元素，如目录、脚注、参考文献等。

（5）LaTeX 具有强大的扩展能力。当前，全世界的用户开发了数以千计的 LaTeX 宏包，用来补充和扩展 LaTeX 的功能。

（6）LaTeX、TeX 和相关软件都是免费开源的，也是跨平台的。这样无论用户使用的是 Windows 操作系统、Linux 操作系统，还是 macOS 操作系统，都能轻松获得与之对应 LaTeX 排版软件，并且可以获得相当稳定的输出。

2. LaTeX 的缺点

LaTeX 的缺点主要表现在以下 3 个方面。

（1）排查错误较困难。LaTeX 是一个通过编写程序代码来实现排版功能的软件，其运用的宏语言与 C 语言、Java 等专业的程序语言相比，在代码错误排查方面很困难。虽然 LaTeX 的宏语言也能提示错误，但并没有提供调试的机制，并且有时其错误提示比较难理解。

（2）样式定制不易。LaTeX 更专注于文档内容结构，其提供的样式较为单一，用户如想改进 LaTeX 生成的文档样式则是相当困难的。

（3）反复的编译。用户在使用 LaTeX 时，为了生成自己想要的文档效果，需要反复进行编译。

1.2　LaTeX开发环境配置

LaTeX 在当前三大主流操作系统（Windows、Linux 和 macOS）中都可以使用。这里只讲解 LaTeX 在 Windows 操作系统下的下载与安装方法。

1.2.1 TeX Live 的下载

TeX Live 是由国际 TeX 用户组织 TUG（TeX User Group）发布并维护的 TeX 系统，可以称得上是 TeX 的官方系统。对于任何 TeX 用户，都可以使用 TeX Live 保持在跨操作系统、跨用户的 TeX 文件的一致性。

进入 TeX Live 的官方站点页面，如图 1.1 所示。

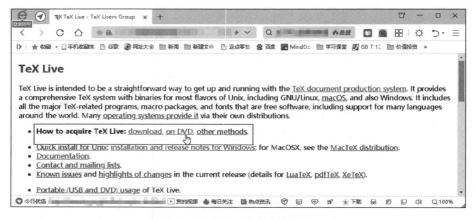

图 1.1 TeX Live 的官方网站页面

TeX Live 的下载一般有两种方法，分别是直接下载和镜像下载。

直接下载，就是通过链接获取下载文件。这种下载方式需要一直联网，并且持续的时间会很长，所以一般不常采用。

镜像下载，就是利用镜像文件进行下载，这种下载方法比较常用，下面就通过这种方法详细讲解 TeX Live 的下载。

在 TeX Live 的官方网站页面中，单击"on DVD"链接，直接进入"TeX Live on DVD"页面，如图 1.2 所示。

在"TeX Live on DVD"页面中，单击"downloading the TeX Live ISO image and burning your own DVD"链接，进入"Acquiring TeX Live as an ISO image（获取 TeX Live 作为 ISO 映像）"页面，如图 1.3 所示。

第 1 章　LaTeX 快速入门

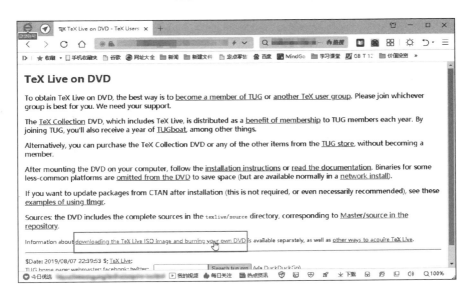

图 1.2　"TeX Live on DVD" 页面

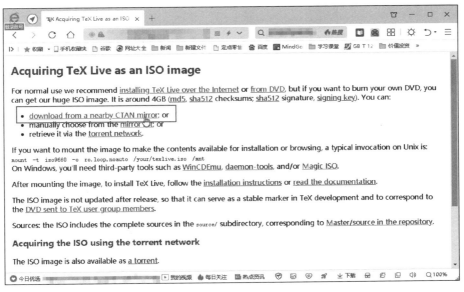

图 1.3　"Acquiring TeX Live as an ISO image" 页面

在 "Acquiring TeX Live as an ISO image" 页面中，单击 "download from a nearby CTAN mirror（从附近的 CTAN 镜像下载）"链接，进入镜像下载页面，如图 1.4 所示。

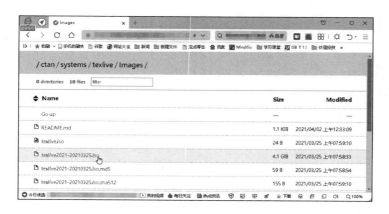

图 1.4　镜像下载页面

单击"texlive2021-20210325.iso"文件，就会弹出"新建下载任务"对话框，如图 1.5 所示。

图 1.5　"新建下载任务"对话框

在新建下载任务对话框中，单击"下载"按钮，就会弹出"下载"对话框，显示下载进度，如图 1.6 所示。

图 1.6　下载对话框

TeX Live 下载成功后，在桌面就可以看到下载的镜像文件，如图 1.7 所示。

图 1.7　镜像文件

1.2.2　TeX Live 的安装

TeX Live 镜像文件下载成功后，双击打开该镜像文件，如图 1.8 所示。

图 1.8　打开镜像文件

双击"install-tl-windows"文件，打开 TeX Live 安装对话框，如图 1.9 所示。

图 1.9　TeX Live 安装对话框

单击"修改"按钮，弹出"Installation root"对话框，可以修改 TeX Live 的安装目录，在这里把 TeX Live 安装在"D:\texlive\2021"目录下，如图 1.10 所示。

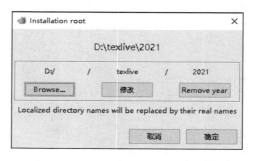

图 1.10　"Installation root"对话框

设置好后，单击"确定"按钮，返回 TeX Live 安装对话框。单击"Advanced"按钮，进入 TeX Live 安装设置高级对话框，如图 1.11 所示。

由于 TeX Live 占用的内存空间比较大，为了减少 TeX Live 占用的内存，可以单击"Customize"按钮，弹出"Collections"对话框，如图 1.12 所示。

在"Collections"对话框中可以根据用户的需要，去掉"TeXworks editor"（比较老的编辑器）及部分我们日常不会使用的语言包，如阿拉伯语、斯洛伐克语、法语、德语等。

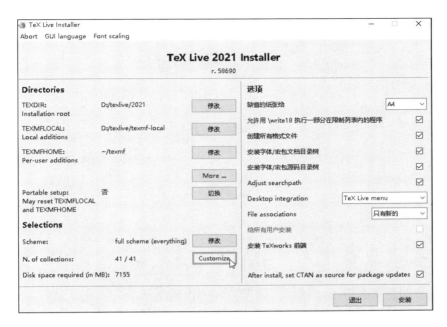

图 1.11　TeX Live 安装设置高级对话框

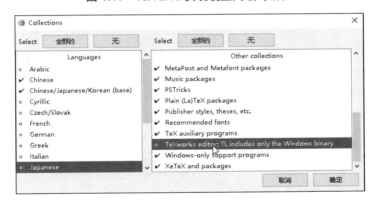

图 1.12　"Collections"对话框

设置完成后,单击"确定"按钮,就可以返回 TeX Live 安装设置高级对话框;然后再单击"安装"按钮,弹出 TeX Live 安装提示对话框,显示 TeX Live 安装进度,如图 1.13 所示。

TeX Live 安装成功后,可以利用 Windows 系统命令行程序来查看 TeX 及 LaTeX 的版本信息。

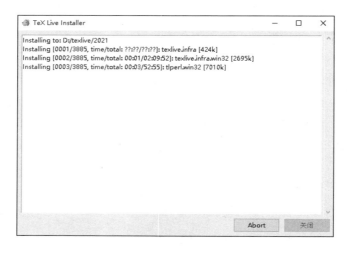

图 1.13　TeX Live 安装提示对话框

单击桌面左下角的"开始"按钮，在弹出的菜单中，单击"运行"命令，打开"运行"对话框，如图 1.14 所示。

图 1.14　运行对话框

在运行对话框中输入"cmd"命令后，单击"确定"按钮打开 Windows 系统命令行程序，如图 1.15 所示。

图 1.15　Windows 系统命令行程序

第 1 章　LaTeX 快速入门

输入"tex - v"命令按"Enter"键，可以看到 TeX 的版本信息，如图 1.16 所示。

图 1.16　TeX 的版本信息

输入"latex - v"命令按"Enter"键，可以看到 LaTeX 的版本信息，如图 1.18 所示。

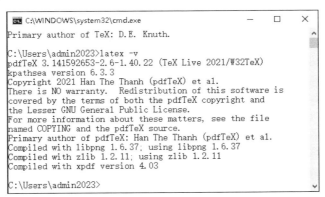

图 1.17　LaTeX 的版本信息

1.2.3　TeXstudio 的下载

TeXstudio 是一个跨平台的，TeX Live 编辑、编译、查看的 IDE 环境，可以大大降低使用 TeX Live 进行排版工作的强度。下面介绍 TeXstudio 的下载方法。

进入 TeXstudio 的官方下载页面，如图 1.18 所示。

图 1.18　TeXstudio 的官方下载页面

单击 ![Download now TeXstudio 3.1.2 (Windows-Installer)] 按钮，就会弹出"新建下载任务"对话框，如图 1.19 所示。

图 1.19　"新建下载任务"对话框

在"新建下载任务"对话框中，单击"下载"按钮，就会弹出下载对话框，显示下载进度，如图 1.20 所示。

第 1 章　LaTeX 快速入门

图 1.20　下载对话框

TeXstudio 下载成功后，在桌面就可以看到该下载文件，如图 1.21 所示。

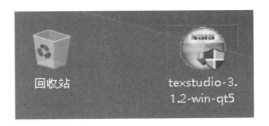

图 1.21　TeXstudio 桌面下载文件

1.2.4　TeXstudio 的安装

TeXstudio 下载完成后，双击桌面上的"texstudio-3.1.2-win-qt5"文件，就会弹出"TeXstudio 安装"对话框，如图 1.22 所示。

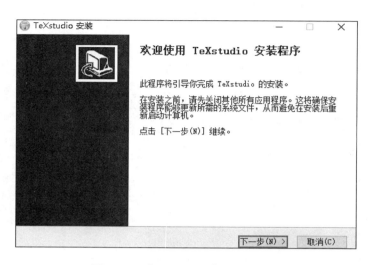

图 1.22 "TeXstudio 安装"对话框

单击"下一步"按钮,可以选择 TeXstudio 的安装位置,这里安装到"D:\texstudio"文件夹,如图 1.23 所示。

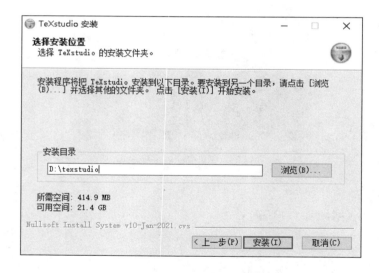

图 1.23 选择 TeXstudio 的安装位置

单击"安装"按钮,开始安装 TeXstudio,并显示安装进度,如图 1.24 所示。

第 1 章　LaTeX 快速入门

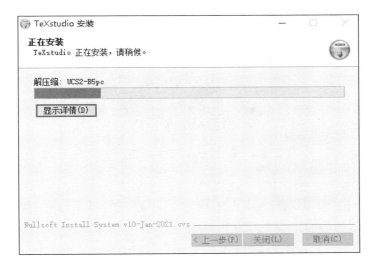

图 1.24　TeXstudio 的安装进度

TeXstudio 安装成功后，就可以在"D:\texstudio"文件夹中看到安装的文件，然后将光标放在"texstudio"文件上，右击，在弹出的菜单中依次单击"发送到→桌面快捷方式"命令，如图 1.25 所示。

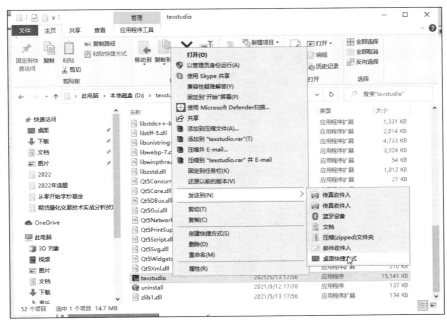

图 1.25　右键菜单命令

此时，就可以在桌面上看到 TeXstudio 的快捷图标，如图 1.26 所示。

图 1.26　TeXstudio 的快捷图标

1.2.5　TeXstudio 的环境配置

双击桌面上的 TeXstudio 的快捷图标，可以进入 TeXstudio 软件界面，如图 1.27 所示。

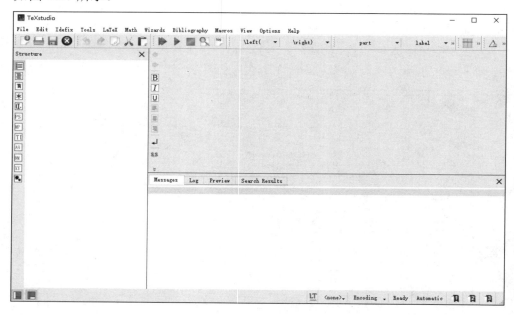

图 1.27　TeXstudio 软件界面

下面，将 TeXstudio 软件的界面变成中文界面。单击菜单栏中的"Options"菜单，弹出下一级子菜单，然后单击"Configure TeXstudio"选项，弹出"Configure TeXstudio"对话框，如图 1.28 所示。

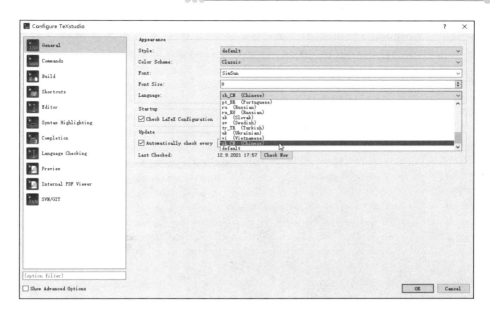

图 1.28 "Configure TeXstudio"对话框

单击"Language"后面的下拉按钮,选择"zh_CN(Chinese)",然后单击"OK"按钮,这时 TeXstudio 软件的界面变成中文界面,如图 1.29 所示。

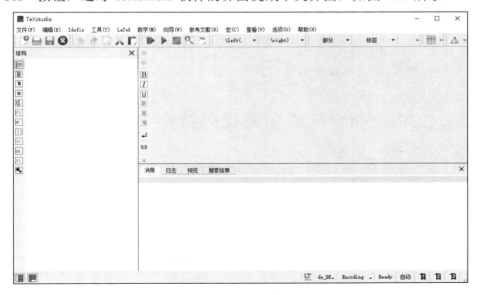

图 1.29 TeXstudio 软件的界面变成中文界面

在"Configure TeXstudio"对话框,单击左侧列表框中的"构建"选项,再单击"默认编译器"右侧的下拉按钮,选择"XeLaTeX"选项,设置默认编译器为"XeLaTeX",如图1.30所示。

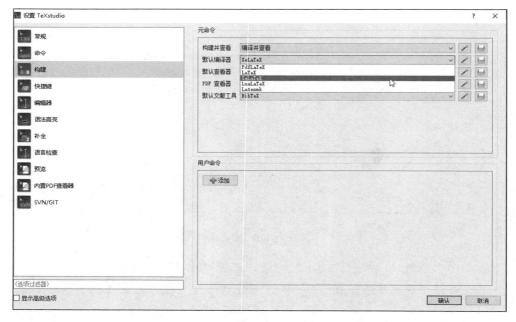

图1.30 设置默认编译器为"XeLaTeX"

设置好后,单击"确定"按钮即可。

1.3 LaTeX命令环境和源代码结构

LaTeX开发环境配置成功后,就可以利用TeXstudio对文字内容进行排版了,下面通过具体实例来讲解LaTeX命令环境和源代码结构。

1.3.1 利用TeXstudio新建文档并编写代码

打开TeXstudio软件,单击菜单栏中的"文件/新建"选项(快捷键:Ctrl+N),新建一个文档,如图1.31所示。

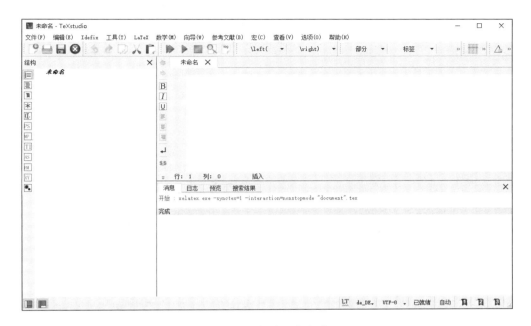

图 1.31　新建一个文档

在文档中编写如下代码。

```
\documentclass{article}   %设置文档使用的文档类
%导言区
\title{first LaTeX document}
\author{zhou liang}
\date{\today}
\begin{document}
%正文区
   \maketitle
     hello,LaTeX!
\end{document}
```

程序代码编写完成后，单击菜单栏中的"文件/保存"命令（快捷键：Ctrl+S），弹出"另存为"对话框，设置保存位置为"D:\texstudio\1"，保存文件名为"mytex1"，类型为"TeX 文件"，如图 1.32 所示。

图 1.32　另存为对话框

设置完成后，单击"保存"按钮。下面来编译程序代码。单击菜单栏中的"工具/编译"命令（快捷键：F6）或工具栏中的 ▶ 按钮，如果代码没有错误，就会在"消息"面板中显示"完成"，如图 1.33 所示。

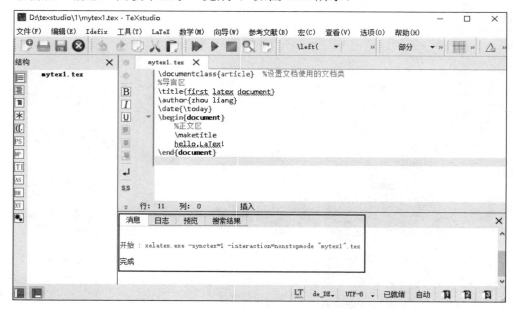

图 1.33　编译程序代码

编译完成后,单击菜单栏中的"工具/构建并查看"命令(快捷键:F5)或工具栏中的▶按钮,可以看到输出的 PDF 格式文档效果,如图 1.34 所示。

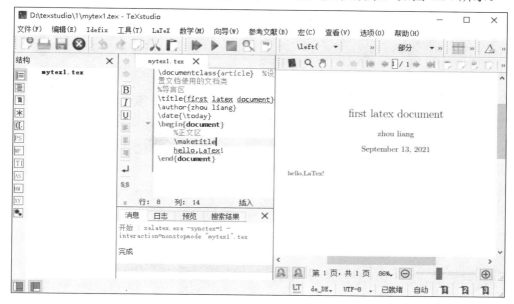

图 1.34 输出的 PDF 格式文档效果

1.3.2 LaTeX 程序命令

LaTeX 程序代码除了要显示的文字排版内容外,还有各种 LaTeX 程序命令,用在划分排版文档结构、控制文本样式、排版数学公式等不同方面。

LaTeX 程序命令以反斜线"\"开头,前面实例代码 LaTeX 程序命令及意义如下。

(1)\documentclass:表示文档类型命令。

(2)\title:表示文档标题命令。

(3)\author:表示文档作者命令。

(4)\date:表示文档日期命令。

(5)\today:表示当前日期命令。

（6）\begin：表示文档开始命令。

（7）\end：表示文档结束命令。

（8）\maketitle：表示为文档生成一个简单的标题页。

上述程序命令都是由反斜线"\"和后面的一串字母组成的。需要注意，这些 LaTeX 程序命令以任意非字母符号（空格、数字、标点等）为界限。

在 LaTeX 程序命令中，还有一类程序命令是由反斜线"\"和后面的单个非字母符号组成的，如：\$。

另外，还要注意，LaTeX 程序命令是需要区分大小写的。

1.3.3 LaTeX 程序命令的参数

有一些 LaTeX 程序命令需要带参数，并且不同的参数所产生的效果是不同的。例如："\documentclass"命令，其后参数有 6 个，具体参数及意义如下。

（1）\documentclass{article}：表示文档类型为文章格式，常用于科技论文、报告、说明文档等。

（2）\documentclass{report}：表示文档类型为长篇报告，具有章节结构，用于综述、长篇论文、简单的书籍等。

（3）\documentclass{book}：表示文档类型为书籍，包含章节结构和前言、正文、后记等内容。

（4）\documentclass{proc}：表示基于 article 文档类的一个简单的学术文档模板。

（5）\documentclass{slides}：表示文档类型为幻灯片，使用无衬线字体。

（6）\documentclass{minimal}：表示一个极其精简的文档类，只设定了纸张大小和基本字号，用作代码测试的最小工作示例。

把上例中的\documentclass{article}，改为\documentclass{slides}，然后单击菜单栏中的"工具/构建并查看"选项（快捷键：F5）或工具栏中的 ▶ 按钮，可以看到输出的幻灯片格式文档效果，如图 1.35 所示。

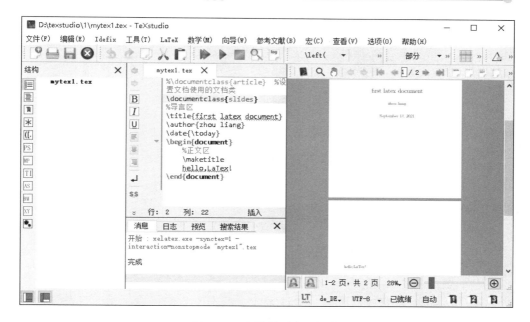

图 1.35 文档类型为幻灯片

这时就会发现,文档输出为两页:第一页显示文档标题、作者、写作时间,第二页显示文档正文。

LaTeX 程序命令的参数主要有 3 种,分别是必选参数、可选参数、特殊的可选参数。

(1)必选参数。LaTeX 程序命令的必需参数一般以花括号"{}"表示。前面提到的\documentclass{article}、\title{first latex document}、\author{zhou liang}等都是必选参数。

(2)可选参数。LaTeX 程序命令的可选参数一般以方括号"[]"表示。例如:\documentclass 命令,就可以带有可选参数,其语法格式如下。

```
\documentclass[(options)]{(class-name)}
```

\documentclass 命令的可选参数可以全局地规定一些排版的参数,如字号、纸张大小、单双面等。当设置文档类型为 article、指定纸张大小为 A5、基本字号为 12 磅、单面时,其代码如下。

```
\documentclass[12pt,oneside,a5paper]{article}
```

（3）特殊的可选参数。特殊的可选参数是指 LaTeX 程序命令可以带一个星号"*"，带星号和不带星号的命令效果有一定差异。

1.3.4　LaTeX 环境

LaTeX 环境是一对命令：\begin 和\end，其程序代码如下。

```
\begin{⟨environment name⟩}[⟨optional arguments⟩]{⟨mandatory arguments⟩}
……
\end{⟨environment name⟩}
```

其中，⟨environment name⟩为环境名，\begin 和\end 中填写的环境名必须是一致的。

LaTeX 环境命令可以带有一个或多个必选参数，也可以不带必选参数；可以带有一个或多个可选参数，也可以不带可选参数。

在上面实例中，LaTeX 环境命令就不带任何参数，只带环境名，具体代码如下。

```
\begin{document}
%正文区
   \maketitle
   hello,LaTeX!
\end{document}
```

1.3.5　LaTeX 源代码结构

LaTeX 源代码有两个主体部分，分别是导言区和正文区。

1. 导言区

导言区用来做全局设置，或者使用\usepackage 命令调用宏包。需要注意，导言区在\documentclass 和\begin{document}之间。

在前面实例中，导言区内容如下。

```
\documentclass{article}    %设置文档使用的文档类
%导言区
\title{first latex document}
\author{zhou liang}
\date{\today}
\begin{document}
```

需要注意，导言区中设置的全局变量不会直接在正文中显示，如果想在正文区中显示导言区中设置的全局变量，则需要在正文区中调用\maketitle 程序命令。

2．正文区

正文区就是文档中要显示的内容，位于\begin{document}和\end{document}之间。需要注意，一个 LaTeX 文件只能有一个 document 环境。\end{document}后面的 LaTeX 程序代码会被忽略，即不执行。

1.3.6　LaTeX 命令的注释

在 LaTeX 命令中，如果是单行注释，则要在前面加上%，例如：

```
%导言区
%正文区
```

多行注释有两种方法，一种是在正文区中使用\iffalse 和\fi 命令，具体代码如下。

```
\iffalse
    正文区
     \maketitle
     ......
\fi
```

另一种是在导言区中调用包，具体代码如下。

```
\usepackage{verbatim}
```

然后在正文区中使用\begin{comment}和\end{comment}命令，具体代码如下。

```
\begin{comment}
    正文区
    \maketitle
    ......
\end{comment}
```

1.4 实例：利用LaTeX显示英文短文章

前面讲解了 LaTeX 命令环境和源代码结构，下面利用 LaTeX 显示一篇英文短文章。

打开 TeXstudio 软件，单击菜单栏中的"文件/新建"命令（快捷键：Ctrl+N），新建一个文档。

在文档中编写如下代码。

```
\documentclass{article}    %设置文档类型为文章格式
\begin{document}
    \subsection{ Robots}
    When we watch movies about the future, we sometimes see robots. They are usually like human servants. They help with the housework and do jobs like working in dirty or dangerous places.
    \subsection{Cartoon animal}
    Some people might ask how this cartoon animal became so popular. One of the main reasons is that Mickey was like a common man, but he always tried to face any danger. In his early films, Mickey was unlucky and had many problems such as losing his house or girlfriend, Minnie. However, he was always ready to try his best. People went to the cinema to see the "little man" win. Most of them wanted to be like Mickey.
    \subsection{Free time}
    Last month we asked our students about their free time activities. Our questions were about exercise, use ofthe Internet and watching TV. Here are the results.
\end{document}
```

这里利用\documentclass 命令设置文档类型为文章格式，然后在正文区进行编写。在正文区中，利用\subsection 命令创建小节，该命令有一个必选参数 title，即节标题，在其下就可以编写内容了。

程序代码编写完成后，单击菜单栏中的"工具/构建并查看"选项（快捷键：F5）或工具栏中的 ▶ 按钮，可以看到利用 LaTeX 显示英文短文章的效果，如图 1.36 所示。

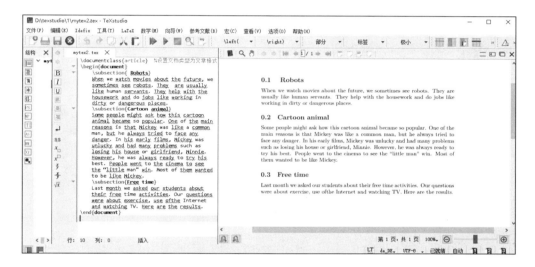

图 1.36　利用 LaTeX 显示英文短文章的效果

1.5　实例：利用LaTeX显示中文短文章

打开 TeXstudio 软件，单击菜单栏中的"文件/新建"命令（快捷键：Ctrl+N），新建一个文档，在文档中编写如下代码。

```
\documentclass{ctexart}
\begin{document}
    \section{技术指标的应用}
        刚入市的股民常常以为技术分析就是技术指标，并且将技术指标作为他们的分析工具。实际上，技术指标只是一种统计工具，只能客观地反映某些既成过去的事实，将某些市场的数据形象化、直观化，将某些分析理论数量化和精细化。但技术指标并不能保证操作成功，因为技术指标可以被主力操纵。
```

```
\subsection{初识技术指标}
    所有股票的实际供需量及其背后起引导作用的种种因素，包括股票市场上每个人对未
来的希望、担心、恐惧等，都集中反映在股票的价格和交易量上。由此在"价与量"的基础上，
依照一定算法计算出"技术指标"，从而在一定程度上反映股票的走势状况。

    简单地说，所有的技术指标都应用一定的数学公式，对原始数据（开盘价、收盘价、
最低价、最高价、成交量、成交金额、成交笔数）进行处理，得出指标值，然后将这些指标值
连接起来绘制成图形，从而对股市的未来进行预测。

    技术指标通过对原始数据的处理，来反映出市场的某一方面深层的内涵，这些内涵是
很难通过原始数据直接看出来的。不同的处理方法产生不同的技术指标，即每一种技术指标都
对应着一种处理原始数据的方法。
\subsection{技术指标背离}
    技术指标背离是指技术指标的波动与股价曲线的趋势方向不一致，即股价的变动没有得到
指标的支持。指标背离可分两种，分别是顶背离和底背离。\par
    顶背离出现在股价上涨后期，当股价的高点比前一次高点高时，指标的高点却比指标的前
一次的高点低，这就预示着股价上涨不会长久，很可能马上就会下跌，是一个明显的见顶卖出
信号。\par
    底背离出现在股价大幅下跌后，当股价的低点比前一次的低点低时，而指标的低点却比指
标前一次的低点高，这就预示着股价不会继续下跌了，很可能马上反转向上，是一个见底买进
信号。
\end{document}
```

需要注意，如果要显示中文，则把\documentclass 命令的参数设为"ctexart"，该参数的意义是标准文档类 article 的汉化版本，一般适用于短篇幅的文章。

还有其他几种汉化版本，程序命令及参数意义如下。

（1）\documentclass{ctexrep}：标准文档类 report 的汉化版本，一般适用于中篇幅的报告。

（2）\documentclass{ctexbook}：标准文档类 book 的汉化版本，一般适用于长篇幅的书籍。

（3）\documentclass{ctexbeamer}：文档类 beamer 的汉化版本，适用于幻灯片演示。

\section 命令可以把正文区分节，该命令有一个必要参数 title，即节标题，在其下就可以编写内容了。

节标题下面有两个小节，分别是\subsection{初识技术指标}和\subsection{技术指标背离}。小节中的内容可以再分段，在 LaTeX 程序命令中，一个空行

就是一个分段。注意，如果多个空行，程序仍按一个空行处理。也可以利用\par 命令进行分段。

程序代码编写完成后，单击菜单栏中的"工具/构建并查看"命令（快捷键：F5）或工具栏中的 ▶ 按钮，可以看到利用 LaTeX 显示中文短文章的效果如图 1.37 所示。

图 1.37　利用 LaTeX 显示中文短文章的效果

第 2 章

LaTeX 文字实战应用

文字是排版工作的基础。LaTeX 具有强大的文字处理功能，如加粗、倾斜文字，改变字号和字距，为文字添加下画线等。

本章主要内容包括：

- ✓ 字体类型应用实例。
- ✓ 字体粗细应用实例。
- ✓ 字体形状应用实例。
- ✓ 字号大小应用实例。
- ✓ 中文字体类型应用实例。
- ✓ 加粗与倾斜应用实例。
- ✓ 字号与字距应用实例。
- ✓ 空白符号应用实例。
- ✓ LaTeX 控制符应用实例。
- ✓ 其他特殊字符应用实例。
- ✓ 添加下画线应用实例。
- ✓ 改变文字的正斜体应用实例。

2.1 英文字体的设置

英文字体的设置主要包括 4 部分：字体类型、字体粗细、字体形状及字号大小，下面进行具体介绍。

2.1.1 字体类型应用实例

在 LaTeX 程序中，字体类型有 3 种，分别是罗马体、无衬线字体和等宽字体，每种字体类型的代码如下。

（1）罗马体：\rmfamily 或\textrm{⋯}。注意，\textrm{⋯}表示{⋯}中的内容是罗马体。

（2）无衬线字体：\sffamily 或\textsf{⋯}。

（3）等宽字体：\ttfamily 或\texttt{⋯}。

下面通过具体实例来讲解字体类型的应用方法。

打开 TeXstudio 软件，新建一个文档，在文档中编写如下代码。

```
\documentclass{article}
\begin{document}
  \subsection{Robots}
  \rmfamily When we watch movies about the future, we sometimes see robots. \texttt{They are usually like human servants.} They help with the housework and do jobs like working in dirty or dangerous places.
  \subsection{Cartoon animal}
  \sffamily Some people might ask how this cartoon animal became so popular. One of the main reasons is that Mickey was like a common man, but he always tried to face any danger. In his early films, Mickey was unlucky and had many problems such as losing his house or girlfriend, Minnie. However, he was always ready to try his best. \textrm{People went
```

```
to the cinema to see the "little man" win.} Most of them wanted to be
like Mickey.
    \subsection{Free time}
    \ttfamily Last month we asked our students about their free time
activities. \textsf{Our questions were about exercise, use of the
Internet and watching TV. Here are the results.}
    \end{document}
```

在"Robots"小节中，将字体类型设为罗马体，将"They are usually like human servants."文字设为等宽字体。

在"Cartoon animal"小节中，将字体类型设为无衬线字体，将"People went to the cinema to see the'little man'win."文字设为罗马体。

在"Free time"小节中，将字体类型设为等宽字体，将"Our questions were about exercise, use of the Internet and watching TV. Here are the results."文字设为无衬线字体。

程序代码编写完成后，单击菜单栏中的"工具/构建并查看"选项（快捷键：F5）或工具栏中的 ▶ 按钮，可以看到字体类型应用效果如图2.1所示。

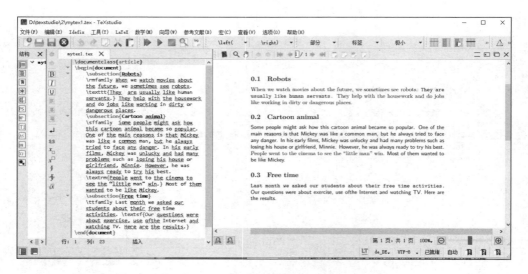

图2.1　字体类型应用效果

2.1.2 字体粗细应用实例

在 LaTeX 程序中，字体粗细有两种，分别是正常粗细（中等）和粗体。每个字体粗细的代码表示如下。

（1）正常粗细（中等）：\mdseries 或\textmd{…}。

（2）粗体：\bfseries \textbf{…}。

下面通过具体实例来讲解字体粗细的应用方法。

打开 TeXstudio 软件，新建一个文档，在文档中编写如下代码。

```
\documentclass{article}
\begin{document}
    \subsection{Robots}
    {\rmfamily {\mdseries  When we watch movies about the future, we sometimes see robots. {\texttt{ \bfseries They  are usually like human servants.}} They help with the housework and do jobs like working in dirty or dangerous places.}}
    \subsection{Cartoon animal}
    {\sffamily {\bfseries  Some people might ask how this cartoon animal became so popular. One of the main reasons is that Mickey was like a common man, but he always tried to face any danger. In his early films, Mickey was unlucky and had many problems such as losing his house or girlfriend, Minnie. However, he was always ready to try his best. {\textrm {\mdseries People went to the cinema to see the "little man" win.}} Most of them wanted to be like Mickey.}}
\end{document}
```

在"Robots"小节中，将字体类型设置为罗马体，字体粗细设置为正常粗细，将"They are usually like human servants."文字的字体类型设置为等宽字体，字体粗细设置为粗体。需要注意，LaTeX 程序命令可以用"{}"限定其作用范围。

在"Cartoon animal"小节中，将字体类型设置为无衬线字体，字体粗细设置为粗体，将"People went to the cinema to see the 'little man' win."文字的字体类型设置为罗马体，字体粗细设置为正常粗细。

程序代码编写完成后，单击菜单栏中的"工具/构建并查看"命令（快捷键：F5）或工具栏中的 ▶ 按钮，可以看到字体粗细应用效果如图2.2所示。

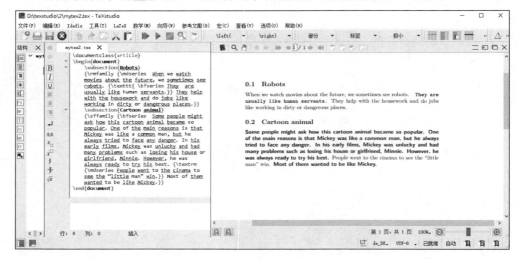

图 2.2　字体粗细应用效果

2.1.3　字体形状应用实例

在 LaTeX 程序中，字体形状有 4 种，分别是直立体、意大利斜体、倾斜体和小型大写字母。每种字体形状的代码表示如下。

（1）直立体：\upshape 或\textup{…}。

（2）意大利斜体：\itshape 或\textit{…}。

（3）倾斜体：\slshape 或\textsl{…}。

（4）小型大写字母：\scshape 或\textsc{…}。

下面通过具体实例来讲解字体形状的应用方法。

打开 TeXstudio 软件，新建一个文档，在文档中编写如下代码。

```
\documentclass{article}
\begin{document}
    \subsection{Robots}
```

```
    {\upshape {\mdseries  When we watch movies about the future, we
sometimes see robots. {\itshape{ \bfseries  They  are usually like human
servants.}} They help with the housework and do jobs like working in dirty
or dangerous places.}}
    \subsection{Cartoon animal}
    {\slshape {\bfseries  Some people might ask how this cartoon
animal became so popular. One of the main reasons is that Mickey was like
a common man, but he always tried to face any danger. In his early films,
Mickey was unlucky and had many problems such as losing his house or
girlfriend, Minnie. However, he was always ready to try his best.{\scshape
{\mdseries People went to the cinema to see the "little man" win.}} Most
of them wanted to be like Mickey.}}
    \end{document}
```

在"Robots"小节中，将字体形状设置为直立体，字体粗细设置为正常粗细，将"They are usually like human servants."文字的字体形状设置为意大利斜体，字体粗细设置为粗体。

在"Cartoon animal"小节中，将字体形状设置为倾斜体，字体粗细设置为粗体，将"People went to the cinema to see the 'little man' win."文字的字体形状设置为小型大写字母，字体粗细设置为正常粗细。

程序代码编写完成后，单击菜单栏中的"工具/构建并查看"命令（快捷键：F5）或工具栏中的 ▶ 按钮，可以看到字体形状应用效果如图2.3所示。

2.1.4　字号大小应用实例

在LaTeX程序中，总共有10种字号大小，其代码表示如下。

（1）\tiny：极小的字号，在默认情况下（10pt）该字号大小为5pt（磅）；如果设置article的默认字号大小为11pt，则其大小为6pt；如果设置article的默认字号大小为12pt，则其大小也为6pt。

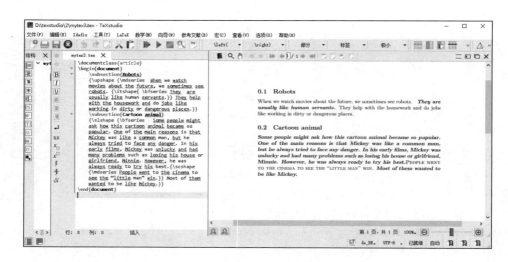

图2.3 字体形状应用效果

（2）\scriptsize：非常小的字号，在默认情况下（10pt）该字号大小为7pt；如果设置 article 的默认字号大小为11pt，则其大小为8pt；如果设置 article 的默认字号大小为12pt，则其大小也为8pt。

（3）\footnotesize：相当小的字号，在默认情况下（10pt）该字号大小为8pt；如果设置 article 的默认字号大小为11pt，则其大小为9pt；如果设置 article 的默认字号大小为12pt，则其大小为10pt。

（4）\small：小字号，在默认情况下（10pt）该字号大小为9pt；如果设置 article 的默认字号大小为11pt，则其大小为10pt；如果设置 article 的默认字号大小为12pt，则其大小为10.95pt。

（5）\normalsize：正常大小的字号，在默认情况下（10pt）该字号大小为10pt；如果设置 article 的默认字号大小为11pt，则其大小为10.95pt；如果设置 article 的默认字号大小为12pt，则其大小为12pt。

（6）\large：大字号，在默认情况下（10pt）该字号大小为12pt；如果设置 article 的默认字号大小为11pt，则其大小为12pt；如果设置 article 的默认字号大小为12pt，则其大小为14.4pt。

（7）\Large：较大的字号（注意，这里第一个字母是大写的），在默认情况下（10pt）该字号大小为14.4pt；如果设置 article 的默认字号大小为11pt，则其大小为 14.4pt；如果设置 article 的默认字号大小为 12pt，则其大小为 17.28pt。

（8）\LARGE：非常大的字号（注意，这里所有字母都是大写的），在默认情况下（10pt）该字号大小为 17.28pt；如果设置 article 的默认字号大小为 11pt，则其大小为 17.28pt；如果设置 article 的默认字号大小为 12pt，则其大小为 20.74pt。

（9）\huge：巨大的字号，在默认情况下（10pt）该字号大小为 20.74pt；如果设置 article 的默认字号大小为 11pt，则其大小为 20.74pt；如果设置 article 的默认字号大小为 12pt，则其大小为 24.88pt。

（10）\Huge：最大的字号（注意，这里第一个字母是大写的），在默认情况下（10pt）该字号大小为 24.88pt；如果设置 article 的默认字号大小为 11pt，则其大小也为 24.88pt；如果设置 article 的默认字号大小为 12pt，则其大小也为 24.88pt。

下面通过具体实例来讲解字号大小的应用方法。

打开 TeXstudio 软件，新建一个文档，在文档中编写如下代码。

```
\documentclass[12pt]{article}
\begin{document}
    \subsection{Robots}
    \rmfamily {\Huge When} we watch movies about the future, we sometimes see robots. \texttt{They are usually like human servants.} They help with the housework and do jobs like working in dirty or dangerous places.
    \subsection{Cartoon animal}
    \sffamily {\LARGE Some } people might ask how this cartoon animal became so popular. One of the main reasons is that Mickey was like a common man, but he always tried to face any danger. In his early films, Mickey was unlucky and had many problems such as losing his house or girlfriend, Minnie. However, he was always ready to try his best. \textrm{People went to the cinema to see the "little man" win.} Most of them wanted to be like Mickey.
    \subsection{Free time}
    \ttfamily { \scriptsize Last } month we asked our students about
```

```
their free time activities. \textsf{Our questions were about exercise,
use of the Internet and watching TV. Here are the results.}
    \end{document}
```

将"Robots"小节中的第一个单词"When"的字号大小设置为最大的字号，即 24.88pt。

将"Cartoon animal"小节中的第一个单词"Some"的字号大小设置为非常大的字号，即 17.28pt。

将"Free time"小节中的第一个单词"Last"的字号大小设置为相当小的字号，即 7pt。

程序代码编写完成后，单击菜单栏中的"工具/构建并查看"命令（快捷键：F5）或工具栏中的 ▶ 按钮，可以看到字号大小应用效果如图 2.4 所示。

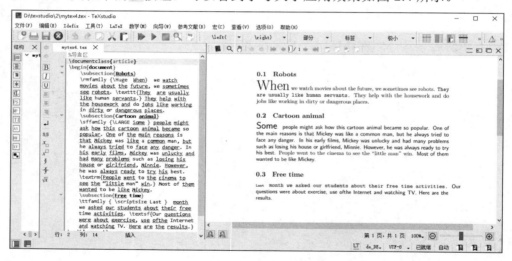

图 2.4 字号大小应用效果

设置 article 的默认字号大小为 12pt，具体代码如下。

```
\documentclass[12pt]{article}
```

这时，正常的字号大小为 12pt，单词"Water"的字号大小还是 24.88pt；单词"There"的字号大小由 17.28pt 变成 20.74pt；单词"It"的字号大小由 7pt 变成 8pt。

程序代码编写完成后，单击菜单栏中的"工具/构建并查看"命令（快捷键：F5）或工具栏中的 ▶ 按钮，可以看到改变默认字号大小后的字号大小应用效果如图 2.5 所示。

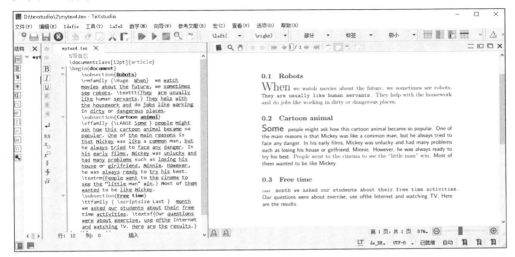

图 2.5　改变默认字号大小后的字号大小应用效果

2.2　中文字体的设置

中文字体的设置主要包括 4 部分，分别是字体类型、加粗与倾斜、字号和字距，下面具体讲解一下。

2.2.1　中文字体类型应用实例

在 LaTeX 程序中，字体类型有 4 种，分别为宋体、黑体、仿宋和楷书，每个字体类型的代码表示如下。

（1）宋体：\songti。

（2）黑体：\heiti。

（3）仿宋：\fangsong。

(4)楷书：\kaishu。

下面通过具体实例来讲解中文字体类型的应用方法。

打开 TeXstudio 软件，新建一个文档，在文档中编写如下代码。

```
\documentclass{ctexart}
\begin{document}
    \section{技术指标的应用}
        刚入市的股民常常以为技术分析就是技术指标，并且将技术指标作为他们的分析工具。实际上，技术指标只是一种统计工具，只能客观地反映某些既成过去的事实，将某些市场的数据形象化、直观化，将某些分析理论数量化和精细化。但技术指标并不能保证操作成功，因为技术指标可以被主力操纵。
        \subsection{初识技术指标}
            {\heiti 所有股票的实际供需量及其背后起引导作用的种种因素，包括股票市场上每个人对未来的希望、担心、恐惧等，都集中反映在股票的价格和交易量上。由此在"价与量"的基础上，依照一定算法计算出"技术指标"，从而在一定程度上反映股票的走势状况。}

            {\fangsong 简单地说，所有的技术指标都应用一定的数学公式，对原始数据（开盘价、收盘价、最低价、最高价、成交量、成交金额、成交笔数）进行处理，得出指标值，然后将这些指标值连接起来绘制成图形，从而对股市的未来进行预测。}

            {\kaishu 技术指标通过对原始数据的处理，来反映出市场的某一方面深层的内涵，这些内涵是很难通过原始数据直接看出来的。不同的处理方法产生不同的技术指标，即每一种技术指标都对应着一种处理原始数据的方法。}
        \subsection{技术指标背离}
            {\songti 技术指标背离是指技术指标的波动与股价曲线的趋势方向不一致，即股价的变动没有得到指标的支持。指标背离可分为两种，分别是顶背离和底背离。}\par
            顶背离出现在股价上涨后期，当股价的高点比前一次高点高时，指标的高点却比指标的前一次的高点低，这就预示着股价上涨不会长久，很可能马上就会下跌，是一个明显的见顶卖出信号。\par
            底背离出现在股价大幅下跌后，当股价的低点比前一次的低点低时，而指标的低点却比指标前一次的低点高，这就预示着股价不会继续下跌了，很可能马上反转向上，是一个见底买进信号。
\end{document}
```

在这里，将"初识技术指标"小节中的第一段的字体设为"黑体"，第二段的字体设为"仿宋",第三段的字体设为"楷书";将"技术指标背离"小节中的第一段的字体设为"宋体"。

程序代码编写完成后,单击菜单栏中的"工具/构建并查看"命令(快捷键:F5)或工具栏中的 ▶ 按钮,就可以看到中文字体类型应用效果如图 2.6 所示。

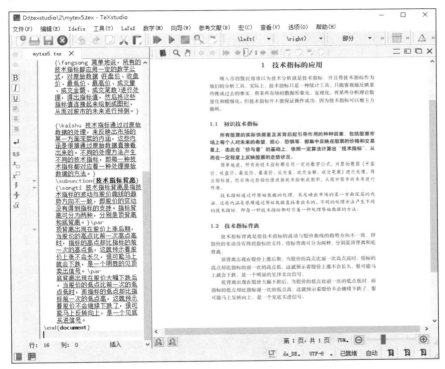

图 2.6 中文字体类型应用效果

2.2.2 加粗与倾斜应用实例

在 LaTeX 程序中,加粗与倾斜的代码如下。

(1) 加粗:\bfseries 或\textbf{…}。注意,加粗是用黑体表示的。

(2) 倾斜:\itshape 或\textit{…}。注意,倾斜是用楷体表示的。

下面通过具体实例来讲解加粗与倾斜的应用方法。

打开 TeXstudio 软件，新建一个文档，在文档中编写如下代码。

```
\documentclass{ctexart}
\begin{document}
    \section{技术指标的应用}
        {\itshape 刚入市的股民常常以为技术分析就是技术指标，并且将技术指标作为他们的分析工具。实际上，技术指标只是一种统计工具，只能客观地反映某些既成过去的事实，将某些市场的数据形象化、直观化，将某些分析理论数量化和精细化。但技术指标并不能保证操作成功，因为技术指标可以被主力操纵。}
    \subsection{初识技术指标}
        所有股票的实际供需量及其背后起引导作用的种种因素，包括股票市场上每个人对未来的希望、担心、恐惧等，都集中反映在股票的价格和交易量上。由此在"价与量"的基础上，依照一定算法计算出"技术指标"，从而在一定程度上反映股票的走势状况。

        \textit{ 简单地说， } 所有的技术指标都应用一定的数学公式，对原始数据（开盘价、收盘价、最低价、最高价、成交量、成交金额、成交笔数）进行处理，得出指标值，然后将这些指标值连接起来绘制成图形，从而对股市的未来进行预测。

        \textbf{ 技术指标通过对原始数据的处理， } 来反映出市场的某一方面深层的内涵，这些内涵是很难通过原始数据直接看出来的。不同的处理方法产生不同的技术指标，即每一种技术指标都对应着一种处理原始数据的方法。
    \subsection{技术指标背离}
        {\bfseries 技术指标背离是指技术指标的波动与股价曲线的趋势方向不一致，即股价的变动没有得到指标的支持。指标背离可分为两种，分别是顶背离和底背离。}\par
        顶背离出现在股价上涨后期，当股价的高点比前一次高点高时，指标的高点却比指标的前一次的高点低，这就预示着股价上涨不会长久，很可能马上就会下跌，是一个明显的见顶卖出信号。\par
        底背离出现在股价大幅下跌后，当股价的低点比前一次的低点低时，而指标的低点却比指标前一次的低点高，这就预示着股价不会继续下跌了，很可能马上反转向上，是一个见底买进信号。
\end{document}
```

在这里，将"技术指标的应用"节下面的文字设置为倾斜；将"简单地说"设置为倾斜；将"技术指标通过对原始数据的处理"设置为加粗；将"技术指标背离"小节中的第一段设置为加粗。

程序代码编写完成后，单击菜单栏中的"工具/构建并查看"命令（快捷键：F5）或工具栏中的 ▶ 按钮，可以看到文字的加粗与倾斜效果如图 2.7 所示。

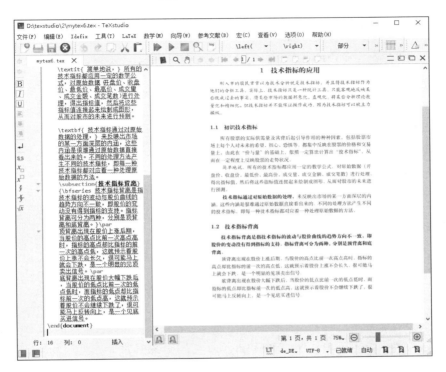

图 2.7 文字的加粗与倾斜效果

2.2.3 字号与字距应用实例

在 LaTeX 程序中，字号的代码如下。

```
\zihao {⟨字号⟩}
```

需要注意，使用\zihao 命令调整字号大小时，西文字号大小会始终和中文字号保持一致。

在\zihao {⟨字号⟩}命令中，⟨字号⟩的有效值共有 16 个，表示的方法及意义如下。

（1）0：表示 42bp、42.157 49pt，意义是初号字。其中，bp 表示大点，1 bp = 0.353mm；pt 表示点，1 pt = 0.351mm。

（2）-0：表示 36bp、36.135pt，意义是小初号字。

（3）1：表示26bp、26.097 49pt，意义是一号字。

（4）-1：表示24bp、24.09pt，意义是小一号字。

（5）2：表示22bp、22.082 49pt，意义是二号字。

（6）-2：表示18bp、18.067 49pt，意义是小二号字。

（7）3：表示16bp、16.06pt，意义是三号字。

（8）-3：表示15bp、15.056 24pt，意义是小三号字。

（9）4：表示14bp、14.052 49pt，意义是四号字。

（10）-4：表示12bp、12.045pt，意义是小四号字。

（11）5：表示10.5bp、10.539 37pt，意义是五号字。

（12）-5：表示9bp、9.033 74pt，意义是小五号字。

（13）6：表示7.5bp、7.528 12pt，意义是六号字。

（14）-6：表示6.5bp、6.524 37pt，意义是小六号字。

（15）7：表示5.5bp、5.520 61pt，意义是七号字。

（16）8：表示5bp、5.018 74pt，意义是八号字。

在LaTeX程序中，字距的程序代码如下。

```
\ziju {〈中文字符宽度的倍数〉}
```

该命令用于调整相邻汉字之间的间距，即在正常中文行文中前一个汉字的右边缘与后一个汉字的左边缘之间的距离。其中，参数可以是任意浮点数值；而中文字符宽度指的是实际汉字的宽度，不包含当前字距。

下面通过具体实例来讲解字号与字距的应用方法。

打开TeXstudio软件，新建一个文档，在文档中编写如下代码。

```
\documentclass{ctexart}
\begin{document}
    \section{技术指标的应用}
    {\zihao{4} {\itshape 刚入市的股民常常以为技术分析就是技术指标，并且将
```

技术指标作为他们的分析工具。实际上，技术指标只是一种统计工具，只能客观地反映某些既成过去的事实，将某些市场的数据形象化、直观化，将某些分析理论数量化和精细化。但技术指标并不能保证操作成功，因为技术指标可以被主力操纵。}

\subsection{初识技术指标}

{\zihao{-6} 所有股票的实际供需量及其背后起引导作用的种种因素，包括股票市场上每个人对未来的希望、担心、恐惧等，都集中反映在股票的价格和交易量上。由此在"价与量"的基础上，依照一定算法计算出"技术指标"，从而在一定程度上反映股票的走势状况。}

{\ziju{0.3} \textit{ 简单地说, } 所有的技术指标都应用一定的数学公式，对原始数据（开盘价、收盘价、最低价、最高价、成交量、成交金额、成交笔数）进行处理，得出指标值，然后将这些指标值连接起来绘制成图形，从而对股市的未来进行预测。}

\textbf{ 技术指标通过对原始数据的处理, } 来反映出市场的某一方面深层的内涵，这些内涵是很难通过原始数据直接看出来的。不同的处理方法产生不同的技术指标，即每一种技术指标都对应着一种处理原始数据的方法。

\subsection{技术指标背离}

{\bfseries 技术指标背离是指技术指标的波动与股价曲线的趋势方向不一致，即股价的变动没有得到指标的支持。指标背离可分为两种，分别是顶背离和底背离。}\par

顶背离出现在股价上涨后期，当股价的高点比前一次高点高时，指标的高点却比指标的前一次的高点低，这就预示着股价上涨不会长久，很可能马上就会下跌，是一个明显的见顶卖出信号。\par

底背离出现在股价大幅下跌后，当股价的低点比前一次的低点低时，而指标的低点却比指标前一次的低点高，这就预示着股价不会继续下跌了，很可能马上反转向上，是一个见底买进信号。

\end{document}

在这里，将"技术指标的应用"小节下面的一段文字的字号设为"4"；将"初识技术指标"小节中的第一段文字的字号设为"-6"，第二段的字距变宽，增加实际汉字宽度的 0.3 倍。

程序代码编写完成后，单击菜单栏中的"工具/构建并查看"命令（快捷键：F5）或工具栏中的▶按钮，可以看到文字的字号与字距效果如图 2.8 所示。

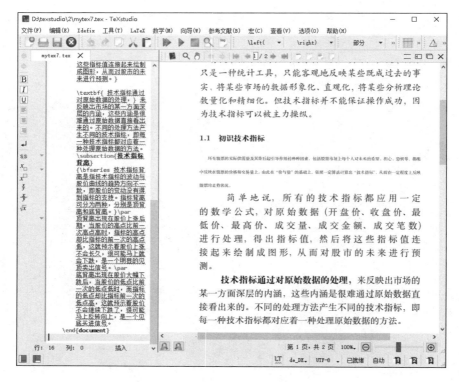

图 2.8　文字的字号与字距效果

2.3　特殊字符的处理

在 LaTeX 程序中，特殊字符主要有空白字符、LaTeX 控制符、LaTeX 标志、单引号、双引号、省略号等。

2.3.1　空白符号应用实例

在 LaTeX 程序中，空白符号包括空行和空格，空白符号应用的注意事项如下。

（1）利用空行分段，多个空行等于一个空行的作用。

（2）在中英文中，词与词之间的多个空格，按一个空格处理。

（3）自动缩进，不用使用空格代替。

（4）中英文混合排版时，其间距会由 LaTeX 程序自动处理。

（5）绝不能使用中文全角空格。

利用空格不能在词与词之间添加空白符号，那么该如何添加空格呢？

在 LaTeX 程序中，添加空白符号的命令及意义如下。

（1）\quad：产生一个 em 长度的空格间距。注意，em 是相对长度单位，相当于当前对象内文本的字体尺寸。

（2）\qquad：产生两个 em 长度的空格间距。

（3）\,：产生六分之一个 em 长度的空格间距。

（4）\thinspace：产生六分之一个 em 长度的空格间距。

（5）\enspace：产生二分之一个 em 长度的空格间距。

（6）\kern 指定宽度（1pc 或 3em）：产生一个指定宽度的空格间距。

（7）\hspace{指定宽度，如 12pt}：产生一个指定宽度的空格间距。

（8）\hphantom{abc}：产生字符占位宽度的空格间距。

（9）\hfill：弹性填充，常用于控制文字在一行的间距。

下面通过具体实例来讲解空白符号应用方法。

打开 TeXstudio 软件，新建一个文档，在文档中编写如下代码。

```
\documentclass{ctexart}
\begin{document}
    \section{空白符号应用}
    第一，利用 \quad 空行 \qquad 分段，多个空行等于一个空行的作用。\hspace{12pt}
    第二，在中 \enspace 英文中，词与词之间的多个空格，按一个空格处理。\hspace{12pt}
    第三，自动 \kern 6em 缩进，不用使用空格代替。\hspace{12pt}
    第四，中英文混合排版时，其间距会由 LaTeX 程序自动处理。\hspace{12pt}
    第五，绝不能使用中文全角空格。
```

```
    On 8 July, the Home Secretary     backed down and appointed J.F.
Wolfenden, a public school  headmaster  from  1934  to  1950,  to  chair  a
committee  on  the  laws  relating  to  homosexuality  and  prostitution.  7
月 8 日，内政部     指派 J•F•沃尔芬登主持了一个委员会，专门研究关于同性恋和卖淫行为
的法律。

    Thus Alan Turing died just as a more central strand of British
administration was reasserting itself. 英国政府决定重新审视自己了，可是，就
在这个关键的时刻，图灵却先走了一步。

    空 \hfill 白 \hfill 符 \hfill 号 \hfill 应 \hfill 用。
\end{document}
```

在这里可以看到，空白符号应用的 5 个注意事项之间没有空行，显示时就会在同一段中。5 个注意事项与"On 8 July"之间有两个空行，两个空行按一个空行处理，即实现分段功能。

注意：一个空行，就可以实现分段功能，分段后，首行会自动缩进；"the Home Secretary"与"backed down"之间有多个空格，但显示时只显示一个空格；同理，"内政部"与"指派"之间有多个空格，也只显示一个空格。

"利用"和"空行"之间添加 1 个 em 长度的空格；"空行"和"分段"之间添加 2 个 em 长度的空格，代码如下。

```
利用 \quad 空行 \qquad 分段
```

"在中"和"英文中"之间添加 1 个二分之一 em 长度的空格，代码如下。

```
在中 \enspace 英文中
```

"自动"和"缩进"之间添加 6 个 em 长度的空格，代码如下。

```
自动 \kern 6em 缩进
```

利用\hspace{12pt}命令，分别在第二、第三、第四的前面添加 12pt 长度的空格；利用\hfill 命令，把"空白符号应用。"等间距分布在一行中。

第 2 章　LaTeX 文字实战应用

程序代码编写完成后，单击菜单栏中的"工具/构建并查看"命令（快捷键：F5）或工具栏中的 ▶ 按钮，可以看到空白符号应用注意事项实例效果如图 2.9 所示。

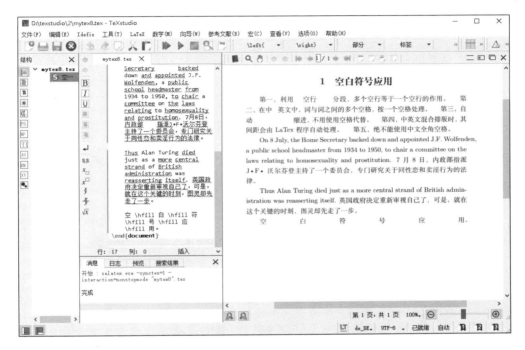

图 2.9　空白符号应用注意事项实例效果

2.3.2　LaTeX 控制符应用实例

在 LaTeX 程序中，有些字符有特殊的用途，如"%"用来注释语句，"{}"表示必选参数，"$""^""_"等用于排版数学公式，"&"用于排版表格。如果直接输入这些字符，不仅得不到对应的符号，而且会报错。如何正确输入这些特殊用途的字符呢？需要在这些字符前加上"\"，类似于 C 语言编程中的转义字符。

（1）\#：显示"#"。

（2）\$：显示"$"。

（3）\%：显示"%"。

（4）\&：显示"&"。

（5）\{：显示"{"。

（6）\}：显示"}"。

（7）_：显示"_"。

（8）\^{}：显示"^"。

（9）\~{}：显示"~"。

（10）\textbackslash：显示"\"。

需要注意的是，\^{}和\~{}两个命令需要一个参数，加一对花括号的写法相当于提供了空的参数，否则它们可能会将后面的字符作为参数，形成重音效果。

另外，"\\"表示手动换行命令，输入反斜线就需要用\textbackslash命令。

下面通过具体实例来讲解 LaTeX 控制符应用方法。

打开 TeXstudio 软件，新建一个文档，在文档中编写如下代码。

```
\documentclass{ctexart}
\begin{document}
    \section{LaTeX 控制符应用}
    在 C 语言中，\#if 和\#endif 是一组同时使用的，叫做条件编译指令。

    这本有趣的英文绘本的价格是\$25。

    某小学，成绩优秀的学生占比为 85\%。

    \&叫 and。来源于拉丁语 et（意为 and）的连写，是一个逻辑语言，是指逻辑上表示两者属于缺一不可的关系，还表示一个人和另外一个人之意，与 and 同义。如 A\&B，表示 A 与 B，A 和 B，A×B。
```

大括号 \{ \}是括号的一种。

_在电脑键盘上怎么打。

3\^{}2 = 9 。

您说的这个数在 15 \~{} 20 之间。

在 C \# 中 \textbackslash 是转义字符，只转义其后面的一个字符，在某些特殊情况下，需要两两配对使用。
\end{document}

程序代码编写完成后，单击菜单栏中的"工具/构建并查看"命令（快捷键：F5）或工具栏中的 ▶ 按钮，可以看到 LaTeX 控制符应用效果如图 2.10 所示。

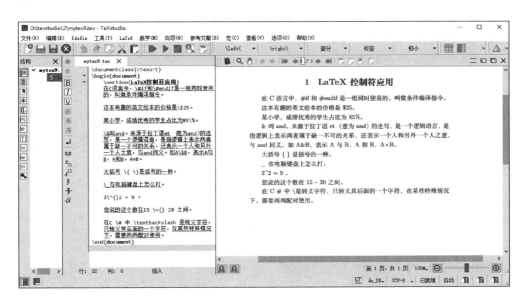

图 2.10　LaTeX 控制符应用效果

2.3.3 其他特殊字符应用实例

在 LaTeX 程序中,利用\TeX、\LaTeX、\LaTeXe 命令,可以产生错落有致的 LaTeX 标志;左单引号用键盘左上角的倒引号"`",右单引号用键盘 Enter 键旁边的单引号"'",左双引号是连用两个倒引号"``",右单引号连用两个单引号"''";利用\dots 或\ldots 命令可以输入省略号。

下面通过具体实例来讲解其他特殊字符的应用方法。

打开 TeXstudio 软件,新建一个文档,在文档中编写如下代码。

```
\documentclass{ctexart}
\begin{document}
    \section{其他特殊字符应用}
    下面讲解一下其他特殊字符应用。
    \subsection{LaTeX 标志}
    TeX 的标志:\TeX

    LaTeX 的标志:\LaTeX

    LaTeXe 的标志:\LaTeXe
    \subsection{引号}
    Liping says:"please press the 'x' key."
    \subsection{省略号}
请输入 1 到 100 之间的数:1、2、3 \ldots 100。

在民生市场中,您可以看到各种各样的菜,如白菜、萝卜、茄子 \dots \dots
\end{document}
```

程序代码编写完成后,单击菜单栏中的"工具/构建并查看"命令(快捷键:F5)或工具栏中的 ▶ 按钮,可以看到其他特殊字符应用效果如图 2.11 所示。

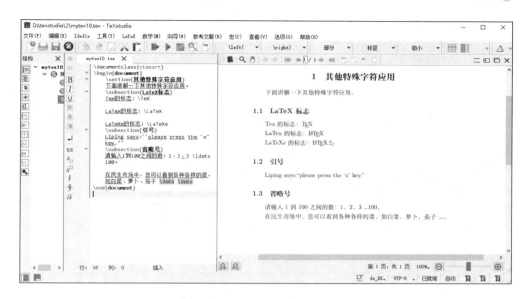

图 2.11　其他特殊字符应用效果

2.4　文字装饰和强调

在 LaTeX 程序中，强调文字的方法主要有添加下画线等装饰物和改变文字的正斜体两种方法。

2.4.1　添加下画线应用实例

在 LaTeX 程序中，利用\underline 命令，为要强调的文字添加下画线。但该命令生成的下画线样式不够灵活，不同的单词可能生成高低各异的下画线，并且无法换行。

在 LaTeX 程序中，ulem 宏包中有一个\uline 命令，该命令可以轻松生成自动换行的下画线。

需要注意，要使用\uline 命令，需要在导言区调用 ulem 宏包，其代码如下。

```
\usepackage{ulem}
```

下面通过具体实例来讲解下添加下画线的应用方法。

打开 TeXstudio 软件，新建一个文档，在文档中编写如下代码。

```
\documentclass{ctexart}
    \usepackage{ulem}
\begin{document}
    \subsection{下画线}
    在 LaTeX 程序中，利用 underline 命令，为要强调的文字添加下画线。
\underline{但该命令生成的下画线样式不够灵活}，不同的单词可能生成高低各异的下画
线，并且无法换行。

    在 LaTeX 程序中，ulem 宏包中有一个 uline 命令，该命令可以轻松生成自动换
行的下画线。

    There are many many foods we can eat, \uline{such as apple, banana,
pear, carrot, onion, orange, potato and many others.}
\end{document}
```

首先，在导言区调用 ulem 宏包，利用\underline 命令为"但该命令生成的下画线样式不够灵活"添加下画线，具体代码如下。

```
\underline{但该命令生成的下画线，其样式不够灵活}
```

然后，利用 uline 命令为"such as apple, banana, pear, carrot, onion, orange, potato and many others."添加换行下画线，具体代码如下。

```
\uline{such as apple, banana, pear, carrot, onion, orange, potato
and many others.}
```

程序代码编写完成后，单击菜单栏中的"工具/构建并查看"命令（快捷键：F5）或工具栏中的 ▶ 按钮，可以看到下画线应用效果如图 2.12 所示。

第 2 章 LaTeX 文字实战应用

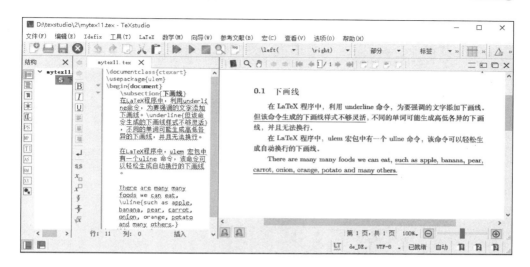

图 2.12 下画线应用效果

2.4.2 改变文字的正斜体应用实例

在 LaTeX 程序中，利用\emph 命令，可以将文字变为斜体以示强调，而如果在已强调的文字中嵌套使用\emph 命令，则该命令内使用正体文字。

下面通过具体实例来讲解改变文字正斜体的应用方法。

打开 TeXstudio 软件，新建一个文档，在文档中编写如下代码。

```
\documentclass{ctexart}
\begin{document}
    \subsection{改变文字的正斜体}
    在 LaTeX 程序中，利用 emph 命令，\emph{可以将文字变为斜体以示强调}，而如
果在已强调的文字中嵌套使用 emph 命令，则该命令内使用正体文字。

    Water is very important for us.\emph{We must drink water
everyday.We can't live without water.\emph{Water is everywhere around
us.}At home,we use water to wash clothes,to wash dishes,to cook rice,to
clean the flat,to have showers,to make drinks}.
\end{document}
```

· 55 ·

程序代码编写完成后，单击菜单栏中的"工具/构建并查看"命令（快捷键：F5）或工具栏中的▶按钮，可以看到改变文字正斜体的效果如图2.13所示。

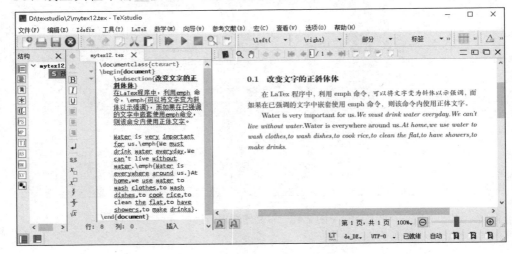

图 2.13　改变文字正斜体的效果

第 3 章

LaTeX 样式实战应用

样式是 LaTeX 中的重要功能，可以帮助我们快速格式化文档，本章详细讲解 LaTeX 样式应用。

本章主要内容包括：

- ✓ 分段应用实例。
- ✓ 段落的行间距应用实例。
- ✓ 段落的缩进应用实例。
- ✓ 篇、章、节、小节程序命令应用实例。
- ✓ 编号相关样式应用实例。
- ✓ 标题的格式应用实例。
- ✓ 间距与缩进相关样式应用实例。
- ✓ 页面设置应用实例。
- ✓ 分栏应用实例。
- ✓ 修改页眉页脚的命令及参数意义。
- ✓ 改变页眉页脚中的页码样式。
- ✓ 手动修改页眉页脚中的内容。
- ✓ 页眉页脚应用实例。

3.1 段落样式

段落样式主要包括 3 部分，分别是分段、行间距及缩进，下面进行具体介绍。

3.1.1 分段应用实例

在 LaTeX 程序中，最常用的分段方式是空行，一个空行或多个空行都可以实现分段功能。另外，也可以利用\par 命令进行分段。

需要注意的是，"\\" 是手动换行的命令，不是分段，其区别是分段会自动缩进，而分行不会自动缩进。

下面通过具体实例来讲解分段的应用方法。

打开 TeXstudio 软件，新建一个文档，在文档中编写如下代码。

```
\documentclass{ctexart}
\begin{document}
    当一个公司刚刚起步时，由于公司规模小，需要资金也少，经营者可以通过亲戚朋友筹集资金来发展，但随着经营规模的扩大和竞争程度的提高，无论是公司自身的资本积累，还是通过各种办法借来的资本，都不能满足公司扩张的巨额资金需求。这样公司就会以出让股权的方式向社会公众筹集资金，同时建立股份有限公司。\\社会公众之所以愿意购买公司股权，是因为公司发展前景良好，并且可以得到不错的投资回报。

    为了明确投资者与公司之间的权益关系，股份有限公司就发行一张纸样的凭证，即股票。投资者购买股票后，就成为该公司的股东，以出资额为限对公司负有限责任，同时具有分享公司收益的权利。
    \par 如果有的投资者不想持有股票了，或因为急需资金需要卖出这份权益，此时，另外有些投资者则对该公司股权有购买意愿，于是就出现了股票买卖的流通市场，股市也就随之产生了。
\end{document}
```

第 3 章 LaTeX 样式实战应用

上述代码中,文档的第一段与和第二段之间用空行分段;第二段与第三段利用\par 命令换行;在"社会公众之所以愿意购买公司股权……"之前,添加"\\"实行手动换行。

程序代码编写完成后,单击菜单栏中的"工具/构建并查看"命令(快捷键:F5)或工具栏中的 ▶ 按钮,可以看到分段应用效果如图 3.1 所示。

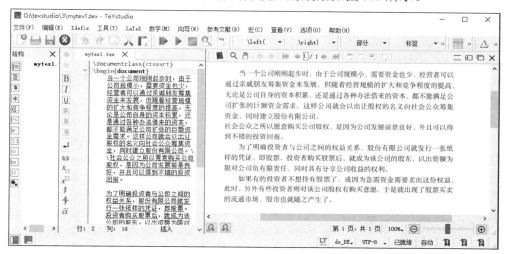

图 3.1　分段应用效果

3.1.2　段落的行间距应用实例

在 LaTeX 程序中,段落的行间距命令如下。

```
\linespread{⟨factor⟩}
```

其中,⟨factor⟩作用于基础行距而不是字号,缺省的基础行距是 1.2 倍字号大小。

如果把\linespread 命令定义在导言区,就会对整个页面中的所有段落的行间距起作用;如果仅对具体的某一段行间距进行调整,在调用\linespread 命令后,还要添加\selectfont 命令,若不加范围限定,则对这一段后面的所有段落都起作用。如果仅作用于这一段,还要在\par 分段命令后,添加"}",当然,要在\linespread 命令前添加"{"。

下面通过具体实例来讲解段落行间距的应用方法。

打开 TeXstudio 软件，新建一个文档，在文档中编写如下代码。

```
\documentclass{ctexart}
\linespread{2.5}
\begin{document}
    当一个公司刚刚起步时，由于公司规模小，需要资金也少，经营者可以通过亲戚朋友筹集资金来发展，但随着经营规模的扩大和竞争程度的提高，无论是公司自身的资本积累，还是通过各种办法借来的资本，都不能满足公司扩张的巨额资金需求。这样公司就会以出让股权的方式向社会公众筹集资金，同时建立股份有限公司。社会公众之所以愿意购买公司股权，是因为公司发展前景良好，并且可以得到不错的投资回报。\par
    { \linespread{1.0} \selectfont 为了明确投资者与公司之间的权益关系，股份有限公司就发行一张纸样的凭证，即股票。投资者购买股票后，就成为该公司的股东，以出资额为限对公司负有限责任，同时具有分享公司收益的权利。\par}
    \linespread{4.2} \selectfont 如果有的投资者不想持有股票了，或因为急需资金需要卖出这份权益，此时，另外有些投资者则对该公司股权有购买意愿，于是就出现了股票买卖的流通市场，股市也就随之产生了。\par
    股票的面值，是股份公司在所发行的股票票面上标明的票面金额，它以元/股为单位，其作用是表明每一张股票所包含的资本数额。在我国上海和深圳证券交易所流通的股票的面值均为一元，即每股一元。\par
    股票的净值，又称为账面价值或每股净资产，是用会计统计的方法计算出来的每股股票所包含的资产净值。
\end{document}
```

在导言区设置段落的行间距为2.5，这样就会对页面中的所有段落起作用，具体代码如下。

```
\linespread{2.5}
```

在这里对第二段的行间距进行单独设置，其间距为1.0，实现代码如下。

```
{ \linespread{1.0} \selectfont 为了明确投资者与公司之间的权益关系，股份有限公司就发行一张纸样的凭证，即股票。投资者购买股票后，就成为该公司的股东，以出资额为限对公司负有限责任，同时具有分享公司收益的权利。\par}
```

在第三段的开头添加如下代码。

```
\linespread{4.2} \selectfont
```

第 3 章　LaTeX 样式实战应用

由于这里没有设定其作用范围，所以会对其后所有段落的行间距起作用。

说明一下，在正文区中定义的行间距会替代导言区中定义的行间距，正文区中没有定义的段落，则会使用导言区中定义的段落行间距命令。

程序代码编写完成后，单击菜单栏中的"工具/构建并查看"命令（快捷键：F5）或工具栏中的 ▶ 按钮，可以看到段落行间距应用效果如图 3.2 所示。

图 3.2　分段落行间距应用效果

3.1.3　段落的缩进应用实例

在 LaTeX 程序中，段落的缩进包括 3 种，分别是左缩进、右缩进、首行缩进，具体代码如下。

（1）左缩进：\setlength{\leftskip}{⟨length⟩}。

（2）右缩进：\setlength{\rightskip}{⟨length⟩}。

（3）首行缩进：\setlength{\parindent}{⟨length⟩}。

长度的数值⟨length⟩由数字和单位组成，其单位及意义如下。

（1）pt：表示点阵宽度，是一个专用的印刷单位"磅"，大小为 1/72.27 英寸。它是一个标准的长度单位，也称为"绝对长度"。

（2）bp：表示点阵宽度，表示大点，大小为 1/72 英寸。

（3）in：表示英寸。

（4）cm：表示厘米。

（5）mm：表示毫米。

（6）em：当前字号下大写字母 M 的宽度，常用于水平距离的设定。

（7）ex：当前字号下小写字母 x 的高度，常用于垂直距离的设定。

在实际应用过程中，有时会用到可伸缩的"弹性长度"，如"10pt plus 2pt minus 4pt"表示基础长度为 10pt，可以伸展到 12pt，也可以收缩到 6pt；也可只定义 plus 或者 minus 的部分，如"0pt plus 6pt"。

提醒：plus 表示加，minus 表示减。

另外，长度的数值还可以用长度变量本身及其倍数来表达，如 1.5\parindent。

在 LaTeX 程序中，控制段落缩进的命令如下。

（1）缩进：\indent。

（2）不缩进：\noindent。

在默认情况下，段落开始时是缩进的，如果某一段开头不需要缩进，则可在段落开头使用\noindent 命令；相反地，\indent 命令可强制开启一段首行缩进的段落。在段落开头使用多个 \indent 命令可以累加缩进量。

利用\parskip 命令可以设置段落与段落之间的垂直间距，如设置段落与段落之间的垂直间距在 2.6ex 到 3.8ex，其代码如下。

```
\setlength{\parskip}{3ex plus 0.8ex minus 0.4ex}
```

下面通过具体实例来讲解段落缩进的应用方法。

打开 TeXstudio 软件，新建一个文档，在文档中编写如下代码。

```
\documentclass{ctexart}
\begin{document}
    {\setlength{\leftskip}{4.5cm} 当一个公司刚刚起步时，由于公司规模小，
需要资金也少，经营者可以通过亲戚朋友筹集资金来发展，但随着经营规模的扩大和竞争程度
的提高，无论是公司自身的资本积累，还是通过各种办法借来的资本，都不能满足公司扩张的
巨额资金需求。这样公司就会以出让股权的方式向社会公众筹集资金，同时建立股份有限公司。
社会公众之所以愿意购买公司股权，是因为公司发展前景良好，并且可以得到不错的投资回报。
\par}
    {\setlength{\rightskip}{3.8cm} \indent \indent 为了明确投资者与
公司之间的权益关系，股份有限公司就发行一张纸样的凭证，即股票。投资者购买股票后，就
成为该公司的股东，以出资额为限对公司负有限责任，同时具有分享公司收益的权利。\par}
    \setlength{\parindent}{3cm}如果有的投资者不想持有股票了，或因为急需
资金需要卖出这份权益，此时，另外有些投资者则对该公司股权有购买意愿，于是就出现了股
票买卖的流通市场，股市也就随之产生了。\par
    \noindent 股票的面值，是股份公司在所发行的股票票面上标明的票面金额，它以
元/股为单位，其作用是表明每一张股票所包含的资本数额。在我国上海和深圳证券交易所流
通的股票的面值均为一元，即每股一元。\par
    \setlength{\parskip}{3ex plus 0.8ex minus 0.4ex} 股票的净值，又
称为账面价值或每股净资产，是用会计统计的方法计算出来的每股股票所包含的资产净值。
\end{document}
```

在这里设置第一段左缩进 4.5cm，首行缩进为默认；第二段右缩进 3.8cm，首行缩进为两个默认缩进，即\indent \indent；第三段设置首行缩进为 3cm；第四段没有首行缩进；第五段与第四段之间的垂直间距在 2.6ex～3.8ex。

需要注意，第五段虽然没有设置首行缩进，但它的首行缩进继承于第三段的首行缩进，即首行缩进 3cm。

程序代码编写完成后，单击菜单栏中的"工具/构建并查看"命令（快捷键：F5）或工具栏中的 ▶ 按钮，可以看到段落缩进应用效果如图 3.3 所示。

图 3.3　段落缩进应用效果

3.2　章节样式

条理清楚的文档或图书往往会利用篇、章、节、小节进行结构化，从而达到层次分明的目的。

3.2.1　篇、章、节、小节程序命令应用实例

在 LaTeX 程序中，两个标准文档类 report 和 book 提供了划分篇、章、节、小节的命令，具体代码如下。

（1）篇：\part{⟨title⟩}。

（2）章：\chapter{⟨title⟩}。

(3) 节：\section{⟨title⟩}。

(4) 小节：\subsection{⟨title⟩}。

(5) 小小节：\subsubsection{⟨title⟩}。

(6) 段落：\paragraph{⟨title⟩}。

(7) 子段落：\subparagraph{⟨title⟩}。

篇的自动编号是独立的，不会影响到章、节、小节的编号。在文档类 article 中，没有章结构，其他结构都有。

在标准文档类 report 和 book 中，自动编号的层次是章（\chapter）、节（\section）、小节（\subsection）三级。

在标准文档类 article 中，自动编号的层次是节（\section）、小节（\subsection）、小小节（\subsubsection）三级。

需要注意的是，如果带有自动编号的层次，每个命令有两种变体，下面以节（\section）为例进行讲解。

(1) 带可选参数的变体：\section[⟨short title⟩]{⟨title⟩}，其中标题使用 ⟨title⟩ 参数，在目录和页眉页脚中使用 ⟨short title⟩ 参数。

(2) 带星号的变体：\section*{⟨title⟩}，其中标题不带编号，也不生成目录项和页眉页脚。

另外，较低层次的命令如\paragraph 和 \subparagraph 等不带星号的变体，生成的标题默认也不带编号。

下面通过具体实例来讲解 book 文档类中篇、章、节、小节的应用方法。

打开 TeXstudio 软件，新建一个文档，在文档中编写如下代码。

```
\documentclass{ctexbook}
\begin{document}
    \part{基础篇}
        \chapter{新股民入市必知}
            股票的基础知识是很多投资者最不重视的部分，但这一部分恰恰是交易对象和交易市场的本质。很多看似莫名其妙的股价波动，其实往往来自这里的市场属性和市场要求。
```

万变不离其宗，对股票基础知识深入了解后，就会对股票市场的存在和股票的流通有较为客观的认识，并在大局上把握分寸，赢得先机。
　　\section{初识股票}
　　在炒股之前，首先要了解股票的基础知识，如发行股票的原因、概念、作用、价值和价格，下面进行详细讲解。
　　\subsection{发行股票的原因}
　　当一个公司刚刚起步时，由于公司规模小，需要资金也少，经营者可以通过亲戚朋友筹集资金来发展，但随着经营规模的扩大和竞争程度的提高，无论是公司自身的资本积累，还是通过各种办法借来的资本，都不能满足公司扩张的巨额资金需求。这样公司就会以出让股权的方式向社会公众筹集资金，同时建立股份有限公司。社会公众之所以愿意购买公司股权，是因为公司发展前景良好，并且可以得到不错的投资回报。\par
　　为了明确投资者与公司之间的权益关系，股份有限公司就发行一张纸样的凭证，即股票。投资者购买股票后，就成为该公司的股东，以出资额为限对公司负有限责任，同时具有分享公司收益的权利。
　　\subsection{普通股和优先股}
　　根据股东权利的不同，股票可以分为优先股、普通股和后配股
　　\subsubsection{优先股}
　　优先股是相对于普通股来说的，是股份公司发行的在分配红利和剩余财产时比普通股具有优先权的股份。优先股也是一种没有期限的有权凭证，优先股股东一般不能在中途向公司要求退股(少数可赎回的优先股例外)。
　　\chapter{新股民如何入市交易}
　　\chapter{炒股软件的选择}
　\part{技术篇}
　　\chapter{炒股的基本面分析技术}
　　\chapter{炒股的K线分析技术}
　　\chapter{炒股的趋势分析技术}
　\part{提高篇}
　　\chapter{炒股风险与陷阱的防范}
　　\chapter{股票交易管理技术}
　　\chapter{新股民必知的其他知识}
\end{document}

这里的文档类型是book，其代码如下。

```
\documentclass{ctexbook}
```

在代码中，把book文档分成三篇，每一篇又分三章，第一篇的第一章又分两节，其中第二节又分两个小节。

程序代码编写完成后，单击菜单栏中的"工具/构建并查看"命令（快捷键：F5）或工具栏中的 ▶ 按钮，可以看到 book 文档类中篇、章、节、小节的应用效果如图 3.4 所示。

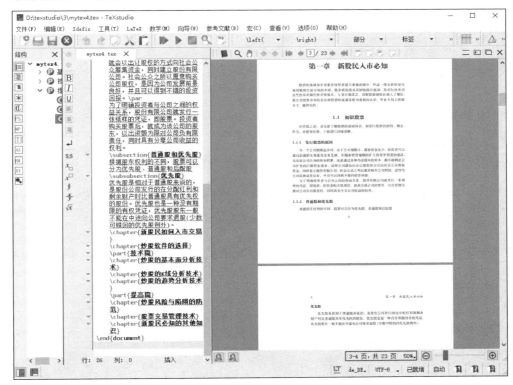

图 3.4　book 文档类中篇、章、节、小节的应用效果

在这里可以看到生成了 23 页文档，下面看看各篇占页情况具体如下。

第一篇占两页，第一篇的每一章占两页，共 3 章，所以占了 6 页，所以第一篇共占：2+6 = 8 页。

第二篇占两页，第二篇的每一章占两页，共 3 章，所以占了 6 页，所以第二篇共占：2+6 = 8 页。

第三篇占两页，第三篇的第 1 章和第 2 章各占两页，共 4 页，第 3 章占 1 页，所以第三篇共占：2+4+1 = 7 页。

另外，在第一篇第 1 章中，可以看到章、节、小节的自动编号信息。

下面通过具体实例来讲解 article 文档类中篇、节、小节、小小节的应用方法。

打开 TeXstudio 软件，新建一个文档，在文档中编写如下代码。

```
\documentclass{article}
    \usepackage{ctex}
\begin{document}
    \part{基础篇}
        \section{新股民入市必知}
        \section{新股民如何入市交易}
            \subsection{网上股票交易系统}
                \subsubsection{添加证券营业部并登录}
                \subsubsection{银证转账}
            \subsection{同花顺模拟炒股}
        \section{炒股软件的选择}
    \part{技术篇}
        \section{炒股的基本面分析技术}
        \section{炒股的 K 线分析技术}
        \section{炒股的趋势分析技术}
    \part{提高篇}
        \section{炒股风险与陷阱的防范}
        \section{股票交易管理技术}
        \section{新股民必知的其他知识}
\end{document}
```

这里的文档类型是 article，然后调用 ctex 宏包就可以实现中文输出了。把 article 文档分成三篇，每一篇又分三节，其中第一篇的第二节又分两节。

程序代码编写完成后，单击菜单栏中的"工具/构建并查看"命令（快捷键：F5）或工具栏中的 ▶ 按钮，可以看到 article 文档类中篇、节、小节、小小节的应用效果如图 3.5 所示。

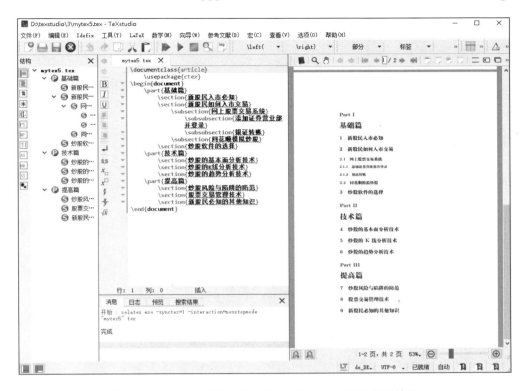

图 3.5　article 文档类中篇、节、小节、小小节的应用效果

注意，article 文档类中篇、节、小节、小小节没有分页显示，都显示在同一页中。

3.2.2　编号相关样式应用实例

在 LaTeX 程序中，篇、章、节、小节的编号相关样式设置主要有 3 个参数，分别是 numbering、name 和 number，下面分别进行讲解。

（1）numbering。numbering 参数用来控制对不带星号的章节标题进行编号。如果各级标题的默认值均为 True，则对不带星号的章节标题进行编号；如果 numbering 的值为 Flase，则不对不带星号的章节标题进行编号。

（2）name。name 参数用来设置章节的名字。章节的名字可以分为前后两部分，即章节编号前后的词语，两个词之间用一个半角逗号分开；也可以只有一部分，表示只有章节编号之前的名字，其语法格式如下。

```
name = {⟨前名字⟩,⟨后名字⟩}
name = {⟨前名字⟩}
```

（3）number。number 参数用来设置章节编号的数字输出格式，其语法格式如下。

```
number = {⟨数字输出命令⟩}
```

⟨数字输出命令⟩通常是对应章节编号计数器的输出命令。计数器的输出命令及意义如下。

（1）\arabic：阿拉伯数字，是默认情况下的输出数字形式。

（2）\alph：小写字母，共计 26 个，即 a 到 z。

（3）\Alph：大写字母，共计 26 个，即 A 到 Z。

（4）\roman：小写罗马数字，是非负整数。

（5）\Roman：大写罗马数字，是非负整数。

（6）\fnsymbol：一系列符号，用于\thanks 命令生成的脚注，只有 0 到 9。

下面通过具体实例来讲解编号相关样式的应用方法。

打开 TeXstudio 软件，新建一个文档，在文档中编写如下代码。

```
\documentclass{ctexart}
\begin{document}
  \part{基础篇}
    \section{新股民入市必知}
    \section{新股民如何入市交易}
      \subsection{网上股票交易系统}
        \subsubsection{添加证券营业部并登录}
        \subsubsection{银证转账}
      \subsection{同花顺模拟炒股}
    \section{炒股软件的选择}
  \part{技术篇}
    \section{炒股的基本面分析技术}
    \section{炒股的K线分析技术}
    \section{炒股的趋势分析技术}
\end{document}
```

第 3 章　LaTeX 样式实战应用

程序代码编写完成后，单击菜单栏中的"工具/构建并查看"命令（快捷键：F5）或工具栏中的 ▶ 按钮，可以看到 LaTeX 默认的编号相关样式的效果如图 3.6 所示。

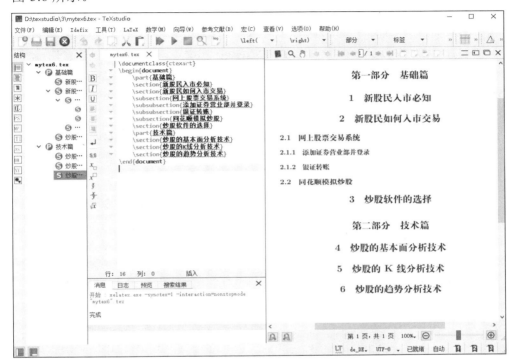

图 3.6　LaTeX 默认的编号相关样式的效果

下面，添加编号相关样式代码，修改篇、节、小节、小小节的编号样式。在导言区添加代码如下。

```
\ctexset{
    part/numbering =true ,
    part/name= {第,篇} ,
    part/number= \Roman{part},
    section/numbering=true,
    section/name={第,节},
    section/number=\Alph{section},
    subsection/numbering =true,
    subsection/name={\S},
```

```
    subsection/number=\arabic{subsection},
    subsubsection/numbering=false,
}
```

在这里，设置篇（part）的参数 numbering=true，对不带星号的篇标题进行编号，name= {第,篇}，显示第几篇，中间数字显示大写罗马数字，即 part/number=\Roman{part}；设置节（section）的参数 numbering=true，对不带星号的节标题进行编号，name= {第,节}，显示第几节，中间数字显示大写字母，即 section/number=\Alph{section}；设置小节（subsection）的参数 numbering=true，对不带星号的小节标题进行编号，name={\S}，显示特殊符号，并且只显示前名字，不显示后名字，中间数字显示阿拉伯数字，即 number=\arabic{subsection}；设置小小节（subsubsection）的参数 numbering= false，即不对不带星号的篇标题进行编号。

设置完成后，单击菜单栏中的"工具/构建并查看"命令（快捷键：F5）或工具栏中的 ▶ 按钮，可以看到修改编号相关样式后的效果如图3.7所示。

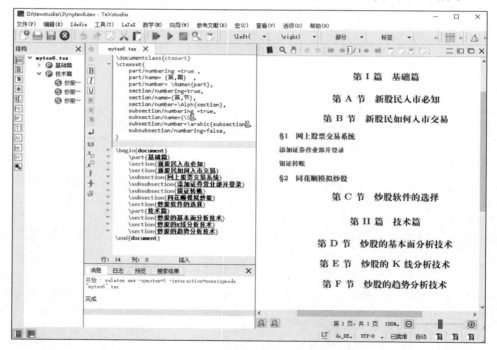

图3.7　修改编号相关样式后的效果

3.2.3　标题的格式应用实例

在 LaTeX 程序中，标题的格式设置参数有 7 种，分别是 format、nameformat、numberformat、titleformat、aftername、aftertitle 和 pagestyle，下面分别进行讲解。

（1）format。format 参数用来控制章节标题的全局格式，作用域为章节名字和随后的标题内容，可以用于控制章节标题的对齐方式、整体字体字号等格式，其语法格式如下。

```
format = {⟨格式命令⟩}
format+= {⟨格式命令⟩}
```

"format+"参数用于在已有的格式命令后附加内容。

（2）nameformat。nameformat 参数用来控制章节名字的格式，作用域为章节名字及编号，一般用于章节名（包括编号）与章节标题的字体、字号等设置不一致的情形，其语法格式如下。

```
nameformat = {⟨格式命令⟩}
nameformat+= {⟨格式命令⟩}
```

"nameformat+"参数用于在已有的章节名字格式命令后附加内容。

（3）numberformat。numberformat 参数用来控制章节编号的格式，作用域仅为编号数字本身，当编号的格式和前后的章节名字不一样时可以使用，其语法格式如下。

```
numberformat = {⟨格式命令⟩}
numberformat+= {⟨格式命令⟩}
```

"numberformat+"参数用于在已有的编号格式命令后附加内容。

（4）titleformat。titleformat 参数用来控制标题内容的格式，作用域为章节标题内容，其语法格式如下。

```
titleformat = {⟨格式命令⟩}
titleformat+= {⟨格式命令⟩}
```

"titleformat+"参数用于在已有的标题格式命令后附加内容。

（5）aftername。aftername 参数用来插入到章节编号与其后的标题内容之间，用于控制章节编号与标题内容之间的距离，或者标题是否另起一行，其语法格式如下。

```
aftername = {⟨代码⟩}
aftername+= {⟨代码⟩}
```

"aftername+"参数用于在已有的代码后附加内容。

（6）aftertitle。aftertitle 参数用来将⟨代码⟩插入到章节标题内容之后，其语法格式如下。

```
aftertitle = {⟨代码⟩}
aftertitle+= {⟨代码⟩}
```

"aftertitle+"参数用于在已有的代码后附加内容。

（7）pagestyle。pagestyle 参数用来设置 book/ctexbook 或 report/ctexrep 文档类中的 \part 与 \chapter 标题所在页的页面格式。

下面通过具体实例来讲解标题格式的应用方法。

打开 TeXstudio 软件，新建一个文档，在文档中编写如下代码。

```
\documentclass{ctexart}
\usepackage{color}
\ctexset{
  part/format+=\kaishu,
  part/nameformat=\songti,
  part/numberformat=\color{red},
  part/titleformat+=\color{cyan},
  section/name={第,节},
  section/format+=\raggedright,
  section/numberformat=\emph\color{blue},
  section/titleformat+=\color{red},
}
\begin{document}
  \part{基础篇}
  \section{新股民入市必知}
```

```
    \section{新股民如何入市交易}
    \subsection{网上股票交易系统}
    \subsubsection{添加证券营业部并登录}
    \subsubsection{银证转账}
    \subsection{同花顺模拟炒股}
    \section{炒股软件的选择}
    \ctexset{ part/aftername=\par\vskip 20pt}
    \part{技术篇}
    \section{炒股的基本面分析技术}
    \ctexset{ section/aftertitle=\par\bigskip\nointerlineskip\rule
{\linewidth}{3bp}\par}
    \section{炒股的K线分析技术}
    \section{炒股的趋势分析技术}
\end{document}
```

在这里要使用颜色命令，所以在先调用color宏包，具体代码如下。

```
\usepackage{color}
```

接下来，在导言区设置篇（part）的字体format+=\kaishu，即字体为楷体；part/nameformat=\songti 表示章名的字体为宋体；part/numberformat=\color{red} 表示自动编号的数字的颜色为红色；part/titleformat+=\color{cyan}表示篇标题内容的颜色为青色。设置节（section）为左对齐 section/format+=\raggedright；节的自动编号的颜色为蓝色，并且强调显示（倾斜）section/numberformat=\emph\color{blue}；节的标题内容的颜色为红色 section/titleformat+=\color{red}。

在正文区中，对\part{技术篇}进行设置，代码如下。

```
\ctexset{ part/aftername=\par\vskip 20pt}
```

把章节编号与其后的标题内容放在不同段中，段的垂直距离为20pt。

对最后两个\section进行设置，代码如下。

```
\ctexset{ section/aftertitle=\par\bigskip\nointerlineskip\rule{\linewidth}{3bp}\par}
```

先分段，垂直距离为固定大间距，不再添加行间距，然后绘制宽度为 3bp 的直线，再分段。

程序代码编写完成后，单击菜单栏中的"工具/构建并查看"命令（快捷键：F5）或工具栏中的 ▶ 按钮，可以看到标题格式的应用效果如图 3.8 所示。

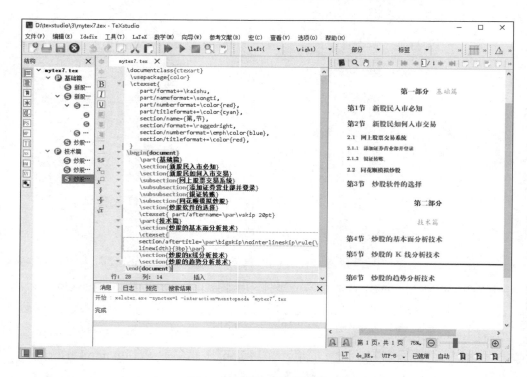

图 3.8　标题格式的应用效果

3.2.4　间距与缩进相关样式应用实例

在 LaTeX 程序中，间距与缩进设置参数有 8 个，分别是 runin、hang、indent、beforeskip、afterskip、fixskip、break 和 afterindent，下面分别进行讲解。

（1）runin。runin 参数只对\section 级以下标题有意义，用于确定标题与随后的正文是否排在同一段，其语法格式如下。

```
runin = true|false
```

在默认情况下，\section、\subsection、\subsubsection 的 runin 属性为 false，即标题与随后的正文不在同一段中；\paragraph、\subparagraph 两级标题则与后面正文排在同一段中。

（2）hang。hang 参数用来对章节标题设置悬挂缩进（缩进的宽度为名字宽度和 indent 选项设置的宽度之和），其语法格式如下。

```
hang = true|false
```

hang 参数对 beamer/ctexbeamer 文档类无效。对于\section 级以下标题，若设置 runin 选项为 true，即标题与随后正文排在同一段，则 hang 参数没有意义。

（3）indent。indent 参数用来设置章节标题的首行缩进，其语法格式如下。

```
indent = {⟨缩进间距⟩}
```

需要注意的是，如果 indent 的值是以 em、ex 或\ccwd 为单位，那么缩进间距的大小是相对于 format 中指定的字号大小。

（4）beforeskip。beforeskip 参数用来设置章节标题前的垂直间距，其语法格式如下。

```
beforeskip = {⟨弹性间距⟩}
```

例如，beforeskip 设置为"3.5ex plus 2ex minus 0.5ex"，这样弹性间距就是 3ex～5.5ex。

（5）afterskip。afterskip 参数用来设置章节标题与正文之间的距离，其语法格式如下。

```
afterskip = {⟨弹性间距⟩}
```

需要注意的是，对于\section 级以下标题，runin 选项会影响 afterskip 选项的意义。如果 runin=true，标题与随后正文排在同一段，⟨弹性间距⟩给出水平间距；否则，正文另起一段，⟨弹性间距⟩给出的是垂直间距。

（6）break。break 参数用来控制章节标题与之前正文的分隔关系，其语法格式如下。

```
break = {⟨格式命令⟩}
break+= {⟨格式命令⟩}
```

其中，break 参数一般用于设置是否在标题之前分页或者设置标题与正文之间间距；break+参数用于在已有的格式命令后附加内容。

例如，当前页剩余高度小于正文高度的四分之一，则另起一页输出\section 标题，其代码如下。

```
\usepackage{needspace}
\ctexset{section/break = \Needspace{0.25\textheight}}
```

（7）afterindent。afterindent 参数用来设置章节标题后首段的缩进，其语法格式如下。

```
afterindent = true|false
```

注意，若 book 和 report 类的\part 标题单独排在一页，则 afterindent 参数没有意义；对于\section 级以下标题，若设置 runin 选项为 true，即标题与随后正文排在同一段，afterindent 参数也同样没有了意义。

下面通过具体实例来讲解间距与缩进相关样式的应用方法。

打开 TeXstudio 软件，新建一个文档，在文档中编写如下代码。

```
\documentclass{ctexart}
\ctexset{ section/format+ = \raggedright ,
        section/name={第,章}
}
\begin{document}
    \part{基础篇}
    \section{新股民入市必知}
    \section{新股民如何入市交易(开立沪深证券账户、资金账户和银证转账账户)}
    \subsection{网上股票交易系统}
    \subsubsection{添加证券营业部并登录}
    打开同花顺股票行情分析软件，单击菜单栏中的"委托/增加新委托"命令，弹出"委
```

托管理"对话框.

```
    \ctexset{ subsubsection/runin= true}
    \subsubsection{银证转账}
如果投资者已把炒股的资金存进与证券账户相关联的银行账户中，那么，还需要把银
行账户中的资金转到证券账户上才能购买股票。
    \subsection{同花顺模拟炒股}
    \section{炒股软件的选择}
    \part{技术篇}
    \section{炒股的基本面分析技术}
    \ctexset{   section/indent=20pt}
    \section{炒股的K线分析技术}
    \ctexset{ section/indent=5em }
    \section{炒股的趋势分析技术}
\end{document}
```

在导言区将节的对齐方式设置为左对齐，显示为"第,章"，具体代码如下。

```
\ctexset{ section/format+ = \raggedright ,
          section/name={第,章}}
```

把小小节"银证转账"的 runin 参数设为 true，这样"银证转账"标题与随后的正文就排在同一段，具体代码如下。

```
\ctexset{ subsubsection/runin= true}
```

设置"炒股的K线分析技术"节标题本身的首行缩进 20pt，具体代码如下。

```
\ctexset{section/indent=20pt}
```

设置"炒股的趋势分析技术"节标题本身的首行缩进 5em，具体代码如下。

```
\ctexset{ section/indent=5em }
```

程序代码编写完成后，单击菜单栏中的"工具/构建并查看"命令（快捷键：F5）或工具栏中的 ▶ 按钮，可以看到间距与缩进相关样式的应用效果如图 3.9 所示。

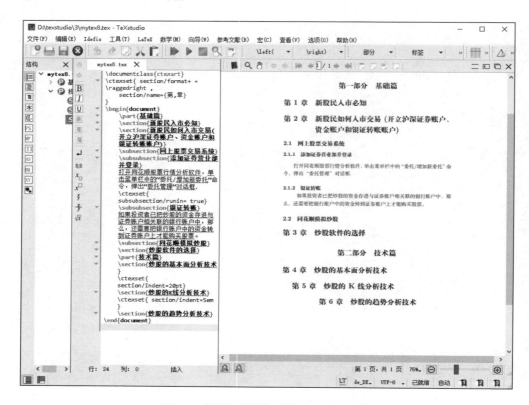

图 3.9 间距与缩进相关样式的应用效果

3.3 页面设置和分栏效果

前面介绍了段落样式和章节样式，下面进一步介绍页面设置和分栏效果。

3.3.1 页面设置应用实例

前面我们介绍了可以在指定文档类型的可选参数设定纸张大小，如 a4paper、letterpaper 等，还可以设置适合的页边距。然而，在实际排版过程中，往往利用 geometry 宏包设置页边距，调用该宏包的语法格式如下。

```
\usepackage{geometry}
\geometry{⟨geometry-settings⟩}
```

也可以将参数指定为宏包的选项：

```
\usepackage[⟨geometry-settings⟩]{geometry}
```

其中，⟨geometry-settings⟩多以⟨key⟩=⟨value⟩的形式组织。

例如，设置上下边距 0.8 英寸，左右边距 1.20 英寸，其代码如下。

```
\usepackage[left=1.20in,right=1.20in,top=0.8in,bottom=0.8in]{geometry}
```

在这里可以看到左右边距相同，上下边距相同，所以其代码也可以如下。

```
\usepackage[hmargin=1.20in,vmargin=0.8in]{geometry}
```

其中，hmargin 为水平边距；vmargin 为垂直边距。

如果所有边距都为 1 英寸，其代码如下。

```
\usepackage[margin=1in]{geometry}
```

在双面文档中，如书籍，习惯在奇数页右边、偶数页左边留出较大的页边距，而书脊一侧，即奇数页左边、偶数页右边的页边距较小，其代码如下。

```
\usepackage[inner=1in,outer=1.25in]{geometry}
```

下面通过具体实例来讲解页面设置的应用方法。

打开 TeXstudio 软件，新建一个文档，在文档中编写如下代码。

```
\documentclass{ctexart}
\begin{document}
    \section*{期权的历史展}
    期权交易的最早记录是在《圣经·创世纪》中的一个合同制的协议，里面记录了大约在公元前 1700 年，雅克布为同拉班的小女儿瑞切尔结婚而签订的一个类似期权的契约，即雅克布在同意为拉班工作七年的条件下，得到同瑞切尔结婚的许可。从期权的定义来看，雅克布以七年劳工为"权利金"，获得了同瑞切尔结婚的"权利而非义务"。\par
    除此之外，在亚里士多德的《政治学》一书中，也记载了古希腊哲学家、数学家泰利斯利用天文知识，预测来年秋季的橄榄收成，然后再以极低的价格取得西奥斯和米拉特斯地区橄榄榨汁机的使用权的情形。这种"使用权"即已隐含了期权的概念，可以看作期权的萌芽阶段。\par
```

在期权发展史上，我们不能不提到 17 世纪荷兰的郁金香炒作事件。众所周知，郁金香是荷兰的国花。在 17 世纪的荷兰，郁金香更是贵族社会身份的象征，这使得批发商普遍出售远期交割的郁金香以获取利润。为了减少风险，确保利润，许多批发商从郁金香的种植者那里购买期权，即在一个特定的时期内，按照一个预定的价格，从种植者那里购买郁金香。而当郁金香的需求扩大到世界范围时，又出现了一个郁金香球茎期权的二级市场。\par

随着郁金香价格的盘旋上涨，荷兰上至王公贵族，下到平民百姓，都开始变卖他们的全部财产用于炒作郁金香和郁金香球茎。1637 年，郁金香的价格已经涨到了骇人听闻的水平。与上一年相比，郁金香总涨幅高达 5900\%。1637 年 2 月，一株名为"永远的奥古斯都"的郁金香售价更高达 6700 荷兰盾，这笔钱足以买下阿姆斯特丹运河边的一幢豪宅，而当时荷兰人的平均年收入只有 150 荷兰盾。随后荷兰经济开始衰退，郁金香市场也在 1637 年 2 月 4 日突然崩溃。一夜之间，郁金香球茎的价格一泻千里。许多出售认沽期权的投机者没有能力为他们要买的球茎付款，虽然荷兰政府发出紧急声明，认为郁金香球茎价格无理由下跌，劝告市民停止抛售，但这些努力都毫无用处。一个星期后，郁金香的价格已平均下跌了 90\%，大量合约的破产又进一步加剧了经济的衰退。绝望之中，人们纷纷涌向法院，希望能够借助法律的力量挽回损失。但在 1637 年 4 月，荷兰政府决定终止所有合同，禁止投机式的郁金香交易，从而彻底击破了这次历史上空前的经济泡沫。

\end{document}

这是一个很简单的 article 文档，注意，\section 命令带星号，即标题不带编号，其代码如下。

\section*{期权的历史展}

另外，还要注意"%"的显示，要使用\%。

程序代码编写完成后，单击菜单栏中的"工具/构建并查看"命令（快捷键：F5）或工具栏中的 ▶ 按钮，可以看到文章的排版效果如图 3.10 所示。

下面来调整页边距，在导言区添加如下代码。

\usepackage[left=0.25in,right=2.25in,top=0.5in,bottom=1in]{geometry}

为了让排版效果更好，这里设置左边距为 0.25 英寸，右边距为 2.25 英寸，上边距为 0.5 英寸，下边距为 1 英寸。

设置完成后，单击菜单栏中的"工具/构建并查看"命令（快捷键：F5）或工具栏中的 ▶ 按钮，可以看到添加页边距后文章的排版效果如图 3.11 所示。

第 3 章　LaTeX 样式实战应用

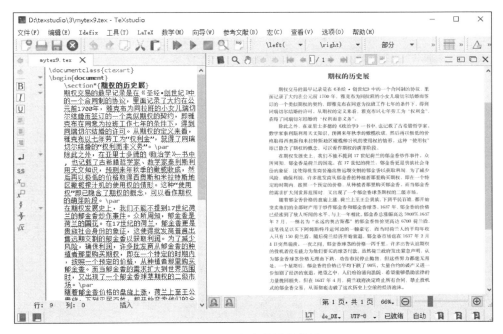

图 3.10　文章的排版效果

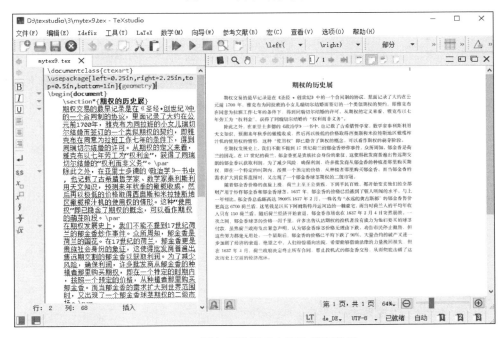

图 3.11　添加页边距后文章的排版效果

下面来改变纸张大小，设纸张大小为a5paper，具体代码如下。

```
\documentclass[a5paper]{ctexart}
```

改变纸张大小后的文章排版效果如图3.12所示。

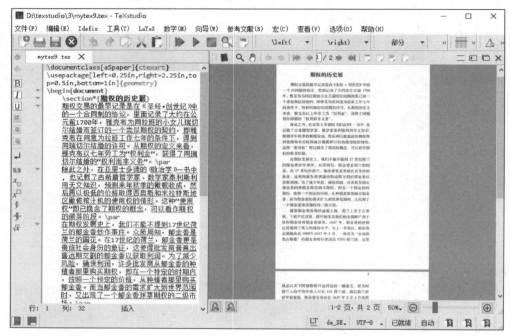

图3.12　改变纸张大小后的文章排版效果

3.3.2　分栏应用实例

在LaTeX程序中，可以实现简单的分栏效果，其程序命令如下。

```
\twocolumn
```

当进行双栏排版时，每一栏的宽度为\columnwidth，它由\textwidth减去\columnsep的差除以2得到。两栏之间还有一道竖线，宽度为\columnseprule，默认为0，也就是看不到竖线。

切换单/双栏排版时总是会另起一页，单栏程序命令如下。

```
\onecolumn
```

下面通过具体实例来讲解分栏的应用方法。

打开 TeXstudio 软件，新建一个文档，在文档中编写如下代码。

```
\documentclass[a5paper]{ctexart}
  \usepackage[hmargin=1.25in,vmargin=1in]{geometry}
\begin{document}
    \section*{期权的历史展}
        期权交易的最早记录是在《圣经•创世纪》中的一个合同制的协议，里面记录了大约在公元前1700年，雅克布为同拉班的小女儿瑞切尔结婚而签订的一个类似期权的契约，即雅克布在同意为拉班工作七年的条件下，得到同瑞切尔结婚的许可。从期权的定义来看，雅克布以七年劳工为"权利金"，获得了同瑞切尔结婚的"权利而非义务"。\par
        \twocolumn
        除此之外，在亚里士多德的《政治学》一书中，也记载了古希腊哲学家、数学家泰利斯利用天文知识，预测来年秋季的橄榄收成，然后再以极低的价格取得西奥斯和米拉特斯地区橄榄榨汁机的使用权的情形。这种"使用权"即已隐含了期权的概念，可以看作期权的萌芽阶段。\par
        在期权发展史上，我们不能不提到17世纪荷兰的郁金香炒作事件。众所周知，郁金香是荷兰的国花。在17世纪的荷兰，郁金香更是贵族社会身份的象征，这使得批发商普遍出售远期交割的郁金香以获取利润。为了减少风险，确保利润，许多批发商从郁金香的种植者那里购买期权，即在一个特定的时期内，按照一个预定的价格，从种植者那里购买郁金香。而当郁金香的需求扩大到世界范围时，又出现了一个郁金香球茎期权的二级市场。\par
        \onecolumn
        随着郁金香价格的盘旋上涨，荷兰上至王公贵族，下到平民百姓，都开始变卖他们的全部财产用于炒作郁金香和郁金香球茎。1637年，郁金香的价格已经涨到了骇人听闻的水平。与上一年相比，郁金香总涨幅高达5900\%。1637年2月，一株名为"永远的奥古斯都"的郁金香售价更高达6700荷兰盾，这笔钱足以买下阿姆斯特丹运河边的一幢豪宅，而当时荷兰人的平均年收入只有150荷兰盾。随后荷兰经济开始衰退，郁金香市场也在1637年2月4日突然崩溃。一夜之间，郁金香球茎的价格一泻千里。许多出售认沽期权的投机者没有能力为他们要买的球茎付款，虽然荷兰政府发出紧急声明，认为郁金香球茎价格无理由下跌，劝告市民停止抛售，但这些努力都毫无用处。一个星期后，郁金香的价格已平均下跌了90\%，大量合约的破产又进一步加剧了经济的衰退。绝望之中，人们纷纷涌向法院，希望能够借助法律的力量挽回损失。但在1637年4月，荷兰政府决定终止所有合同，禁止投机式的郁金香交易，从而彻底击破了这次历史上空前的经济泡沫。
    \end{document}
```

在这里设置纸张大小为 a5paper，左右页边距为 1.25 英寸，上下页边距为 1 英寸，具体代码如下。

```
\documentclass[a5paper]{ctexart}
  \usepackage[hmargin=1.25in,vmargin=1in]{geometry}
```

接下来，把第二段和第三段分双栏显示（在第二段前添加\twocdum 命令即可），第四段仍为单栏（在第四段前添加\onecolux 命令即可）。

程序代码编写完成后，单击菜单栏中的"工具/构建并查看"命令（快捷键：F5）或工具栏中的 ▶ 按钮，可以看到分栏的应用效果如图 3.13 所示。

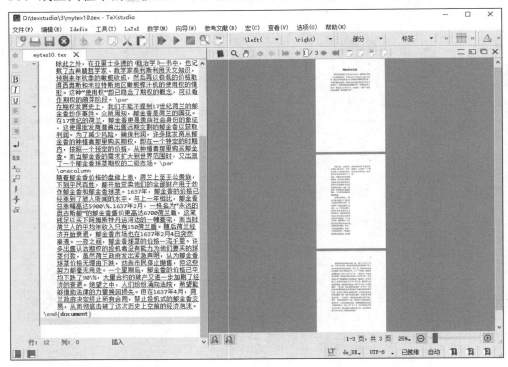

图 3.13 分栏的应用效果

如果要在同一页中实现单栏与多栏混合排版，该如何操作呢？

这里需要调用 multicol 宏包，然后使用简单的 multicols 环境实现分栏效果，具体代码如下。

```
\begin{multicols}{2}
```

```
...
\end{multicols}
```

multicol 宏包能够在一页之中切换单栏和多栏，也能实现跨页的分栏，且各栏的高度平均分布。需要注意，在 multicols 环境中无法正常使用 table 和 figure 等浮动体环境，它会直接让浮动体丢失。

下面通过具体实例来讲解调用 multicol 宏包实现单栏与多栏混排的应用方法。

打开 TeXstudio 软件，新建一个文档，在文档中编写如下代码。

```
\documentclass[a5paper]{ctexart}
\usepackage[hmargin=1.25in,vmargin=1in]{geometry}
\usepackage{multicol}
\begin{document}
    \section*{期权的历史展}
    期权交易的最早记录是在《圣经·创世纪》中的一个合同制的协议，里面记录了大约在公元前1700年，雅克布为同拉班的小女儿瑞切尔结婚而签订的一个类似期权的契约，即雅克布在同意为拉班工作七年的条件下，得到同瑞切尔结婚的许可。从期权的定义来看，雅克布以七年劳工为"权利金"，获得了同瑞切尔结婚的"权利而非义务"。\par
    \begin{multicols}{2}
    除此之外，在亚里士多德的《政治学》一书中，也记载了古希腊哲学家、数学家泰利斯利用天文知识，预测来年秋季的橄榄收成，然后再以极低的价格取得西奥斯和米拉特斯地区橄榄榨汁机的使用权的情形。这种"使用权"即已隐含了期权的概念，可以看作期权的萌芽阶段。\par
    在期权发展史上，我们不能不提到17世纪荷兰的郁金香炒作事件。众所周知，郁金香是荷兰的国花。在17世纪的荷兰，郁金香更是贵族社会身份的象征，这使得批发商普遍出售远期交割的郁金香以获取利润。为了减少风险，确保利润，许多批发商从郁金香的种植者那里购买期权，即在一个特定的时期内，按照一个预定的价格，从种植者那里购买郁金香。而当郁金香的需求扩大到世界范围时，又出现了一个郁金香球茎期权的二级市场。\par
    \end{multicols}
    随着郁金香价格的盘旋上涨，荷兰上至王公贵族，下到平民百姓，都开始变卖他们的全部财产用于炒作郁金香和郁金香球茎。1637年，郁金香的价格已经涨到了骇人听闻的水平。与上一年相比，郁金香总涨幅高达5900\%。1637年2月，一株名为"永远的奥古斯都"的郁金香售价更高达6700荷兰盾，这笔钱足以买下阿姆斯特丹运河边的一幢豪宅，而当时荷兰人的平均年收入只有150荷兰盾。随后荷兰经济开始衰退，郁金香市场也在1637年2月4日突然崩溃。一夜之间，郁金香球茎的价格一泻千里。许多出售认沽期权的投机者没有能力为他们要买的球茎付款，虽然荷兰政府发出紧急声明，认为郁金香球茎价格无理由下跌，劝告市民停
```

止抛售，但这些努力都毫无用处。一个星期后，郁金香的价格已平均下跌了 90\%，大量合约的破产又进一步加剧了经济的衰退。绝望之中，人们纷纷涌向法院，希望能够借助法律的力量挽回损失。但在 1637 年 4 月，荷兰政府决定终止所有合同，禁止投机式的郁金香交易，从而彻底击破了这次历史上空前的经济泡沫。

\end{document}

程序代码编写完成后，单击菜单栏中的"工具/构建并查看"命令（快捷键：F5）或工具栏中的 ▶ 按钮，可以看到调用 multicol 宏包实现单栏与多栏混排的效果如图 3.14 所示。

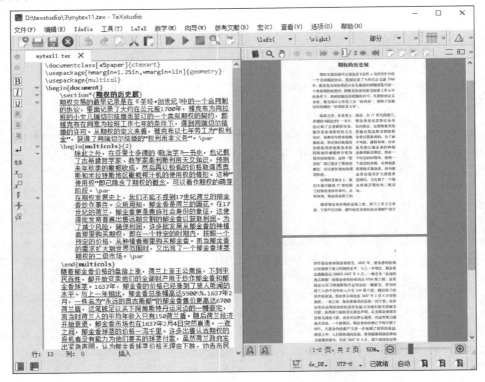

图 3.14　调用 multicol 宏包实现单栏与多栏混排的效果

3.4　页眉和页脚

页眉和页脚通常显示文档的附加信息，可以插入时间、日期、页码、单位名称、徽标等，其中，页眉在页面的顶部，页脚在页面的底部。

通常页眉可以添加文档注释等内容。页眉和页脚也用作提示信息，特别是其中插入的页码，通过这种方式能够快速定位所要查找的页面。

3.4.1 修改页眉页脚的命令及参数意义

在 LaTeX 程序中，可以利用\pagestyle 命令来修改页眉页脚的样式，其语法格式如下。

```
\pagestyle{⟨page-style⟩}
```

⟨page-style⟩参数有 4 种情况，分别是 empty、plain、headings 和 myheadings，各参数意义如下。

（1）empty：表示页眉、页脚为空。

（2）plain：表示页眉插入页码，页脚为空。article 和 report 文档类默认的页眉、页脚均为 plain 格式；book 文档类每章的第一页也为 plain 格式。

（3）headings：表示页眉为章节标题和页码，页脚为空。book 文档类默认的页眉、页脚为 headings。

（4）myheadings：表示页眉为页码及\markboth 和\markright 命令手动指定的内容，页脚为空。

在\pagestyle 命令的各项参数中，headings 的情况较为复杂，具体表现在以下两方面。

（1）article 文档类，如果页面为双面排版（twoside），偶数页为页码和节标题，奇数页为小节标题和页码；如果页面为单面排版（oneside），页眉为节标题和页码。

（2）book 文档类或 report 文档类，如果页面为双面排版（twoside），偶数页为页码和章标题，奇数页为节标题和页码；如果页面为单面排版（oneside），页眉为章标题和页码。

3.4.2 改变页眉页脚中的页码样式

在 LaTeX 程序中，利用\pagenumbering 命令修改页眉页脚中的页码样式，其语法格式如下。

```
\pagenumbering{⟨style⟩}
```

其中，⟨style⟩为页码样式，默认为 arabic（阿拉伯数字），还可修改为 roman（小写罗马数字）、Roman（大写罗马数字）等。

3.4.3 手动修改页眉页脚中的内容

如果页眉页脚的样式为 headings 或 myheadings，可以手动修改页眉页脚中的内容，其语法格式如下。

```
\markright{⟨right-mark⟩}
\markboth{⟨left-mark⟩}{⟨right-mark⟩}
```

在双面排版中，如果页眉页脚的样式为 headings 或 myheadings，⟨left-mark⟩和⟨right-mark⟩的内容分别预期出现在左页（偶数页）和右页（奇数页）。

另外，还可以利用 fancyhdr 宏包修改页眉页脚中的内容。fancyhdr 宏包可以将内容放在页眉页脚的左、中、右三个位置，还为页眉和页脚各加了一条横线。

在使用 fancyhdr 宏包定义页眉页脚之前，要先使用\pagestyle{fancy}命令调用 fancy 样式。在 fancyhdr 中定义页眉页脚的语法格式如下。

```
\fancyhf[⟨position⟩]{…}
\fancyhead[⟨position⟩]{…}
\fancyfoot[⟨position⟩]{…}
```

其中，(position)为 L（左）、C（中）、R（右），以及与 O（奇数页）、E（偶数页）字母的组合。

另外，利用\fancyhf 命令定义的页眉页脚，可以使用\fancyhf{}命令来清空页眉页脚的设置。

3.4.4　页眉页脚应用实例

下面通过具体实例来讲解页眉页脚的应用方法。

打开 TeXstudio 软件，新建一个文档，在文档中编写如下代码。

```
\documentclass{ctexart}
\ctexset{ section/format+ = \raggedright ,
    section/name={第,章}
}
\pagestyle{empty}
\begin{document}
    \section{新股民入市必知}
    股票的基本常识是很多投资者最不重视的部分，但这一部分恰恰是交易对象和交易市场的本质。很多看似莫名其妙的股价波动，其实往往来自这里的市场属性和市场要求。万变不离其宗，对股票基础知识深入了解后，就会对股票市场的存在和股票的流通有较为客观的认识，并在大局上把握分寸，赢得先机。
    \section{新股民如何入市交易}
    新股民要进行网上股票交易，首先要开立沪深证券账户、资金账户和银证转账账户，然后就可以利用网上股票交易系统进行交易了。
    \subsection{网上股票交易系统}
    开立各种账户后，就可以进行电脑炒股，即网上股票交易，下面来具体讲解一下。
    \subsubsection{添加证券营业部并登录}
    \subsubsection{银证转账}
    \subsection{同花顺模拟炒股}
    股市如战场，输赢全在一瞬间，如果想成为股市中的大赢家，必须精通各种分析技术，
```

同时还要具有丰富的实战经验，这样才能成为"一赢二平七亏"中的赢家。如何才能成为实战高手呢？一条不错的没有风险的路径是：同花顺模拟炒股，下面来具体看一下。

  \section{炒股软件的选择}

  随着计算机技术的发展，越来越多的股民采取网上炒股。而各大券商都提供了功能强大的网上股票行情分析软件，如同花顺炒股软件、大智慧炒股软件、通达信炒股软件，利用它们可以轻松了解各股走势、各股财务信息、各股题材信息等内容。\par

  同花顺炒股软件是一款功能强大的免费网上股票证券交易分析软件，是投资者炒股的必备工具之一。该软件是国内行情速度最快，功能最强大，资讯最丰富，操作手感最好的免费股票证券分析软件，由国内最大证券交易方案供应商——核新软件精心打造的最专业，最受欢迎的股票证券行情资讯平台。\par

  股票评星评级是同花顺全力打造的一项独具特色的服务内容，目的是让投资者一眼看过去，就会对每只股票有一个最直观、最基本的认识，该功能简单、实用。\par

  股票评星评级是同花顺金融研究中心在深入分析中国 A 股上市公司的基础上，运用国内外先进的数据研究模型，对上市公司的基本面、市场表现、投资价值及风险程度等，综合评估而产生的。在股票评星评级过程中，同花顺金融研究中心采用了多种国际上成熟的分析方法，如盈利模式、财务分析、EVA（经济增加值）、NPV（现金流贴现模型）及 P/E（市盈率）等。股票评星评级采用 5 星级标准，从 5 星到 1 星，分别表示某上市公司的经营状况为优秀、良好、一般、较差和很差。每一星级的股票还进一步细分为大盘、中盘和小盘。同花顺股票评星评级以上市公司的公开信息为基准来评定股票，客观性是评星评级的基本要素。

  \section{炒股的基本面分析技术}
  \section{炒股的 K 线分析技术}
  \section{炒股的趋势分析技术}
\end{document}

在这里设置节为左对齐，显示为{第,章}，代码如下。

```
\ctexset{ section/format+ = \raggedright ,
    section/name={第,章}
}
```

设置页眉页脚为 empty，即没有页眉及页脚，代码如下。

```
\pagestyle{empty}
```

程序代码编写完成后，单击菜单栏中的"工具/构建并查看"命令（快捷键：F5）或工具栏中的 ▶ 按钮，可以看到无页眉页脚的效果如图 3.15 所示。

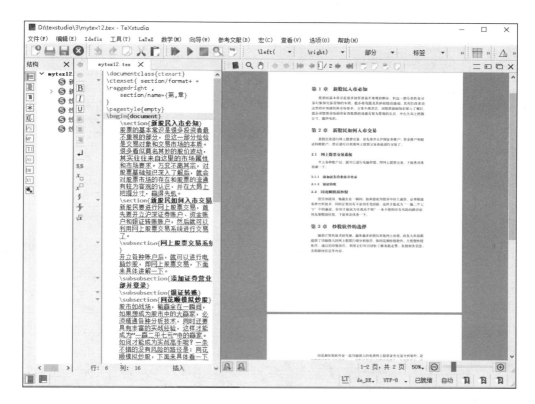

图 3.15　无页眉页脚的效果

设置页眉页脚样式为 headings，并改变页眉页脚中的页码样式为大写罗马字母，代码如下。

```
\pagestyle{headings}
\pagenumbering{Roman}
```

设置完成后，单击菜单栏中的"工具/构建并查看"命令（快捷键：F5）或工具栏中的 ▶ 按钮，可以看到代码运行结果，如图 3.16 所示。

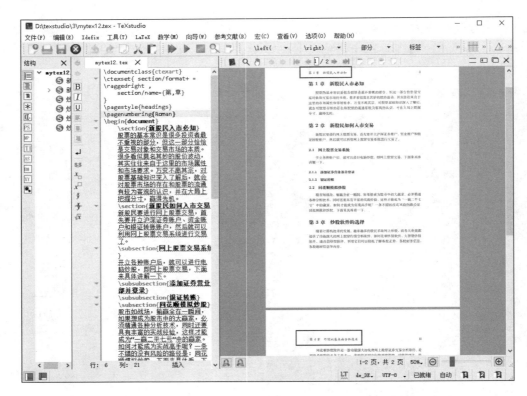

图 3.16　页眉页脚样式为 headings 及页码样式为大写罗马字母的代码运行结果

下面通过调用 fancyhdr 宏包来修改页眉页脚中的内容，具体代码如下。

```
\usepackage{fancyhdr}
\pagestyle{fancy}
\fancyfoot[C]{\bfseries\thepage}
\fancyhead[R]{\bfseries\leftmark}
\renewcommand{\headrulewidth}{0.4pt}
\renewcommand{\footrulewidth}{0.1pt}
```

设置页脚的中间为加粗的页码；页眉的右边为加粗的章节名，然后在页眉中绘制一条宽度为 0.4pt 的横线；在页脚中绘制一条宽度为 0.1pt 的横线。

设置完成后，单击菜单栏中的"工具/构建并查看"命令（快捷键：F5）或工具栏中的 ▶ 按钮，可以看到修改后的页眉页脚效果如图 3.17 所示。

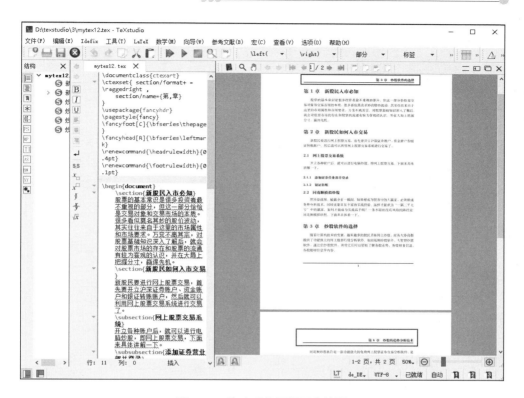

图 3.17　修改后的页眉页脚效果

第 4 章

LaTeX 列表与表格实战应用

列表在各种类型文档中使用频率很高，可以将文档内容分成多个条目显示，这样就可以达到简明、直观的效果。表格是最常用的数据处理方式之一，主要用于输入、输出、显示、处理和打印数据，LaTeX 可以制作各种复杂的表格文档。

本章主要内容包括：

- 无序列表应用实例。
- 有序列表应用实例。
- 描述列表应用实例。
- 列表项目间距设置。
- 无序列表嵌套应用实例。
- 有序列表嵌套应用实例。
- 列表样式设置。
- 表格列样式设置。
- 表格水平单元格合并应用实例。
- 表格垂直单元格合并应用实例。
- 绘制不同粗细边框的表格。
- 绘制彩色表格。
- 绘制带有斜线的表头。

4.1 LaTeX列表

在 LaTeX 程序中，列表是封闭的环境，列表中的每个项目可以取一行文字或一个完整的段落。列表可分三类，分别是无序列表、有序列表和描述列表，下面通过具体实例进行讲解。

4.1.1 无序列表应用实例

在 LaTeX 程序中，无序列表的代码格式如下。

```
\begin{itemize}
    ……
\end{itemize}
```

要创建列表项，还需要在每个项目前加上控制序列\item。

下面通过具体实例来讲解无序列表的应用方法。

打开 TeXstudio 软件，新建一个文档，在文档中编写如下代码。

```
\documentclass{ctexart}
\begin{document}
    \section*{LaTeX 列表}
    在 LaTeX 程序中，列表是封闭的环境，列表中的每个项目可以取一行文字或一个完整的段落。列表可分三类，具体如下：
    \begin{itemize}
        \item 无序列表
        \item 有序列表
        \item 描述列表
    \end{itemize}
\end{document}
```

需要注意，代码中\section 命令后面加了星号，这样标题不带编号，也不生成目录项和页眉页脚。利用 itemize 创建无序列表，再利用\item 命令创建列表项。

程序代码编写完成后，单击菜单栏中的"工具/构建并查看"命令（快捷键：F5）或工具栏中的 ▶ 按钮，可以看到无序列表的排版效果如图4.1所示。

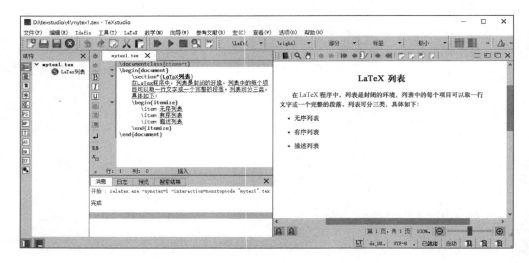

图 4.1　无序列表的排版效果

4.1.2　有序列表应用实例

在 LaTeX 程序中，有序列表的代码格式如下。

```
\begin{enumerate}
    ......
\end{enumerate}
```

要创建列表项，同样需要在每个项目前加上控制序列\item。

下面通过具体实例来讲解有序列表的应用方法。

打开 TeXstudio 软件，新建一个文档，在文档中编写如下代码。

```
\documentclass{ctexart}
\begin{document}
    \section*{LaTeX 列表}
    在 LaTeX 程序中，列表是封闭的环境，列表中的每个项目可以取一行文字或一个完
```

整的段落。列表可分三类，具体如下：

```
    \begin{enumerate}
        \item 无序列表
        \item 有序列表
        \item 描述列表
    \end{enumerate}
\end{document}
```

需要注意，\section 命令后面加了星号，这样标题不带编号，也不生成目录项和页眉页脚。利用 enumerate 创建有序列表，再利用\item 创建列表项。

程序代码编写完成后，单击菜单栏中的"工具/构建并查看"命令（快捷键：F5）或工具栏中的 ▶ 按钮，可以看到有序列表的排版效果如图 4.2 所示。

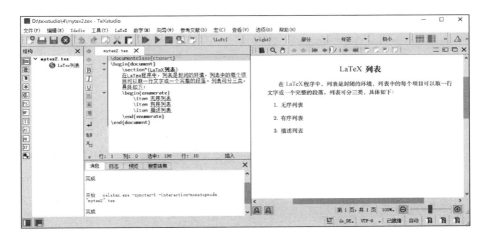

图 4.2　有序列表的排版效果

4.1.3　描述列表应用实例

在 LaTeX 程序中，描述列表的代码格式如下。

```
\begin{description}
    ……
\end{description}
```

要创建列表项，还需要在每个项目前加上控制序列\item。

下面通过具体实例来讲解描述列表的应用方法。

打开 TeXstudio 软件，新建一个文档，在文档中编写如下代码。

```
\documentclass{ctexart}
\begin{document}
    \section*{LaTeX 列表}
    在 LaTeX 程序中，列表是封闭的环境，列表中的每个项目可以取一行文字或一个完整的段落。列表可分三类，具体如下：
    \begin{enumerate}
        \item 无序列表
        \item 有序列表
        \item 描述列表
    \end{enumerate}
\end{document}
```

需要注意，\section 命令后面加了星号，这样标题不带编号，也不生成目录项和页眉页脚。利用 description 创建描述列表，再利用\item 命令创建列表项。

程序代码编写完成后，单击菜单栏中的"工具/构建并查看"命令（快捷键：F5）或工具栏中的 ▶ 按钮，可以看到描述列表的排版效果如图 4.3 所示。

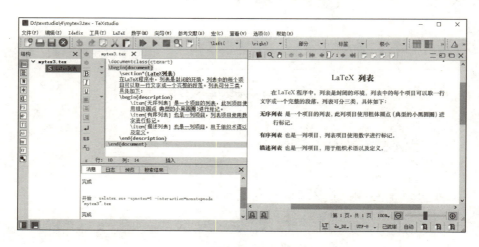

图 4.3 描述列表的排版效果

4.1.4 列表项目间距设置

要设置列表项目间距,首先要在导言区调用 enumitem 宏包,其语法格式如下。

```
\usepackage{enumitem}
```

调用 enumitem 宏包后,可以使用选项 noitemsep 删除列表项目之间的默认间距。还可以使用控制序列\itemsep 来设置列表项目之间的间距。

下面通过具体实例来讲解列表项目间距的设置方法。

打开 TeXstudio 软件,新建一个文档,在文档中编写如下代码。

```
\documentclass{ctexart}
\usepackage{enumitem}
\begin{document}
    \section*{LaTeX 列表}
    在 LaTeX 程序中,列表是封闭的环境,列表中的每个项目可以取一行文字或一个完整的段落。列表可分三类,具体如下:
    \begin{enumerate}[noitemsep]
        \item 无序列表
        \item 有序列表
        \item 描述列表
    \end{enumerate}
    \begin{itemize} \itemsep 1pt
    \item 无序列表
    \item 有序列表
    \item 描述列表
    \end{itemize}
\end{document}
```

为了设置列表项目间距,首先要在导言区调用 enumitem 宏包。需要注意,\section 命令后面加了星号,这样标题不带编号,也不生成目录项和页眉页脚。

接着创建有序列表。注意，在{enumerate}后面添加[noitemsep]，表示删除列表项目之间的默认间距。然后创建无序列表，注意，在{itemize}后面添加\itemsep 1pt，表示列表项目之间的间距为1pt。

程序代码编写完成后，单击菜单栏中的"工具/构建并查看"命令（快捷键：F5）或工具栏中的 ▶ 按钮，可以看到列表项目间距的设置效果如图 4.4 所示。

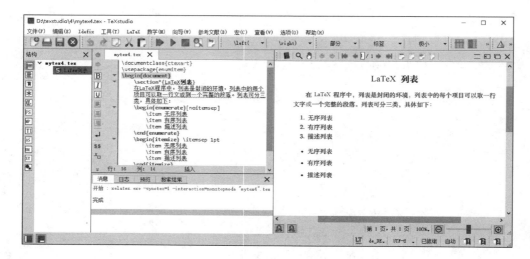

图 4.4　列表项目间距的设置效果

4.1.5　无序列表嵌套应用实例

在 LaTeX 程序中，无序列表嵌套最多支持 4 层，按嵌套深度划分的默认样式如下。

（1）第一层无序列表嵌套，默认样式为"●"。

（2）第二层无序列表嵌套，默认样式为"–"。

（3）第三层无序列表嵌套，默认样式为"✽"。

（4）第四层无序列表嵌套，默认样式为"·"。

下面通过具体实例来讲解无序列表嵌套的应用方法。

打开 TeXstudio 软件，新建一个文档，在文档中编写如下代码。

```
\documentclass{ctexart}
\begin{document}
    \section*{无序列表嵌套}
    \begin{itemize}
        \item 趋势量化实战技巧
        \begin{itemize}
            \item 趋势概述
            \begin{itemize}
                \item 什么是趋势
                \item 趋势的方向
                \begin{itemize}
                    \item 上升趋势
                    \item 水平趋势
                    \item 下降趋势
                \end{itemize}
            \end{itemize}
            \item 趋势线做多量化实战技巧
            \item 趋势线做空量化实战技巧
        \end{itemize}
        \item 均线量化实战技巧
        \item 技术指标量化实战技巧
    \end{itemize}
\end{document}
```

需要注意，\section 命令后面加了星号，这样标题不带编号，也不生成目录项和页眉页脚。然后利用 itemize 创建无序列表嵌套。

程序代码编写完成后，单击菜单栏中的"工具/构建并查看"命令（快捷键：F5）或工具栏中的 ▶ 按钮，可以看到无序列表嵌套效果如图 4.5 所示。

图 4.5　无序列表嵌套效果

4.1.6　有序列表嵌套

在 LaTeX 程序中，有序列表嵌套最多支持 4 层，按嵌套深度划分的默认样式如下。

（1）第一层有序列表嵌套，默认样式为阿拉伯数字。

（2）第二层有序列表嵌套，默认样式为小写英文字母。

（3）第三层有序列表嵌套，默认样式为小写罗马数字。

（4）第四层有序列表嵌套，默认样式为大写英文字母。

下面通过具体实例来讲解有序列表嵌套的应用方法。

打开 TeXstudio 软件，新建一个文档，在文档中编写如下代码。

```
\documentclass{ctexart}
\begin{document}
    \section*{有序列表嵌套}
    \begin{enumerate}
        \item 趋势量化实战技巧
```

第 4 章　LaTeX 列表与表格实战应用

```
    \begin{enumerate}
      \item 趋势概述
        \begin{enumerate}
          \item 什么是趋势
          \item 趋势的方向
            \begin{enumerate}
              \item 上升趋势
              \item 水平趋势
              \item 下降趋势
            \end{enumerate}
        \end{enumerate}
      \item 趋势线做多量化实战技巧
      \item 趋势线做空量化实战技巧
    \end{enumerate}
    \item 均线量化实战技巧
    \item 技术指标量化实战技巧
  \end{enumerate}
\end{document}
```

需要注意，\section 命令后面加了星号，这样标题不带编号，也不生成目录项和页眉页脚。然后利用 enumerate 创建有序列表嵌套。

程序代码编写完成后，单击菜单栏中的"工具/构建并查看"命令（快捷键：F5）或工具栏中的▶按钮，可以看到有序列表嵌套效果如图 4.6 所示。

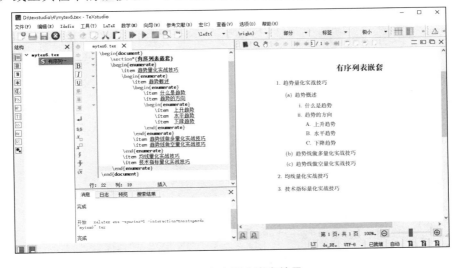

图 4.6　有序列表嵌套效果

· 105 ·

4.1.7 列表样式设置

在 LaTeX 程序中，可以利用代码设置列表样式。无序列表样式设置代码，具体如下。

（1）"●"样式设置的代码是：$bullet$。

（2）"✽"样式设置的代码是：$\ast$。

（3）"-"样式设置的代码是：$-$。

（4）"•"样式设置的代码是：$\cdot$。

（5）"◇"样式设置的代码是：$\diamond$。

（6）"○"样式设置的代码是：$\circ$。

有序列表样式设置代码，具体如下。

（1）小写字母样式设置的代码是：\alph*。

（2）大写字母样式设置的代码是：\Alph*。

（3）阿拉伯数字样式设置的代码是：\arabic*。

（4）小写罗马数字样式设置的代码是：\roman*。

（5）大写罗马数字样式设置的代码是：\Roman*。

下面通过具体实例来讲解列表样式的设置方法。

打开 TeXstudio 软件，新建一个文档，在文档中编写如下代码。

```
\documentclass{ctexart}
\usepackage{enumitem}
\begin{document}
    \section*{列表样式设置}
    无序列表样式设置
    \begin{itemize}
        \item[$\bullet$] C 语言
        \item[$\ast$] C++语言
        \item[$-$] Java 语言
```

```
            \item[$\cdot$] Python 语言
            \item[$\diamond$] VB 语言
            \item[$\circ$] VC 语言
        \end{itemize}
        有序列表样式设置
        \begin{enumerate}[label=\Roman*]
            \item 红色
            \item 绿色
            \item 蓝色
        \end{enumerate}
\end{document}
```

无序列表的样式设置是直接在\item 命令后面添加样式代码；有序列表的样式设置需要在{ enumerate }后面添加 label 标签代码。另外，如果要使用 label 标签，需要先调用 enumitem 宏包。

程序代码编写完成后，单击菜单栏中的"工具/构建并查看"命令（快捷键：F5）或工具栏中的▶按钮，可以看到列表样式设置效果如图 4.7 所示。

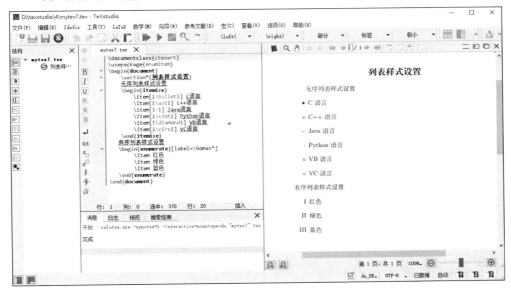

图 4.7 列表样式设置效果

4.2 LaTeX表格

在 LaTeX 程序中，有两种制表环境，分别是 array 和 tabular。array 制表环境的语法格式如下。

```
\begin{array}[表格位置]{列样式}  \end{array}
```

tabular 制表环境的语法格式如下。

```
\begin{tabular}[表格位置]{列样式}  \end{tabular}
\begin{tabular*}{表格总宽度}[表格位置]{列样式}  \end{tabular*}
```

需要注意的是，这两个环境的选项和参数定义是相同的，不过 array 主要用于数组矩阵的排版，且只能用在数学环境中，所以这里不再多说，在第 8 章中会具体应用。

4.2.1 列样式设置

在 LaTeX 程序中，首先创建 tabular 制表环境，然后设置列样式，列样式基本代码及意义如下。

（1）"l"表示该列左对齐排列。

（2）"c"表示该列居中对齐排列。

（3）"r"表示该列右对齐排列。

（4）"|"表示在列边或列间加入一条垂直线。

（5）"p{列宽}"设置该列宽度，文本顶对齐排列。

另外，在表格内容编辑中，"&"用来分隔单元格；"\\"用来换行；利用\hline 命令可以在行与行之间绘制横线。

下面通过具体实例来讲解表格的制作方法。

打开 TeXstudio 软件，新建一个文档，在文档中编写如下代码。

```
\documentclass{ctexart}
\begin{document}
    \section*{学生成绩表格}
    \begin{tabular}{l c c c r}
        姓名 & 语文 & 数学 & 英语 & 备注 \\
        周平 & 97 & 96 & 95 & 优秀 \\
        李红 & 86 & 89 & 91 & 优良 \\
        张亮 & 78 & 75 & 68 & 及格 \\
        李瑞 & 53 & 59 & 64 & 不及格，需要补考 \\
        张可社 & 85 & 73 & 68 & 中等 \\
    \end{tabular}
\end{document}
```

这是一个简单的表格，第一列左对齐，中间三列居中对齐，第五列右对齐。还需要注意，表格每一行结尾需要利用"\\"来实现手动换行。

程序代码编写完成后，单击菜单栏中的"工具/构建并查看"命令（快捷键：F5）或工具栏中的▶按钮，可以看到学生成绩表格的排版效果如图 4.8 所示。

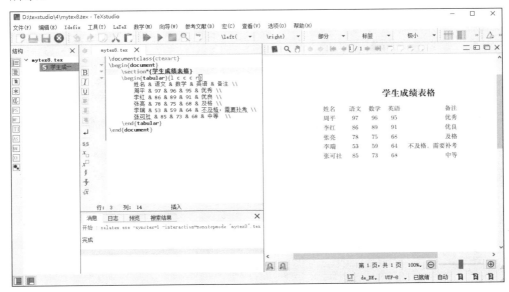

图 4.8　学生成绩表格的排版效果

如果要为学生成绩表格添加垂直线，只须修改列样式代码，具体如下。

```
\begin{tabular}{|l | c | c | c | r |}
```

设置完成后，单击菜单栏中的"工具/构建并查看"命令（快捷键：F5）或工具栏中的 ▶ 按钮，可以看到添加垂直线后的学生成绩表格效果如图 4.9 所示。

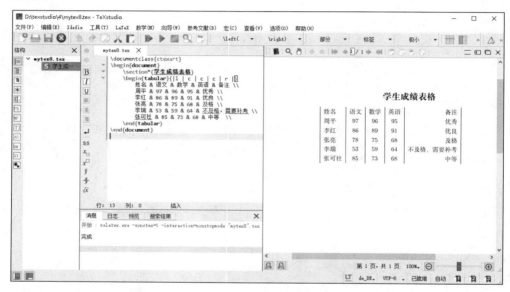

图 4.9　添加垂直线后的学生成绩表格效果

如果要为学生成绩表格添加水平线，只须修改列样式，具体代码如下。

```
\begin{tabular}{|l | c | c | c | r |}
    \hline\hline
    姓名 & 语文 & 数学 & 英语 & 备注 \\
    \hline\hline
    周平 & 97 & 96 & 95 & 优秀 \\
    \hline
    李红 & 86 & 89 & 91 & 优良 \\
    \hline
    张亮 & 78 & 75 & 68 & 及格 \\
    \hline
```

```
    李瑞 & 53 & 59 & 64 & 不及格,需要补考 \\
    \hline
    张可社 & 85 & 73 & 68 & 中等 \\
    \hline
\end{tabular}
```

设置完成后,单击菜单栏中的"工具/构建并查看"命令(快捷键:F5)或工具栏中的 ▶ 按钮,可以看到添加水平线后的学生成绩表格效果如图 4.10 所示。

图 4.10　添加水平线后的学生成绩表格效果

如果要设置表格最后一列的宽度,只须修改列样式代码,具体如下。

```
\begin{tabular}{|l | c | c | c | p{1.5cm} |}
```

在这里设置最后一列的宽度为 1.5cm,这样该列中的内容会自动换行。

设置完成后,单击菜单栏中的"工具/构建并查看"命令(快捷键:F5)或工具栏中的 ▶ 按钮,可以看到设置列宽后的学生成绩表格效果如图 4.11 所示。

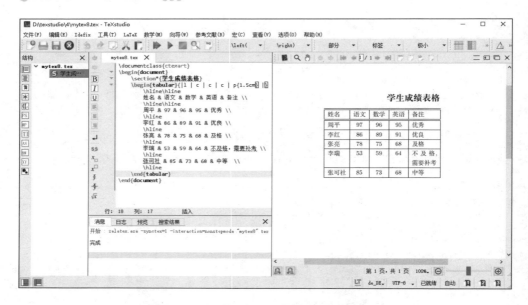

图 4.11 设置列宽后的学生成绩表格效果

4.2.2 水平单元格合并

在 LaTeX 程序中，水平单元格合并要使用\multicolumn 命令，具体代码如下。

\multicolumn{(n)}{(column-spec)}{(item)}

代码中各参数意义如下。

（1）(n)表示要合并的列数。

（2）(column-spec)表示合并后单元格的列格式，只允许出现一个 l/c/r 或 p 格式。如果合并前的单元格前后带表格线"|"，合并后的列格式也要带"|"以使得表格的竖线一致。

（3）(item)表示合并后单元格的内容。

下面通过具体实例来讲解水平单元格合并技巧。

打开 TeXstudio 软件，新建一个文档，在文档中编写如下代码。

```
\documentclass{ctexart}
\begin{document}
    \section*{水平单元格合并的表格}
    \begin{center}
        \begin{tabular}{|l|c|c|c|p{1.6cm}|}
            \hline
            \cline{2-4}
             &\multicolumn{3}{c|}{学习科目}& \\
             \cline{2-4}
            姓名 & 语文 & 数学 & 英语 & 备注 \\
            \hline
            周平 & 97 & 96 & 95 & 优秀 \\
            \hline
            李红 & 86 & 89 & 91 & 优良 \\
            \hline
            张亮 & 78 & 75 & 68 & 及格 \\
            \hline
            李瑞 & 53 & 59 & 64 & 不及格,需要补考 \\
            \hline
            张可社 & 85 & 73 & 68 & 中等 \\
            \hline
        \end{tabular}
    \end{center}
\end{document}
```

上述代码中,通过调用\begin{document}……\end{center}命令,将表格居中。表格中合并水平单元格代码如下。

```
&\multicolumn{3}{c|}{学习科目}& \\
```

合并3个水平单元格,合并后单元格的格式为居中对齐,内容为"学习科目"。另外,利用\cline命令可以设置为哪些单元格绘制水平线,例如,\cline{2-4}命令表示为第2到第4单元格绘制水平线。

程序代码编写完成后,单击菜单栏中的"工具/构建并查看"命令(快捷键:F5)或工具栏中的▶按钮,可以看到水平单元格合并效果如图4.12所示。

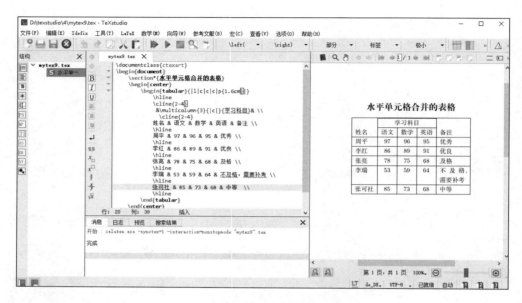

图 4.12 水平单元格合并效果

4.2.3 垂直单元格合并

在 LaTeX 程序中，垂直单元格合并要使用\multirow 命令，需要注意的是，使用该命令，需要先在导言区中调用 multirow 宏包，具体代码如下。

\usepackage{multirow}

\multirow 命令的语法格式如下。

\multirow{⟨n⟩}{⟨width⟩}{⟨item⟩}

语法中各参数意义如下。

（1）⟨n⟩表示要合并的行数。

（2）⟨width⟩表示合并后单元格的宽度，可以添加"*"以使用自然宽度。

（3）⟨item⟩表示合并后单元格的内容。

下面通过具体实例来讲解垂直单元格的合并方法。

打开 TeXstudio 软件,新建一个文档,在文档中编写如下代码。

```
\documentclass{ctexart}
\usepackage{multirow}
\begin{document}
   \section*{垂直单元格合并的表格}
   \begin{center}
      \begin{tabular}{cccc}
         \hline
         \multirow{2}{*}{名称} &    \multirow{2}{*}{产地} &
         \multicolumn{2}{c}{价格} \\
         \cline{3-4}
         & & 最小值 & 最大值 \\ \hline
         苹果&山东烟台 & 6 & 12 \\ \hline
         香蕉&海南岛 & 2 & 6 \\ \hline
         杨梅&福建龙海 & 8 & 16 \\ \hline
         柚子&福建平和 & 3 & 8 \\ \hline
      \end{tabular}
   \end{center}
\end{document}
```

调用\multirow 命令前先在导言区调用 multirow 宏包,具体代码如下。

```
\usepackage{multirow}
```

表格中合并垂直单元格代码如下。

```
\multirow{2}{*}{名称}
```

即合并两个垂直单元格,合并后单元格的宽度为自然宽度,内容为"名称"。另外,利用\cline 命令可以设置为哪些单元格绘制水平线,例如,\cline{3-4}命令表示为第 3 到第 4 单元格绘制水平线。

程序代码编写完成后,单击菜单栏中的"工具/构建并查看"命令(快捷键:F5)或工具栏中的 ▶ 按钮,可以看到垂直单元格合并效果如图 4.13 所示。

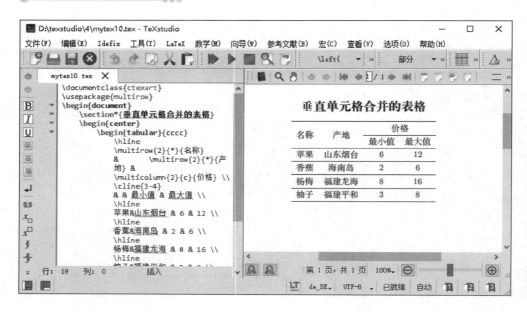

图 4.13　垂直单元格合并效果

4.2.4　绘制不同粗细边框的表格

在 LaTeX 程序中，可以通过调用 booktabs 宏包绘制不同粗细边框的表格。调用 booktabs 宏包后，可以使用三条划线命令\toprule、\midrule 和\bottomrule 分别对表格顶部、中部和底部绘制不同粗细的水平线。

下面通过具体实例来讲解调用 booktabs 宏包绘制不同粗细边框表格的方法。

打开 TeXstudio 软件，新建一个文档，在文档中编写如下代码。

```
\documentclass{ctexart}
\usepackage{multirow}
\usepackage{booktabs}
\begin{document}
  \section*{垂直单元格合并的表格}
  \begin{center}
    \begin{tabular}{cccc}
      \toprule[0.2cm]
```

```
            \multirow{2}{*}{名称}  &          \multirow{2}{*}{产地} &
            \multicolumn{2}{c}{价格} \\
            \cline{3-4}
            & & 最小值 & 最大值 \\ \midrule
            苹果&山东烟台 & 6 & 12 \\ \midrule[0.1cm]
            香蕉&海南岛 & 2 & 6 \\ \midrule[0.1cm]
            杨梅&福建龙海 & 8 & 16 \\ \midrule[0.1cm]
            柚子&福建平和 & 3 & 8 \\ \bottomrule[0.2cm]
        \end{tabular}
    \end{center}
\end{document}
```

上述代码中，在导言区调用 booktabs 宏包的代码如下。

```
\usepackage{booktabs}
```

绘制表格顶部水平线的代码如下。

```
\toprule[0.2cm]
```

在这里绘制 0.2cm 宽度的顶部水平线。

绘制中部水平线的代码如下。

```
\midrule
\midrule[0.1cm]
```

可以采用不带参数，即采用默认值来绘制中部水平线，也可以设置参数，在这里绘制 0.1cm 宽度的中部水平线。

绘制底部水平线的代码如下。

```
\bottomrule[0.2cm]
```

在这里绘制 0.2cm 宽度的底部水平线。

程序代码编写完成后，单击菜单栏中的"工具/构建并查看"命令（快捷键：F5）或工具栏中的▶按钮，可以看到不同粗细边框的表格效果如图 4.14 所示。

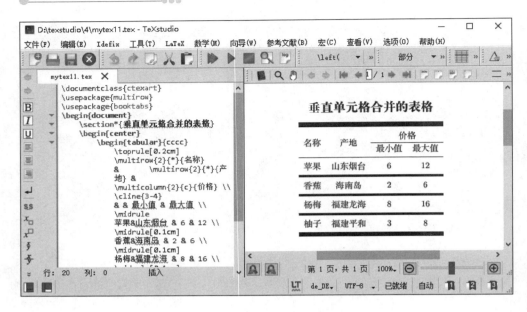

图 4.14 不同粗细边框的表格效果

4.2.5 绘制彩色表格

在 LaTeX 程序中，可以通过调用 colortbl 宏包绘制彩色表格。调用 dortbl 宏包后，可以设置表格中数据、文本、行、列、单元格前景和背景及边框的颜色，从而得到彩色表格。

colortbl 宏包提供了一组着色命令，经常用到是列着色命令\rowcolor、\columncolor 和\cellcolor，其语法格式如下。

```
\rowcolor [色系]{色名}[左伸出][右伸出]。
\columncolor[色系]{色名}[左伸出][右伸出]
\cellcolor[色系]{色名}[左伸出][右伸出]
```

常用色系有三原色 rgb 和灰度 gray 两种，被预定义的色名有 68 个，左右伸出的长度单位为 pt。

下面通过具体实例来讲解\rowcolor 命令的应用方法。

打开 TeXstudio 软件，新建一个文档，在文档中编写如下代码。

```
\documentclass{ctexart}
\usepackage{multirow}
\usepackage{booktabs}
\usepackage{colortbl}
\begin{document}
    \section*{垂直单元格合并的表格}
    \begin{center}
        \begin{tabular}{cccc}
            \toprule[0.2cm]
            \multirow{2}{*}{名称} &        \multirow{2}{*}{产地} &
            \multicolumn{2}{c}{价格} \\
            \cline{3-4}
            & & 最小值 & 最大值 \\ \midrule
            \rowcolor[gray]{.9}
            苹果&山东烟台 & 6 & 12 \\ \midrule[0.1cm]
            \rowcolor[gray]{.8}
            香蕉&海南岛 & 2 & 6 \\ \midrule[0.1cm]
            \rowcolor[gray]{.7}
            杨梅&福建龙海 & 8 & 16 \\ \midrule[0.1cm]
            \rowcolor[gray]{.6}
            柚子&福建平和 & 3 & 8 \\ \bottomrule[0.2cm]
        \end{tabular}
    \end{center}
\end{document}
```

上述代码中,在导言区调用 colortbl 宏包的代码如下。

`\usepackage{colortbl}`

利用\multirow 命令为行着色的代码如下。

`\rowcolor[gray]{.9}`

这里是利用灰度 gray 来着色。

程序代码编写完成后,单击菜单栏中的"工具/构建并查看"命令(快捷键:F5)或工具栏中的 ▶ 按钮,可以看到表格的行着色效果如图 4.15 所示。

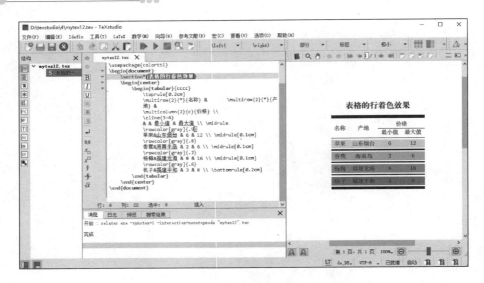

图 4.15　表格的行着色效果

下面通过具体实例来讲解\columncolor命令的应用方法。

打开 TeXstudio 软件，新建一个文档，在文档中编写如下代码。

```
\documentclass{ctexart}
\usepackage{colortbl}
\begin{document}
    \section*{学生成绩列彩色表格}
    \begin{center}
        \begin{tabular}{| | | >{\columncolor[gray]{.9}}l
            >{\columncolor{red}} c
            >{\columncolor{green}} c
            >{\columncolor[gray]{.7}} c
            >{\columncolor{yellow}} p{1.5cm}|||}
            \hline \hline
            姓名 & 语文 & 数学 & 英语 & 备注 \\
            周平 & 97 & 96 & 95 & 优秀 \\
            李红 & 86 & 89 & 91 & 优良 \\
            张亮 & 78 & 75 & 68 & 及格 \\
            李瑞 & 53 & 59 & 64 & 不及格，需要补考 \\
            张可社 & 85 & 73 & 68 & 中等 \\
            \hline \hline
```

```
        \end{tabular}
    \end{center}
\end{document}
```

上述代码中，在导言区调用 colortbl 宏包的代码如下。

```
\usepackage{colortbl}
```

使用\columncolor 命令为列着色的代码如下。

```
\begin{tabular}{| | | >{\columncolor[gray]{.9}}l
          >{\columncolor{red}} c
          >{\columncolor{green}} c
          >{\columncolor[gray]{.7}} c
          >{\columncolor{yellow}} p{1.5cm}||}
```

注意，这里是在列样式中添加代码，实现列着色，格式是>{\columncolor[gray]{.9}}，也可以是>{\columncolor{red}}。

程序代码编写完成后，单击菜单栏中的"工具/构建并查看"命令（快捷键：F5）或工具栏中的 ▶ 按钮，可以看到表格的列着色效果如图 4.16 所示。

图 4.16　表格的列着色效果

下面通过具体实例来讲解\cellcolor 命令的应用方法。

打开 TeXstudio 软件，新建一个文档，在文档中编写如下代码。

```
\documentclass{ctexart}
\usepackage{colortbl}
\begin{document}
    \section*{学生成绩彩色表格}
    \begin{center}
        \begin{tabular}{l c c c p{1.6cm}}
            \hline \hline
            \cellcolor[rgb]{0.9,0.9,0.9}姓名 &
            \cellcolor[rgb]{0.8,0.9,0.9}语文 &
            \cellcolor[rgb]{0.7,0.9,0.9}数学 &
            \cellcolor[rgb]{0.6,0.9,0.9}英语 &
            \cellcolor[rgb]{0.5,0.9,0.9}备注 \\

            \cellcolor[rgb]{0.9,0.8,0.9}周平 &
            \cellcolor[rgb]{0.9,0.7,0.9}97 &
            \cellcolor[rgb]{0.9,0.6,0.9}96 &
            \cellcolor[rgb]{0.9,0.5,0.9}95 &
            \cellcolor[rgb]{0.9,0.4,0.9}优秀 \\

            \cellcolor[rgb]{0.9,0.9,0.8}李红 &
            \cellcolor[rgb]{0.9,0.9,0.7}86 &
            \cellcolor[rgb]{0.9,0.9,0.6}89 &
            \cellcolor[rgb]{0.9,0.9,0.5}91 &
            \cellcolor[rgb]{0.9,0.9,0.4}优良 \\

            \cellcolor[rgb]{0.8,0.8,0.9}张亮 &
            \cellcolor[rgb]{0.7,0.7,0.9}78 &
            \cellcolor[rgb]{0.6,0.6,0.9}75 &
            \cellcolor[rgb]{0.5,0.5,0.9}68 &
            \cellcolor[rgb]{0.4,0.4,0.9}及格 \\

            \cellcolor[rgb]{0.8,0.9,0.8}李瑞 &
            \cellcolor[rgb]{0.7,0.9,0.7}53 &
            \cellcolor[rgb]{0.6,0.9,0.6}59 &
            \cellcolor[rgb]{0.5,0.9,0.5}64 &
            \cellcolor[rgb]{0.4,0.9,0.4}不及格, 需要补考 \\
```

```
                \cellcolor[rgb]{0.9,0.8,0.8}张可社 &
                \cellcolor[rgb]{0.9,0.7,0.7}85 &
                \cellcolor[rgb]{0.9,0.6,0.6}73 &
                \cellcolor[rgb]{0.9,0.5,0.5}68 & \cellcolor[rgb]{0.9,0.4,0.4}
中等 \\
                \hline \hline
        \end{tabular}
    \end{center}
\end{document}
```

上述代码中，在导言区调用 colortbl 宏包的代码如下。

```
\usepackage{colortbl}
```

使用\cellcolor 命令为单元格着色的代码如下。

```
\cellcolor[rgb]{0.8,0.9,0.9}
```

这里使用 rgb 色系为单元格着色。

程序代码编写完成后，单击菜单栏中的"工具/构建并查看"命令（快捷键：F5）或工具栏中的 ▶ 按钮，可以看到学生成绩彩色表格效果如图 4.17 所示。

图 4.17　学生成绩彩色表格效果

4.2.6 绘制带有斜线的表头

在 LaTeX 程序中，调用 diagbox 宏包可以绘制带有斜线的表头。diagbox 宏包用来代替旧的 slashbox 宏包，这是因为 slashbox 宏包缺少明确的自由许可信息，被 TeX Live 排除。

diagbox 宏包是 slashbox 宏包的一个现代的版本，它采用了新的 key-value 式语法参数，去除了 slashbox 原有的长度限制，并调用 pict2e 宏包绘制斜线，特别还添加了绘制两条斜线的表头的新功能。

下面通过具体实例来讲解带有斜线表头的绘制方法。这里以绘制中学生课程表为例。

打开 TeXstudio 软件，新建一个文档，在文档中编写如下代码。

```
\documentclass{ctexart}
\usepackage{multirow}
\usepackage{diagbox}
\begin{document}
    \section*{中学生课程表}
    \begin{center}
        \begin{tabular}{||l|c|c|c|c|c||}
            \hline\hline
            \diagbox{时间}{科目}{星期}& 星期一& 星期二& 星期三& 星期四& 星期五 \\
            \hline
            \multirow{4}{*}{上午}&语文&数学&语文&数学&英语 \\
            \cline{2-6}
            &英语&道法&英语&体育&数学 \\
            \cline{2-6}
            &历史&语文&历史&物理&语文 \\
            \cline{2-6}
            &物理&英语&道法&历史&物理 \\
            \hline
            \multirow{3}{*}{下午}&语文&数学&语文&数学&英语 \\
            \cline{2-6}
            &地理&物理&生物&数学&体育 \\
            \cline{2-6}
```

```
        &生物&历史&体育&数学&历史 \\
        \hline\hline
    \end{tabular}
  \end{center}
\end{document}
```

上述代码中,在导言区调用 multirow 宏包和 diagbox 宏包的代码如下。

```
\usepackage{multirow}
\usepackage{diagbox}
```

利用\diagbox 命令绘制斜线表头的代码如下。

```
\diagbox{时间}{科目}{星期}
```

利用\multirow 命令合并垂直单元格的代码如下。

```
\multirow{4}{*}{上午}
```

程序代码编写完成后,单击菜单栏中的"工具/构建并查看"命令(快捷键:F5)或工具栏中的 ▶ 按钮,可以看到中学生课程表的绘制效果如图 4.18 所示。

图 4.18　中学生课程表的绘制效果

第 5 章

LaTeX 图形实战应用

LaTeX 不仅具有强大的文字排版功能，还有强大的图形绘制功能，可以利用 Tikz 宏包中的命令绘制各种图形。

本章主要内容包括：

- ✓ 初识 Tikz 宏包。
- ✓ 绘制直线和三角形及不同样式并带有颜色的直线。
- ✓ 绘制不同样式的箭头。
- ✓ 绘制矩形、圆和椭圆。
- ✓ 绘制直角、圆弧、椭圆弧及曲线。
- ✓ 绘制网格和坐标轴。
- ✓ 图形的平移、缩放、倾斜和旋转。
- ✓ 绘制文字结点命令。
- ✓ 绘制图形文字结点及为绘制的图形添加文字结点。
- ✓ 利用 child 关键字生成一棵树。
- ✓ 生成神经网络图。
- ✓ 利用 Tikz 宏包绘制函数图形。
- ✓ 利用\foreach 命令绘制太阳图形。

5.1 初识Tikz宏包

LaTeX 提供了原始的 picture 环境，能够绘制一些基本的图形，如点、线、矩形、圆、曲线等。由于 LaTeX 本身的绘图功能有限，图表绘制效果不够美观，因此 LaTeX 开发了许多绘图宏包弥补这方面的不足，Tikz 宏包就是其中之一。

德国的 Till Tantau 教授在开发著名的 LaTeX 幻灯片文档类 beamer 时一并开发了绘图宏包 PGF（Portable Graphics Format），目的是能够在 pdfLaTeX 或 xeLaTeX 等不同的编译命令下都能使用。Tikz 是 PGF 的前端语言，使用 Tikz 可以在 LaTeX 文件中直接嵌入漂亮的图形。

需要注意，使用 Tikz 宏包前，需要在导言区先调用该宏包，具体代码如下。

```
\usepackage{tikz}
```

5.2 利用Tikz宏包绘制基本图形

利用 Tikz 宏包，LaTeX 程序可以轻松绘制直线、三角形、箭头、矩形、圆、椭圆、圆弧、曲线、网格等，下面通过具体实例进行讲解。

5.2.1 绘制直线和三角形

在导言区调用 Tikz 宏包后，还要创建绘图环境，其语法格式如下。

```
\begin{tikzpicture}
    ......
\end{tikzpicture}
```

绘制图形，就需要坐标系。在 Tikz 中，有两个坐标系，分别是直角坐标系和极坐标系。在直角坐标系中，点的位置是(x,y)，其中，x 表示 x 轴的坐标值，y 表示 y 轴的坐标值，单位为厘米（cm）。在极坐标系中，点的位置是(θ,r)，其中，θ 表示极角，单位为度，r 表示点到原点的距离，单位为厘米（cm）。

在 Tikz 中，绘制直线或三角形，需要用到\draw 命令，其语法格式如下。

```
\draw[...] ⟨path⟩;
```

其中，\draw 为绘图命令；[...]为可选参数；⟨path⟩为绘制图形的路径。

如果我们要绘制一条直线的话，只需要在\draw 命令后面输入点的坐标并使用"—"连接起来即可。

下面通过具体实例来讲解如何利用\draw 命令绘制直线和三角形。

打开 TeXstudio 软件，新建一个文档，在文档中编写如下代码。

```
\documentclass{ctexart}
\usepackage{tikz}
\begin{document}
    \section*{绘制直线和三角形}
    \begin{tikzpicture}
      \draw (1,3)--(2,2)--(4,5);
      \draw [rounded corners] (1,2)--(2,1)--(4,3);
      \draw (5,3)--(6,2)--(7,5)-- (5,3);
      \draw [rounded corners] (9,2)--(7,2)--(8,4) -- cycle;
      \draw (0,0) -- (30:1);
    \end{tikzpicture}
\end{document}
```

上述代码中，首先在导言区调用 tikz 宏库，具体代码如下。

```
\usepackage{tikz}
```

然后创建绘图环境，并利用\draw 命令绘制直线。需要注意的是，[rounded corners]参数表示圆角。绘制三角形，就是绘制一个有 3 条线段和 4 个端点的封闭图形，其中，第一个端点与第四个端点重合，也可以使用 cycle 操作。最后利用极坐标系绘制一条直线。

程序代码编写完成后，单击菜单栏中的"工具/构建并查看"命令（快捷键：F5）或工具栏中的 ▶ 按钮，可以看到绘制的直线和三角形效果如图 5.1 所示。

第 5 章 LaTeX 图形实战应用

图 5.1 绘制直线和三角形效果

5.2.2 绘制不同样式并带有颜色的直线

当使用\draw 命令绘制直线时，可以利用一些参数绘制不同样式、不同颜色的直线，参数的具体说明如下。

（1）直线的宽度参数有 ultra thin（超细）、very thin（非常细）、thin（细）、semithick（半粗）、thick（粗）、very thick（非常粗）、ultra thick（超粗）。

（2）直线的类型参数有 dashed（虚线）、dotted（虚点）、dash dot（点划线）、solid（实线）。

（3）直线的颜色参数有 red（红色）、green（绿色）、blue（蓝色）、yellow（黄色）等。

另外，我们还可以为某个点命名：\coordinate (A) at (⟨coordinate⟩)，然后就可以使用(A)作为点的位置了。

还可以利用坐标表示"垂足"，下面通过具体实例讲解各种样式及颜色直线的绘制方法。

打开 TeXstudio 软件，新建一个文档，在文档中编写如下代码。

```
\documentclass{ctexart}
\usepackage{tikz}
\begin{document}
    \section*{绘制不同样式并带有颜色的直线}
    \begin{tikzpicture}
        \draw[ultra thin] [dashed] (0,0)--(0,2);
        \draw[very thin] [dotted] (0.5,0)--(0.5,2);
        \draw[thin][dash dot] (1,0)--(1,2);
        \draw[semithick] (1.5,0)--(1.5,2);
        \draw[thick][red][solid] (2,0)--(2,2);
        \draw[very thick][blue] (2.5,0)--(2.5,2);
        \draw[ultra thick][green] (3,0)--(3,2);
        \coordinate (S) at (10,2);
        \draw[gray][thick] (5,2) -- (S);
        \draw[gray][thick] (10,-4) -- (S);
        \draw[red][very thick] (6,-1) -- (6,-1 -| S);
        \draw[blue] [very thick](6,-1) -- (6,-1 |- S);
    \end{tikzpicture}
\end{document}
```

上述代码中，首先在导言区调用 tikz 宏库，具体代码如下。

```
\usepackage{tikz}
```

然后创建绘图环境，并利用\draw 命令绘制不同样式及颜色的直线。需要注意，利用坐标表示"垂足"的代码如下。

```
\draw[red][very thick] (6,-1) -- (6,-1 -| S);
\draw[blue] [very thick](6,-1) -- (6,-1 |- S);
```

程序代码编写完成后，单击菜单栏中的"工具/构建并查看"命令（快捷键：F5）或工具栏中的 ▶ 按钮，可以看到绘制的不同样式并带有颜色的直线效果如图 5.2 所示。

第 5 章 LaTeX 图形实战应用

图 5.2 绘制不同样式并带有颜色的直线效果

5.2.3 绘制不同样式的箭头

利用\draw 命令可以绘制不同颜色、不同样式的箭头，代码如下。

```
\draw[<->] [dotted][cyan] (0,2) -- (8,2)
```

其中，[<->]表示箭头为左边和右边都有箭头；[dotted]表示箭头之间线条类型为点；[cyan]表示箭头的颜色为青色；(0,2)表示箭头起点的坐标值；(8,2) 表示箭头终点的坐标值。

下面通过具体实例来讲解利用\draw 命令绘制不同样式箭头的方法。

打开 TeXstudio 软件，新建一个文档，在文档中编写如下代码。

```
\documentclass{ctexart}
\usepackage{tikz}
\begin{document}
    \section*{绘制不同样式的箭头}
    \begin{tikzpicture}[very thick]
        \draw[->][red](0,4) -- (8,4);
```

```
            \draw[->>][green] (0,3.5) -- (8,3.5);
            \draw[->|][blue] (0,3) -- (8,3);
            \draw[<-][dashed] (0,2.5) -- (8,2.5);
            \draw[<->] [dotted][cyan] (0,2) -- (8,2);
            \draw[>->|] [dash dot](0,1.5) -- (8,1.5);
            \draw[-stealth] (0,1) -- (8,1);
            \draw[-LaTeX] (0,0.5) -- (8,0.5);
            \draw[-to] (0,0) -- (8,0);
        \end{tikzpicture}
\end{document}
```

程序代码编写完成后，单击菜单栏中的"工具/构建并查看"命令（快捷键：F5）或工具栏中的 ▶ 按钮，可以看到绘制的不同样式箭头的效果如图 5.3 所示。

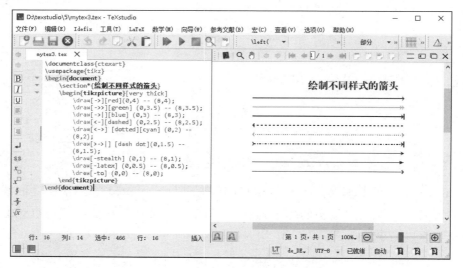

图 5.3 绘制的不同样式箭头的效果

5.2.4 绘制矩形、圆和椭圆

在 LaTeX 程序中，利用\draw 命令绘制矩形的代码如下。

```
\draw (0,0) rectangle (2.5,2);
```

其中，第一个坐标(0,0)表示矩形左上顶点的坐标；rectangle 表示要绘制的是矩形；rectangle 后面的坐标值(2.5,2)代表右下顶点的坐标。

利用\draw 命令绘制圆的代码如下。

```
\draw [fill=yellow,draw=red](4.5,0.5) circle [radius=1.5];
```

其中，fill 表示要填充的颜色；draw 表示边框的颜色；坐标(4.5,0.5)表示要绘制圆的圆心坐标；circle 表示要绘制的是圆；radius=1.5 表示圆的半径为 1.5pt。

利用\draw 命令绘制椭圆的代码如下。

```
\draw [fill=green,draw=blue][dash dot] (8.5,0.5) ellipse [x radius=2,y radius=1];
```

其中，fill 表示要填充的颜色；draw 表示边框的颜色；[dash dot]表示边框的样式为点划线；坐标(8.5,0.5)表示要绘制椭圆的圆心坐标；ellipse 表示要绘制的是椭圆；x radius =2 表示椭圆沿 x 轴方向的半径为 2pt；y radius=1 表示椭圆沿 y 轴方向的半径为 1pt。

下面通过具体实例讲解如何利用\draw 命令绘制矩形、圆和椭圆。

打开 TeXstudio 软件，新建一个文档，在文档中编写如下代码。

```
\documentclass{ctexart}
\usepackage{tikz}
\begin{document}
    \section*{绘制矩形、圆和椭圆}
    \begin{tikzpicture}[very thick]
        \draw[blue] (0,0) rectangle (2.5,2);
        \draw [fill=yellow,draw=red](4.5,0.5) circle [radius=1.5];
        \draw [fill=green,draw=blue][dash dot] (8.5,0.5) ellipse[x radius=2,y radius=1];
    \end{tikzpicture}
\end{document}
```

程序代码编写完成后，单击菜单栏中的"工具/构建并查看"命令（快捷键：F5）或工具栏中的 ▶ 按钮，可以看到绘制的矩形、圆和椭圆的效果如图 5.4 所示。

LaTeX 入门与实战应用

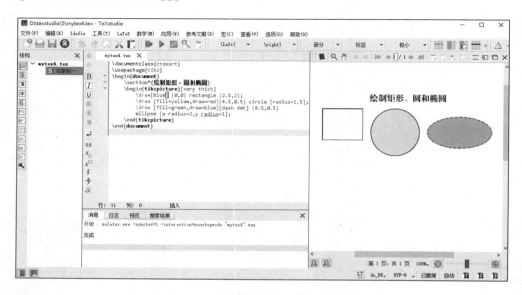

图 5.4 绘制的矩形、圆和椭圆的效果

5.2.5 绘制直角、圆弧、椭圆弧

利用\draw 命令绘制直角的代码如下。

```
\draw[red] (0,0) |- (2,2);
draw[blue] (3,0) -| (4,2);
```

其中，"|-"表示右直角；"-|"表示左直角;\draw[red](0,0)|-(2,2)，表示起点为(0,0)的垂直直线，与(2,2)为终点的水平直线来绘制直角，颜色为红色；\draw[blue](3,0)-|(4,2)，表示起点为(3,0)的水平直线与(4,2)为终点的垂直直线来绘制直角，颜色为红色。

利用\draw 命令绘制圆弧的代码如下。

```
\draw[green] (7,0) arc (0:270:1);
```

其中，坐标(7,0)表示要绘制圆弧所在圆的圆心坐标；arc 表示绘制的是圆弧；0：270 表示绘制圆弧的角度是 0～270°；1 表示圆弧所在圆的半径。

利用\draw 命令绘制椭圆弧的代码如下。

```
\draw[cyan] (11,0) arc (0:250:1 and 0.5);
```

其中，坐标(11,0)表示要绘制椭圆弧所在椭圆中心点的坐标；arc 表示绘制的是椭圆弧；0：250 表示绘制椭圆弧的角度是 0～250°；1 表示椭圆沿 x 轴方向的半径为 1pt；0.5 表示椭圆沿 y 轴方向的半径为 0.5pt。

下面通过具体实例来讲解如何利用\draw 命令绘制直角、圆弧、椭圆弧。

打开 TeXstudio 软件，新建一个文档，在文档中编写如下代码。

```
\documentclass{ctexart}
\usepackage{tikz}
\begin{document}
    \section*{绘制直角、圆弧、椭圆弧}
    \begin{tikzpicture}[very thick]
        \draw[red] (0,0) |- (2,2);
        \draw[blue] (3,0) -| (4,2);
        \draw[green] (7,0) arc (0:270:1);
        \draw[cyan] (11,0) arc (0:250:1 and 0.5);
    \end{tikzpicture}
\end{document}
```

程序代码编写完成后，单击菜单栏中的"工具/构建并查看"命令（快捷键：F5）或工具栏中的 ▶ 按钮，可以看到绘制直角、圆弧、椭圆弧的效果如图 5.5 所示。

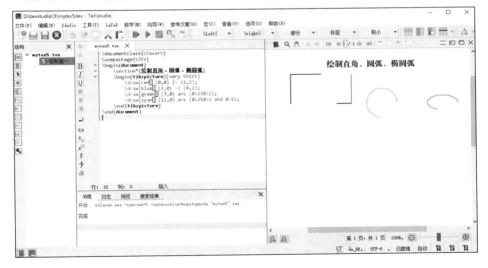

图 5.5　绘制直角、圆弧、椭圆弧的效果

5.2.6 绘制曲线

在 LaTeX 程序中，利用\draw 命令绘制曲线的代码如下。

```
\draw (5,1) parabola bend (6,0) (7.414 ,2);
```

其中，(5,1)表示曲线的起点坐标；parabola 表示绘制的是曲线；bend 表示曲线的控制点，也是曲线的顶点，这里(6,0)是控制点坐标，也是曲线的顶点；(7.414,2)是曲线的终点坐标。

需要注意的是，利用\draw 命令绘制曲线，还可以有两个控制点，具体代码如下。

```
\draw (0,0) .. controls (2,1) and (3,1) .. (3,0);
```

其中，(0,0)是曲线的起点坐标；controls (2,1) and (3,1)表示曲线的控制点有两个，坐标分别是(2,1)和(3,1)；(3,0)是曲线的终点坐标。

下面通过具体实例来讲解如何利用\draw 命令绘制曲线。

打开 TeXstudio 软件，新建一个文档，在文档中编写如下代码。

```
\documentclass{ctexart}
\usepackage{tikz}
\begin{document}
    \section*{绘制曲线}
    \begin{tikzpicture}[very thick]
        \draw (5,1) parabola bend (6,0) (7.414,2);
        \filldraw (5,1) circle (0.1)
        (6,0) circle (0.1)
        (7.414 ,2) circle (0.1);
        \draw (0,0) .. controls
        (2,1) and (3,1) .. (3,0);
        \draw[help lines] (0,0)
        -- (2,1) -- (3,1) -- (3,0);
    \end{tikzpicture}
\end{document}
```

上述代码中，利用\filldraw 命令绘制填充圆，分别在坐标(5,1)、(6,0)和(7.414,2)绘制半径为 0.1pt 的圆，具体代码如下。

```
\filldraw (5,1) circle (0.1) (6,0) circle (0.1) (7.414 ,2) circle
(0.1);
```

另外,利用\draw 命令的[help lines]参数显示坐标(0,0)、(2,1)、(3,1)和(3,0)的控制线,具体代码如下。

```
\draw[help lines] (0,0)    -- (2,1) -- (3,1) -- (3,0);
```

程序代码编写完成后,单击菜单栏中的"工具/构建并查看"命令(快捷键:F5)或工具栏中的 ▶ 按钮,可以看到绘制的曲线效果如图 5.6 所示。

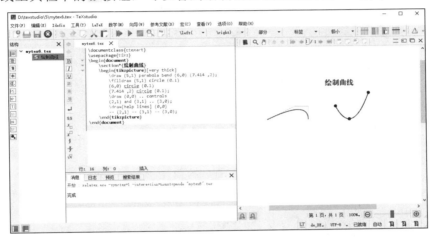

图 5.6 绘制的曲线效果

5.2.7　绘制网格和坐标轴

在 LaTeX 程序中,利用\draw 命令绘制网格的代码如下。

```
\draw[help lines,step=1] (-5,-5) grid (5,5);
```

其中,(-5,-5)表示绘制网格的起点坐标;grid 表示要绘制是网格;(5,5)表示绘制网格的终点坐标;[help lines,step=1]表示显示网格辅助线;step 是步长,即每一个小单元格的边长(小单元格均为正方形),其单位为 pt。

绘制坐标轴的操作与绘制箭头相同,前面已讲过,这里不再重复。

下面通过具体实例来讲解如何利用\draw 命令绘制网格和坐标轴。

打开 TeXstudio 软件，新建一个文档，在文档中编写如下代码。

```
\documentclass{ctexart}
\usepackage{tikz}
\begin{document}
    \section*{绘制曲线}
    \begin{tikzpicture}[very thick]
        \draw (5,1) parabola bend (6,0) (7.414 ,2);
        \filldraw (5,1) circle (0.1)
        (6,0) circle (0.1)
        (7.414 ,2) circle (0.1);
        \draw (0,0) .. controls
        (2,1) and (3,1) .. (3,0);
        \draw[help lines] (0,0)
        -- (2,1) -- (3,1) -- (3,0);
    \end{tikzpicture}
\end{document}
```

程序代码编写完成后，单击菜单栏中的"工具/构建并查看"命令（快捷键：F5）或工具栏中的 ▶ 按钮，可以看到绘制的网格和坐标轴效果如图 5.7 所示。

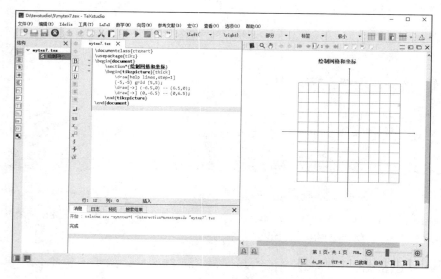

图 5.7　绘制的网格和坐标轴效果

5.3 图形的变换

在 LaTeX 程序中,利用 Tikz 宏包可以轻松对图形进行变换,如平移(shift)、缩放(scale)、倾斜(slant)、旋转(rotate)、定点旋转(rotate around)等,下面通过具体实例进行讲解。

5.3.1 图形的平移

图形的平移有 3 种方式,分别是整体平移、水平平移、垂直平移。以矩形为例,图形整体平移的代码如下。

```
\draw (0,0) rectangle (2,2);
\draw[shift ={(3 ,0)}] (0,0) rectangle (2,2);
```

首先绘制一个矩形,然后把左下顶点(0,0)沿着水平方向向右平移 3 个单位到(3,0),这样矩形就整体向右平移 3 个单位。需要注意,shift 表示整体平移。

以矩形为例,图形水平平移的代码如下。

```
\draw (0,0) rectangle (2,2);
\draw[xshift =80pt] (0,0) rectangle (2,2);
```

首先绘制一个矩形,然后沿着 x 轴平移 80pt。需要注意,xshift 表示水平平移。

以矩形为例,图形垂直平移的代码如下。

```
\draw (0,0) rectangle (2,2);
\draw[yshift =-80pt] (0,0) rectangle (2,2);
```

首先绘制一个矩形,然后沿着 y 轴平移-80pt。需要注意,yshift 表示垂直平移。

下面通过具体实例来讲解如何利用\draw 命令实现图形的平移 。

打开 TeXstudio 软件,新建一个文档,在文档中编写如下代码。

```
\documentclass{ctexart}
\usepackage{tikz}
\begin{document}
    \section*{图形的整体平移}
    \begin{tikzpicture}[very thick]
    \draw (0,0) rectangle (2,2);
    \draw[shift ={(3 ,0)}] (0,0) rectangle (2,2);
    \draw[shift ={(0 ,3)}] (0,0) rectangle (2,2);
    \draw[shift ={(0 ,-3)}] (0,0) rectangle (2,2);
    \draw[shift ={(-3 ,0)}] (0,0) rectangle (2,2);
    \draw[shift ={(3 ,3)}] (0,0) rectangle (2,2);
    \draw[shift ={(-3 ,3)}] (0,0) rectangle (2,2);
    \draw[shift ={(3 ,-3)}] (0,0) rectangle (2,2);
    \draw[shift ={(-3 ,-3)}] (0,0) rectangle (2,2);
    \end{tikzpicture}
    \section*{图形的水平平移和垂直平移}
    \begin{tikzpicture}[very thick]
    \draw (0,0) rectangle (2,2);
    \draw[xshift =80pt] (0,0) rectangle (2,2);
    \draw[xshift =-80pt] (0,0) rectangle (2,2);
    \draw[yshift =80pt] (0,0) rectangle (2,2);
    \draw[yshift =-80pt] (0,0) rectangle (2,2);
    \end{tikzpicture}
\end{document}
```

程序代码编写完成后,单击菜单栏中的"工具/构建并查看"命令(快捷键:F5)或工具栏中的 ▶ 按钮,可以看到图形的平移效果如图5.8所示。

5.3.2 图形的缩放

在 LaTeX 程序中,图形的缩放有 3 种方式,分别是整体缩放、水平缩放、垂直缩放,下面以矩形为例进行详细介绍。

第 5 章 LaTeX 图形实战应用

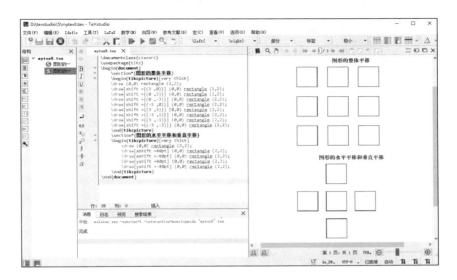

图 5.8　图形的平移效果

图形整体缩放的代码如下。

```
\draw (0,0) rectangle (2,2);
\draw[shift ={(3,0)},scale =1.5] (0,0) rectangle (2,2);
```

首先绘制一个矩形，然后整体平移，再整体放大 1.5 倍。注意，scale 表示整体缩放，其值如果大于 1，表示整体放大；其值如果小于 1，表示整体缩小。

图形水平缩放的代码如下。

```
\draw (0,0) rectangle (2,2);
\draw[xshift =70pt ,xscale =1.5] (0,0) rectangle (2,2);
```

首先绘制一个矩形，然后水平平移，再水平放大 1.5 倍。注意，xscale 表示水平缩放，其值如果大于 1，表示水平放大（水平拉长）；其值如果小于 1，表示水平缩小（水平缩短）。

图形垂直缩放的代码如下。

```
\draw (0,0) rectangle (2,2);
\draw[yshift =-70pt ,yscale =0.5] (0,0) rectangle (2,2);
```

首先绘制一个矩形，然后垂直平移，再垂直缩小 50%。注意，yscale 表示垂直缩放，其值如果大于 1，表示垂直放大（垂直拉长）；其值如果小于 1，表示垂直缩小（垂直缩短）。

下面通过具体实例来讲解如何利用\draw命令实现图形的缩放。

打开 TeXstudio 软件，新建一个文档，在文档中编写如下代码。

```
\documentclass{ctexart}
\usepackage{tikz}
\begin{document}
    \section*{图形的整体缩放}
    \begin{tikzpicture}[very thick]
        \draw (0,0) rectangle (2,2);
        \draw[shift ={(3,0)},scale =1.5] (0,0) rectangle (2,2);
        \draw[shift ={(-2 ,0)},scale =0.5] (0,0) rectangle (2,2);
    \end{tikzpicture}
    \section*{图形的水平缩放和垂直缩放}
    \begin{tikzpicture}[very thick]
    \draw (0,0) rectangle (2,2);
    \draw[xshift =70pt ,xscale =1.5] (0,0) rectangle (2,2);
    \draw[yshift =70pt ,yscale =1.5] (0,0) rectangle (2,2);
    \draw[xshift =-70pt ,xscale =0.5] (0,0) rectangle (2,2);
    \draw[yshift =-70pt ,yscale =0.5] (0,0) rectangle (2,2);
    \end{tikzpicture}
\end{document}
```

程序代码编写完成后，单击菜单栏中的"工具/构建并查看"命令（快捷键：F5）或工具栏中的 ▶ 按钮，可以看到图形的缩放效果如图5.9所示。

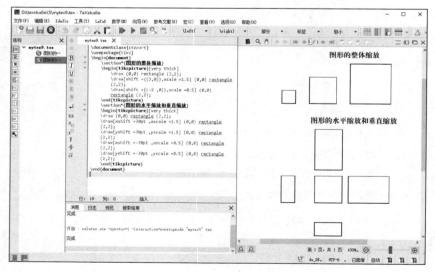

图 5.9　图形的缩放效果

5.3.3 图形的倾斜

在 LaTeX 程序中，图形的倾斜有两种方式，分别是水平倾斜和垂直倾斜，下面以矩形为例进行详细介绍。

图形水平倾斜的代码如下。

```
\draw (0,0) rectangle (2,2);
\draw[xshift =70pt ,xslant =1] (0,0) rectangle (2,2);
```

首先绘制一个矩形，然后水平平移，再水平倾斜。注意，xslant 表示水平倾斜，其值越大，代表倾斜角度越大。

图形垂直倾斜的代码如下。

```
\draw (0,0) rectangle (2,2);
\draw[yshift =70pt ,yslant =3] (0,0) rectangle (2,2);
```

首先绘制一个矩形，然后垂直平移，再垂直倾斜。注意，yslant 表示垂直倾斜，其值越大，代表倾斜角度越大。

下面通过具体实例来讲解如何利用\draw 命令实现图形的倾斜。

打开 TeXstudio 软件，新建一个文档，在文档中编写如下代码。

```
\documentclass{ctexart}
\usepackage{tikz}
\begin{document}
   \section*{图形的倾斜}
   \begin{tikzpicture}[very thick]
      \draw (0,0) rectangle (2,2);
      \draw[xshift =70pt ,xslant =1] (0,0) rectangle (2,2);
      \draw[xshift =-70pt ,xslant =-2] (0,0) rectangle (2,2);
      \draw[yshift =70pt ,yslant =3] (0,0) rectangle (2,2);
      \draw[yshift =-70pt ,yslant =-4] (0,0) rectangle (2,2);
   \end{tikzpicture}
\end{document}
```

程序代码编写完成后,单击菜单栏中的"工具/构建并查看"命令(快捷键:F5)或工具栏中的 ▶ 按钮,可以看到图形的倾斜效果如图 5.10 所示。

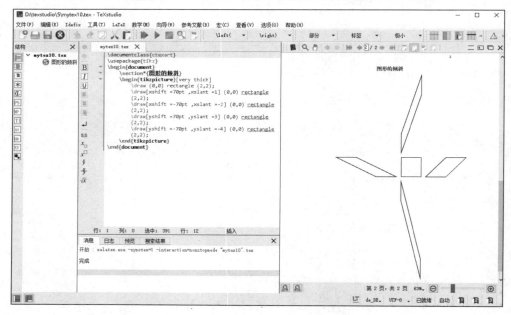

图 5.10　图形的倾斜效果

5.3.4　图形的旋转

在 LaTeX 程序中,图形的旋转包括两种方式,分别是围绕图形的起点旋转和围绕定点旋转(指定旋转点),下面以矩形为例进行详细介绍。

围绕图形的起点进行旋转的代码如下。

```
\draw (0,0) rectangle (2,2);
\draw[xshift =125pt ,rotate =45] (0,0) rectangle (2,2);
```

首先绘制一个矩形,然后水平平移,再旋转,这里是围绕图形的起点旋转,即围绕点(0,0)旋转。注意,rotate 表示旋转,其值大于 0,表示逆时针旋转相应角度;其值小于 0,表示顺时针旋转相应角度,这与数学上的正方向规定是一致的。

第 5 章 LaTeX 图形实战应用

围绕图形定点旋转的代码如下。

```
\draw (0,0) rectangle (2,2);
\draw[xshift =250pt ,rotate around ={45:(2 ,2)}] (0,0) rectangle (2,2);
```

首先绘制一个矩形，然后水平平移，再围绕点(2,2)进行逆时针旋转 45°，其中，rotate around 表示定点旋转。

下面通过具体实例来讲解如何利用\draw 命令实现图形的旋转。

打开 TeXstudio 软件，新建一个文档，在文档中编写如下代码。

```
\documentclass{ctexart}
\usepackage{tikz}
\begin{document}
    \section*{图形的旋转}
    \begin{tikzpicture}[very thick]
        \draw (0,0) rectangle (2,2);
        \draw[xshift =125pt ,rotate =45] (0,0) rectangle (2,2);
        \draw[xshift =175pt ,rotate =-45] (0,0) rectangle (2,2);
        \draw[xshift =250pt ,rotate around ={45:(2 ,2)}] (0,0) rectangle (2,2);
    \end{tikzpicture}
\end{document}
```

程序代码编写完成后，单击菜单栏中的"工具/构建并查看"命令（快捷键：F5）或工具栏中的 ▶ 按钮，可以看到图形的旋转效果如图 5.11 所示。

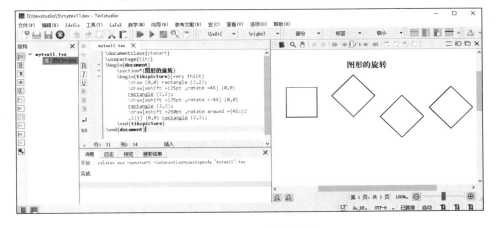

图 5.11　图形的旋转效果

· 145 ·

5.4 绘制文字结点

在 LaTeX 利用 Tikz 宏包可以绘制文字结点，不仅可以在图形的内部绘制文字结点，还可以为绘制的图形添加文字结点。

5.4.1 绘制文字结点命令

在 LaTeX 程序中，利用 Tikz 宏包绘制文字结点需要调用\node 命令，其语法格式如下。

```
\node[⟨options⟩] (⟨name⟩) at (⟨coordinate⟩) {⟨text⟩};
```

语法中各参数意义如下。

（1）⟨options⟩：可选参数，用来设定绘制文字结点的样式或图形。

（2）⟨name⟩：文字结点的名称。

（3）⟨coordinate⟩：用来指定结点的位置。

（4）⟨text⟩：文字结点要显示的文字内容。

下面通过具体实例来讲解如何利用\node 命令绘制文字结点。

打开 TeXstudio 软件，新建一个文档，在文档中编写如下代码。

```
\documentclass{ctexart}
\usepackage{tikz}
\begin{document}
    \section*{文字结点}
    \begin{tikzpicture}[very thick]
        \node (A) at (0,0) {独立货币政策};
        \node (B) at (8,0) {资本自由移动};
        \node (C) at (60:8) {固定汇率};
        \draw (A) -- (B) -- (C) -- (A);
    \end{tikzpicture}
\end{document}
```

上述代码中，设置结点 A 的坐标为(0,0)，文字显示内容是"独立货币政策"；结点 B 的坐标为(8,0)，文字显示内容是"资本自由移动"；结点 C 的坐标为(60:8)，文字显示内容是"固定汇率"。注意，结点 C 的坐标为极坐标。利用\draw 命令，绘制三角形。

程序代码编写完成后，单击菜单栏中的"工具/构建并查看"命令（快捷键：F5）或工具栏中的 ▶ 按钮，可以看到文字结点的绘制效果如图 5.12 所示。

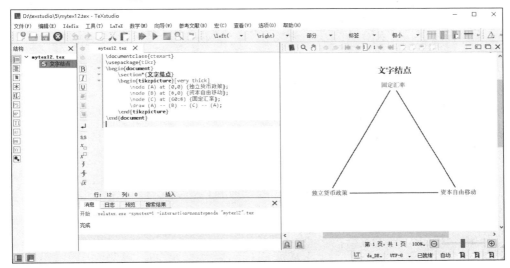

图 5.12　文字结点的绘制效果

5.4.2　绘制图形文字结点

下面通过具体实例讲解如何绘制图形文字结点。

打开 TeXstudio 软件，新建一个文档，在文档中编写如下代码。

```
\documentclass{ctexart}
\usepackage{tikz}
\begin{document}
    \section*{图形文字结点}
    \begin{tikzpicture}[very thick]
        \node[rectangle,rounded corners,draw=blue,text=red,node font={\sffamily\slshape}]
        (A) at (0,0) {进入 APP};
        \node[rectangle,rounded corners,draw=blue,text=green,node
```

```
font={\sffamily\slshape}]
        (B) at (4,0) {随便看看};
        \node[rectangle,rounded  corners,draw=blue,text=red,node
font={\sffamily\slshape}]
        (C) at (8,0) {查看相关内容信息};
        \draw[->] (A) -- (B);
        \draw[->] (B) -- (C) ;
    \end{tikzpicture}
\end{document}
```

上述代码中，rectangle 表示绘制的图形是矩形；rounded corners 表示矩形是圆角的；draw=blue 表示矩形边框的颜色为蓝色；text=red 表示矩形内文字的颜色为红色；node font={\sffamily\slshape}表示矩形内文字为无衬线字体、倾斜体。这个结点的名称为 A，坐标为(0,0)，结点文字内容为"进入 APP"。

用同样的方法设置另外两个结点"随便看看"和"查看相关内容信息"，最后利用\draw 命令绘制箭头。

程序代码编写完成后，单击菜单栏中的"工具/构建并查看"命令（快捷键：F5）或工具栏中的 ▶ 按钮，可以看到图形文字结点的绘制效果如图 5.13 所示。

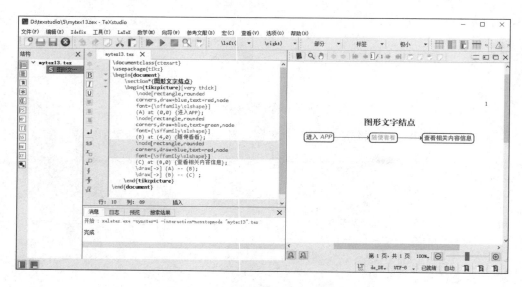

图 5.13　图形文字结点的绘制效果

5.4.3 为绘制的图形添加文字结点

下面通过具体实例讲解如何为绘制的图形添加文字结点。

打开 TeXstudio 软件，新建一个文档，在文档中编写如下代码。

```
\documentclass{ctexart}
\usepackage{tikz}
\begin{document}
    \section*{圆的说明信息}
    \begin{tikzpicture}[very thick]
        \draw (0,0) circle[radius=2];
        \fill (0,0) circle[radius=2pt];
        \node[draw] (P) at (15:6) {圆心坐标是（0，0），半径为1cm};
        \draw[dotted] (0,0) -- (P.west);
    \end{tikzpicture}
\end{document}
```

上述代码中，首先绘制一个圆，再利用\fill 命令绘制一个填充圆，即前面绘制圆的圆心。然后利用\node 命令绘制 P 点，其坐标为(15,6)。注意，所绘是极坐标系，显示内容是"圆心坐标是(0,0)，半径为 1cm"。

在 \draw 命令中还可以使用某个结点的相对位置，以"东南西北"的方式命名。P.west 表示绘制的直线连续的在结点的左边；P.east 表示结点的右边；P.north 表示结点的上边；P.south 表示结点的下边。

程序代码编写完成后，单击菜单栏中的"工具/构建并查看"命令（快捷键：F5）或工具栏中的 ▶ 按钮，可以看到圆的说明信息如图 5.14 所示。

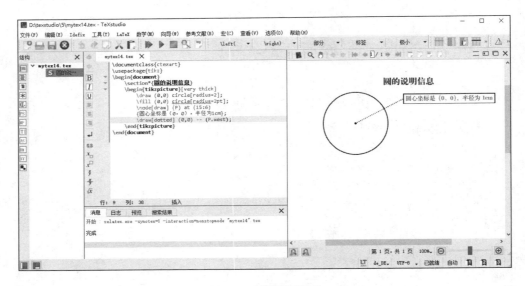

图 5.14 圆的说明信息

5.4.4 利用 child 关键字生成一棵树

利用 child 关键字可以声明子节点，sibling distance 参数可以控制相邻节点之间的距离，单位为 pt。

下面通过具体实例讲解如何利用 child 关键字生成一棵树。

打开 TeXstudio 软件，新建一个文档，在文档中编写如下代码。

```
\documentclass{ctexart}
\usepackage{tikz}
\tikzset{
    cir/.style ={
        circle, %矩形节点
        minimum width =30pt, %最小宽度
        minimum height =30pt, %最小高度
        inner sep=5pt, %文字和边框的距离
        fill=yellow,   %填充颜色为黄色
        text=red,     %文字颜色为红色
        draw=blue  %边框颜色为蓝色}
```

```
}
\begin{document}
    \section*{利用child关键字生成一棵树}
    \begin{tikzpicture}[sibling distance =80pt]
        \node[cir] {1}
        child {node[cir] {2}}
        child {node[cir] {3}}
        child {node[cir] {4}
            child {node[cir] {5}}
            child {node[cir] {6}}
            child {node[cir] {7}}
        };
    \end{tikzpicture}
\end{document}
```

上述代码中，因为要使用同一个图形文字结点，所以这里先在导言区定义图形样式，然后就可以在正文区直接调用。

程序代码编写完成后，单击菜单栏中的"工具/构建并查看"命令（快捷键：F5）或工具栏中的 ▶ 按钮，可以看到利用child关键字生成一棵树的效果如图5.15所示。

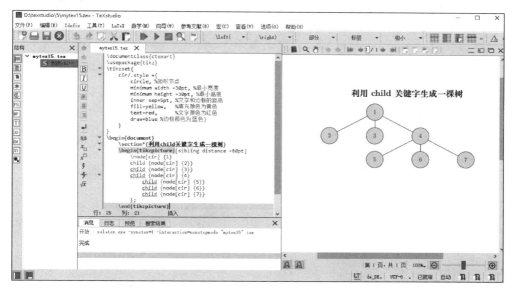

图5.15　利用child关键字生成一棵树的效果

5.4.5　生成神经网络图

当前，人工智能可谓热度空前，而神经网络是近年来人工智能领域研究的重要方向。利用\node 命令可以轻松生成神经网络图，下面通过具体实例进行讲解。

打开 TeXstudio 软件，新建一个文档，在文档中编写如下代码。

```
\documentclass{ctexart}
\usepackage{tikz}
\tikzset{
    cir/.style ={
        circle, %矩形节点
        minimum width =30pt, %最小宽度
        minimum height =30pt, %最小高度
        inner sep=5pt, %文字和边框的距离
        fill=green,      %填充颜色为绿色
        text=red,        %文字颜色为红色
        draw=blue    %边框颜色为蓝色}
    }
}
\begin{document}
    \section*{神经网络图}
    \begin{tikzpicture}
        \node[cir] (1) at(0,2){$x_1$};
        \node[cir] (2) at(0,0){$x_2$};
        \node[cir] (3) at(2,-1){$a_3^{(2)}$};
        \node[cir] (4) at(2,1){$a_2^{(2)}$};
        \node[cir] (5) at(2,3){$a_1^{(2)}$};
        \node[cir] (6) at(4,-1){$a_3^{(3)}$};
        \node[cir] (7) at(4,1){$a_2^{(3)}$};
        \node[cir] (8) at(4,3){$a_1^{(3)}$};
```

```
        \node[cir] (9) at(6,2){$a_1^{(4)}$};
        \node[cir] (10) at(6,0){$a_2^{(4)}$};
        \draw[->] (1) --(3);
        \draw[->] (1) --(4);
        \draw[->] (1) --(5);
        \draw[->] (2) --(3);
        \draw[->] (2) --(4);
        \draw[->] (2) --(5);
        \draw[->] (3) --(6);
        \draw[->] (3) --(7);
        \draw[->] (3) --(8);
        \draw[->] (4) --(6);
        \draw[->] (4) --(7);
        \draw[->] (4) --(8);
        \draw[->] (5) --(6);
        \draw[->] (5) --(7);
        \draw[->] (5) --(8);
        \draw[->] (6) --(9);
        \draw[->] (6) --(10);
        \draw[->] (7) --(9);
        \draw[->] (7) --(10);
        \draw[->] (8) --(9);
        \draw[->] (8) --(10);
    \end{tikzpicture}
\end{document}
```

上述代码用到一些数学表达式，例如，x_1 的代码是\$x_1\$，a_3 的平方的代码是\$a_3^{(2)}\$。

程序代码编写完成后，单击菜单栏中的"工具/构建并查看"命令（快捷键：F5）或工具栏中的 ▶ 按钮，可以看到生成的神经网络图如图5.16所示。

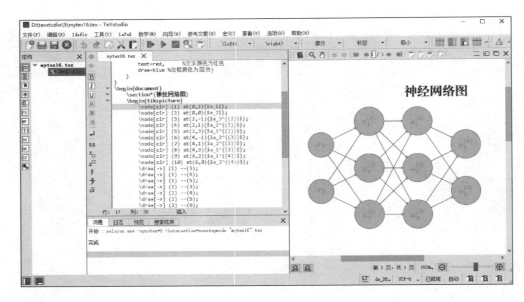

图 5.16 神经网络图

5.5 绘制函数图形

在 LaTeX 程序中，利用 Tikz 宏包可以绘制函数图形，也使用\draw 命令，利用 domain 参数设置函数图形绘制的具体位置，起始点和终止点之间用冒号（:）隔开；利用 plot()函数绘制函数图表；利用 node()函数显示函数文字，代码如下。

```
\draw[domain  =0:4] plot  (\x ,{0.1* exp(\x)}) node[right]
{$f(x)=\frac{1}{10}e^x$};
```

下面通过具体实例讲解如何绘制函数图形。

打开 TeXstudio 软件，新建一个文档，在文档中编写如下代码。

```
\documentclass{ctexart}
\usepackage{tikz}
\begin{document}
    \section*{函数图形}
    \begin{tikzpicture}[very thick]
        \draw[->] (0,0) --(6,0) node[right] {$x$};
```

```
        \draw[->] (0,0) --(0,6) node[above] {$f(x)$};
        \draw[domain =0:4] plot (\x ,{0.1* exp(\x)}) node[right]
{$f(x)=\frac{1}{10}e^x$};
    \end{tikzpicture}
\end{document}
```

上述代码中，首先利用\draw 命令绘制坐标轴，然后绘制函数图形。

程序代码编写完成后，单击菜单栏中的"工具/构建并查看"命令（快捷键：F5）或工具栏中的 ▶ 按钮，可以看到绘制的函数图形如图 5.17 所示。

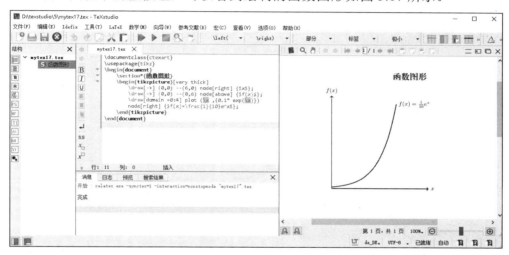

图 5.17　函数图形

5.6　绘制太阳图形

在 Tikz 宏包中，还可以利用\foreach 命令实现简单的循环功能，其语法格式如下：

```
\foreach \a in {⟨list⟩} {⟨commands⟩}
```

其中，\foreach 表示实现循环功能的命令；\a 表示变量；in 表示在什么内，这里是指变量\a 只要在⟨list⟩内；⟨commands⟩表示循环执行的命令。

下面代码的意思是，只要变量 x 在 0,30,60,90,120,150,180,210,240,270,300,330 之中，就绘制直线，即要绘制 12 条直线。直线是极坐标系下的直线，起点坐标的角度为\x，半径为 2；终点坐标的角度为\x，半径为 4。

```
\foreach \x in {0,30,60,90,120,150,180,210,240,270,300,330}
    \draw[red] (\x:2) -- (\x:4);
```

下面通过具体实例讲解如何绘制太阳图形。

打开 TeXstudio 软件，新建一个文档，在文档中编写如下代码。

```
\documentclass{ctexart}
\usepackage{tikz}
\begin{document}
    \section*{太阳图形}
    \begin{tikzpicture}[very thick]
        \draw [fill=yellow,draw=red](0,0) circle [radius=1.5];
        \foreach \x in {0,30,60,90,120,150,180,210,240,270,300,330}
        \draw[red] (\x:2) -- (\x:4);
    \end{tikzpicture}
\end{document}
```

程序代码编写完成后，单击菜单栏中的"工具/构建并查看"命令（快捷键：F5）或工具栏中的 ▶ 按钮，可以看到绘制的太阳图形效果如图 5.18 所示。

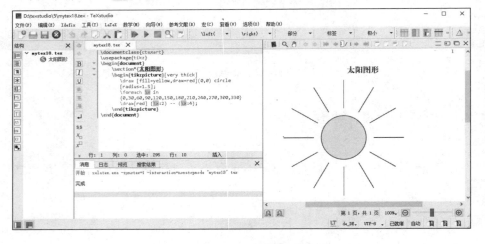

图 5.18　绘制的太阳图形效果

第 6 章

LaTeX 图像和盒子实战应用

LaTeX 不仅有强大的文字处理和排版功能，还可以插入图像，轻松实现图文混排及图像水印效果。盒子是 LaTeX 最基本的处理单元，利用它可以轻松实现图像的并排，并且为图像添加不同的样式。

本章主要内容包括：

- ✓ 加载单张图像及多张图像。
- ✓ 利用 wrapfig 宏包实现图文混排效果。
- ✓ 利用 picinpar 宏包实现图文混排效果。
- ✓ 利用 eso-pic 宏包实现背景图像水印效果。
- ✓ 水平盒子、垂直盒子和标尺盒子。
- ✓ 在盒子中显示图像。
- ✓ 显示不同样式的盒子。

6.1 图像应用

在 LaTeX 程序中，要插入图像，需要在导言区中先调用 graphicx 宏包，具体代码如下。

```
\usepackage{graphicx}
```

6.1.1 加载单张图像

在 LaTeX 程序中，可以加载图像的常用格式有 5 种，分别是 EPS、PDF、PNG、BMP、JPEG。

需要注意的是，graphicx 宏包提供了\graphicspath 命令，用于声明一个或多个图像文件存放的目录，使用这些目录里的图像时可不用写路径。\graphicspath 命令的语法格式如下。

```
\graphicspath{{myimage/}}
```

其中，myimage 是文件夹名，该文件夹要与 LaTeX 程序言文件存在同一位置，另外，还要注意是文件夹名外要加两个大括号"{{}}"。

然后使用\includegraphics 命令就可以加载图像了，该命令的语法格式如下。

```
\includegraphics[〈options〉]{〈filename〉}
```

语法中各参数意义如下。

（1）〈filename〉是要加载图像的名称，可以带后缀，也可以不带后缀。

（2）〈options〉为可选参数，用来设置加载图像的宽度、高度、缩放、旋转，具体表示方法列举如下。

① width=6cm：设置图像的宽度为 6cm。

② height=8cm：设置图像的高度为 8cm。

③ scale=1.5：将图像相对于原尺寸放大 1.5 倍。

④ angle=60:将图像逆时针旋转 60°。

下面通过具体实例来讲解如何加载图像。

打开 TeXstudio 软件,新建一个文档,在文档中编写如下代码。

```
\documentclass{ctexart}
\usepackage{graphicx}
\graphicspath{{myimage/}}
\begin{document}
  \section*{加载图像实例}
  \begin{center}
    \includegraphics{pic1}
  \end{center}
\end{document}
```

程序代码编写完成后,单击菜单栏中的"工具/构建并查看"命令(快捷键:F5)或工具栏中的 ▶ 按钮,可以看到加载图像实例的效果如图 6.1 所示。

图 6.1 加载图像实例的效果

6.1.2 加载多张图像

下面通过具体实例来讲解如何加载多张图像。

打开 TeXstudio 软件，新建一个文档，在文档中编写如下代码。

```
\documentclass{ctexart}
\usepackage{graphicx}
\graphicspath{{myimage/}}
\begin{document}
    \section*{加载多张图像效果}
        \includegraphics[scale=0.8]{pic1}
        \includegraphics[width=4cm,height=5cm]{pic2}
        \includegraphics[width=4cm,height=5cm,angle=30]{pic3}
\end{document}
```

上述代码中，加载了 3 张图像，第一张图像名为 pic1，设置缩放比例为 0.8；第二张图像名为 pic2，设置宽度为 4cm，高度为 5cm；第三张图像名为 pic3，设置宽度为 4cm，高度为 5cm，旋转角度为 30°。

程序代码编写完成后，单击菜单栏中的"工具/构建并查看"命令（快捷键：F5）或工具栏中的 ▶ 按钮，可以看到加载多张图像的效果如图 6.2 所示。

图 6.2　加载多张图像的效果

6.1.3 利用 wrapfig 宏包实现图文混排效果

要在文档中实现图文混排效果,首先需要在导言区调用 wrapfig 宏包,其代码如下。

```
\usepackage{wrapfig}
```

wrapfig 宏包提供一个 wrapfigure 环境,用来排版较小的图像,使得该图像位于文本的一边,并使文本在其边上换行。wrapfigure 环境的语法格式如下。

```
\begin{wrapfigure}[行数]{位置}{超出长度}{宽度}
    <图像>
\end{wrapfigure}
```

语法中各参数意义如下。

(1) [行数]是指图像高度所占的文本行的数目。如果不给出此选项,wrapfig 会自动计算。

(2) {位置}是指图像相对于文本的位置,L 或 l 表示图像位于文字的左边;R 或 r 表示图像位于文字的右边;I 或 i 表示图像位于页面靠里的一边(用在双面格式里);O 或 o 表示图像位于页面靠外的一边。

(3) {超出长度}是指图像超出文本边界的长度,缺省为 0pt。

(4) {宽度}是指图像的宽度。

使用 wrapfigure 环境要注意以下几点。

第一,段落文字要紧跟在 wrapfigure 后面,否则就会报错。

第二,wrapfigure 不能与列表环境处在同一段中,否则也会报错。

第三,wrapfigure 不能在双栏页版式中使用。

第四,在 wrapfigure 中如果使用 figure 浮动对象,其编号有可能出错。

第五,在 wrapfigure 中如果使用 table 浮动对象,其上下方的横线可能被忽略,必须手动添加。

第六,在换行的文本中,\linewidth 并没有改变。

下面通过具体实例来讲解如何利用 wrapfig 宏包实现图文混排效果。

打开 TeXstudio 软件，新建一个文档，在文档中编写如下代码。

```
\documentclass{ctexart}
\usepackage{wrapfig}
\usepackage{graphicx}
\graphicspath{{myimage/}}
\begin{document}
    \section*{图文混排效果}
    \begin{wrapfigure}{L}{5cm}
        \includegraphics[width=4.8cm]{pic5}
    \end{wrapfigure}
    逐渐放量的特征是：虽然有时会出现忽大忽小的成交量，但是成交量总体呈上升态势。

    逐渐放量意味着买进的量越来越大的同时，卖出的量也相应越来越大，所以投资者不能简单地理解为增量资金在源源不断地注入，后市可看高一线，其实，与此同时，也有相同的存量资金在不断地退出，后市究竟如何还是个变数。所以投资者应该把成交量的变化和股价的位置结合起来分析和研究，这样才能对行情的演变做出较为正确的判断。
\end{document}
```

上述代码中，首先在导言区调用 wrapfig 和 graphicx 宏包，并设置图像所在的文件夹。在正文区中，先创建 wrapfigure 环境，设置图像在文本的左边，即 L，超出长度为 5cm；接着利用\includegraphics 命令加载图像。

程序代码编写完成后，单击菜单栏中的"工具/构建并查看"命令（快捷键：F5）或工具栏中的▶按钮，可以看到图像在文本左边的图文混排效果如图 6.3 所示。

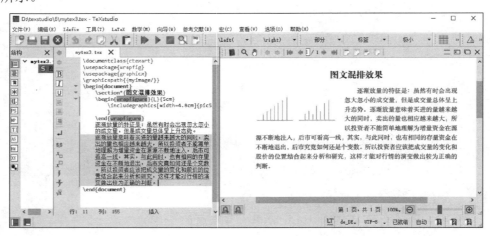

图 6.3　图像在文本左边的图文混排效果

将代码中\beging{wrapfigure}{L}{5cm}参数{L}改为{R}，可以看到图像在文本右边的图文混排效果如图 6.4 所示。

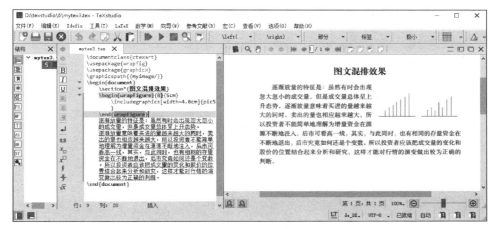

图 6.4　图像在文本右边的图文混排效果

6.1.4　利用 picinpar 宏包实现图文混排效果

在利用 wrapfig 宏包实现图文混排效果时，图像只能放在文本的左边或右边，无法放到文本中间。要想实现图像放在文本中间，就需要调用 picinpar 宏包，在导言区调用 picinpar 宏包的代码如下。

```
\usepackage{picinpar}
```

picinpar 宏包提供了一个 window 环境，该环境的变体为 figwindow，其允许在文本段落中打开一个"窗口"，在其中放入图像、文字和表格等。figwindow 变体的语法格式如下。

```
\begin{figwindow}[行数,对齐方式,图像,标题]
 ……
\end{figwindow}
```

语法中各参数意义如下。

（1）行数：表示"窗口"开始前的行数。

（2）对齐方式：设置"窗口"在段落中的对齐方式，默认值为 l，表示左对齐；c 表示居中对齐；r 表示右对齐。

（3）图像：设置"窗口"中的内容，即要插入的图像。

（4）标题：设置"窗口"内容的说明性文字，在 figwindow 中就是图像的标题。

下面通过具体实例来讲解如何利用 picinpar 宏包实现图文混排效果。

打开 TeXstudio 软件，新建一个文档，在文档中编写如下代码。

```
\documentclass{ctexart}
\usepackage{picinpar}
\usepackage{graphicx}
\graphicspath{{myimage/}}
\begin{document}
    \section*{图文混排效果}
    有不少投资者也许心中会有这样的疑问：
    近年来，绝大部分 K 线形态流传广泛。很多投资者把它们牢记于心，常常根据 K 线形态不约而同地行动，于是每当 K 线形态发出看涨或看跌的信号时，买者或卖者一拥而上，结果产生了"预言自我应验"的假象。
    \begin{figwindow}[1,r,
        {\includegraphics[scale=0.5]{pic6}},{不同的投资者在不同的位置入场}]
        事实上，K 线形态很客观，而研读 K 线形态是门艺术。K 线形态几乎从来没有清楚得能让有经验的投资者意见一致的时候。疑虑重重、困惑不解、仁者见仁智者见智才是家常便饭。
        即使大多数投资者预测一致，所见略同，他们也不一定在同时以同样的方式入市。有些投资者也许预计到信号将会出现，便"先下手为强"；还有些投资者等信号出现后再下手；也有一些投资者等信号出现并验证后再下手。因此，所有人在同一时刻以同一方式入市的可能性甚微。
        投资者一定要明白，唯有供求规律才能决定牛市或熊市的发生和发展。技术分析者势单力薄，绝不能平白无故地靠他们自己的买进或卖出引发市场的重大变化。要是能做到这一点，早就该发大财了。\par
    \end{figwindow}
\end{document}
```

上述代码中，在导言区调用 picinpar 和 graphicx 宏包，并设置图像所在的文件夹。在正文区中，先创建 figwindow 环境，代码如下。

```
\begin{figwindow}[1,r,{\includegraphics[scale=0.5]{pic6}},{不同的投资者在不同的位置入场}]
```

其中，1 表示图像上边有 1 行文字；r 表示图像在右边；然后调用 \includegraphics 命令加载图像，图像说明性文字为"不同的投资者在不同的位置入场"。

程序代码编写完成后，单击菜单栏中的"工具/构建并查看"命令（快捷键：F5）或工具栏中的 ▶ 按钮，可以看到图像在文本右边的图文混排效果如图 6.5 所示。

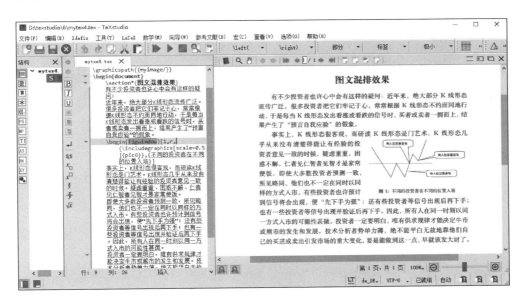

图 6.5　图像在文本右边的图文混排效果

修改 figwindow 环境代码如下。

```
\begin{figwindow}[2,c, {\includegraphics[scale=0.5]{pic6}},{不同的投资者在不同的位置入场}]
```

这时，图像上边有两行文字，c 表示图像在中间。这样就可以看到图像在文本中间的图文混排效果如图 6.6 所示。

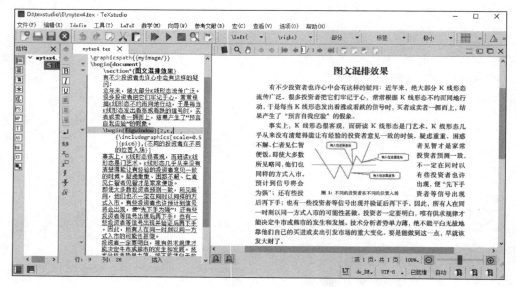

图 6.6　图像在文本中间的图文混排效果

修改 figwindow 环境代码如下。

```
\begin{figwindow}[3,l,{\includegraphics[scale=0.5]{pic6}},{不同的投资者在不同的位置入场}]
```

这进，图像上边有 3 行文字，l 表示图像在左边。这样就可以看到图像在文本左边的图文混排效果如图 6.7 所示。

6.1.5　实现背景图像水印效果

要在文本中实现图像水印效果需要使用 eso-pic 宏包，首先在导言区调用该宏包，其代码如下。

```
\usepackage{eso-pic}
```

第 6 章 LaTeX 图像和盒子实战应用

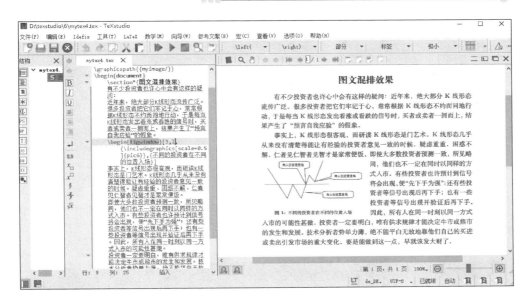

图 6.7 图像在文本左边的图文混排效果

调用 eso-pic 宏包后，就可以利用\AddToShipoutPictureBG 命令添加图像水印效果，具体代码如下。

```
\AddToShipoutPictureBG*{\includegraphics[width=\paperwidth,height=\paperheight]{pic3}}
```

注意，这里图像的宽度为页面的宽度，高度为页面的高度。

下面通过具体实例来讲解如何利用 picinpar 宏包实现背景图像水印效果。

打开 TeXstudio 软件，新建一个文档，在文档中编写如下代码。

```
\documentclass{ctexart}
\usepackage{eso-pic}
\usepackage{graphicx}
\graphicspath{{myimage/}}
\begin{document}
    \section*{背景图像水印效果}
    \AddToShipoutPictureBG*{\includegraphics[width=\paperwidth,height=\paperheight]{pic3}}
    有不少投资者也许心中会有这样的疑问：
    近年来，绝大部分 K 线形态流传广泛。很多投资者把它们牢记于心，常常根据 K 线形态不约而同地行动，于是每当 K 线形态发出看涨或看跌的信号时，买者或卖者一拥而上，结果产生了"预言自我应验"的假象。
```

事实上，K线形态很客观，而研读K线形态是门艺术。K线形态几乎从来没有清楚得能让有经验的投资者意见一致的时候。疑虑重重、困惑不解、仁者见仁智者见智才是家常便饭。

即使大多数投资者预测一致，所见略同，他们也不一定在同时以同样的方式入市。有些投资者也许预计到信号将会出现，便"先下手为强"；还有些投资者等信号出现后再下手；也有一些投资者等信号出现并验证后再下手。因此，所有人在同一时刻以同一方式入市的可能性甚微。

投资者一定要明白，唯有供求规律才能决定牛市或熊市的发生和发展。技术分析者势单力薄，绝不能平白无故地靠他们自己的买进或卖出引发市场的重大变化。要是能做到这一点，早就该发大财了。

```
\end{document}
```

程序代码编写完成后，单击菜单栏中的"工具/构建并查看"命令（快捷键：F5）或工具栏中的 ▶ 按钮，可以看到背景图像水印效果如图6.8所示。

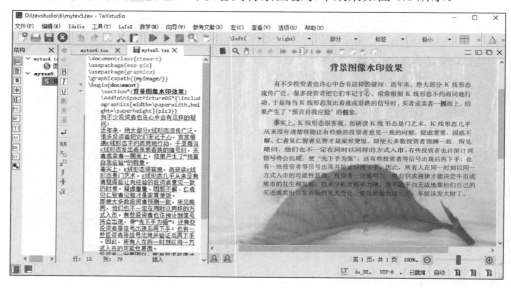

图6.8 背景图像水印效果

6.2 盒子的应用

在LaTeX程序中，盒子是构成页面元素的核心。页面本身就是一个大盒子，这个大盒子内部由很多的小盒子构成，每一行内容都是一个盒子，行中的每个字符也是一个盒子。

盒子有3个主要参数，分别是宽度、高度、深度，伴随着这3个参数还有两个概念，分别是基点和边界（包括上下左右边界）。需要注意的是，宽度的边界对于盒子的水平对齐很重要，而高度和深度的边界对于盒子的竖直对齐很重要。

6.2.1 水平盒子

在 LaTeX 程序中，生成水平盒子的命令有 4 种，分别是\mbox、\makebox、\fbox、\framebox，下面进行具体讲解。

（1）\mbox 命令会生成一个基本的水平盒子，内容只有一行，不允许分段。从表面上看，\mbox 的内容与正常的文本没有区别，但是在断行时文字不会从盒子里断开，其语法格式如下。

```
\mbox{...}
```

（2）\makebox 命令也会生成一个基本的水平盒子，通过可选参数〈width〉可以控制盒子的宽度，还可以通过〈align〉参数设置盒子中内容的对齐方式。对齐方式的默认值为 c，即居中对齐；l 表示左对齐；r 表示右对齐；s 表示分散对齐，其语法格式如下。

```
\makebox[〈width〉][〈align〉]{...}
```

（3）\fbox 命令会生成一个带有边框的基本的水平盒子，其语法格式如下。

```
\fbox{...}
```

（4）\framebox 命令也会生成一个带有边框的基本的水平盒子，可以通过可选参数〈width〉控制盒子的宽度，还可以通过〈align〉参数设置盒子中内容的对齐方式。对齐方式的默认值为 c，即居中对齐；l 表示左对齐；r 表示右对齐；s 表示分散对齐，其语法格式如下。

```
\framebox[〈width〉][〈align〉]{...}
```

下面通过具体实例来讲解水平盒子的应用方法。

打开 TeXstudio 软件，新建一个文档，在文档中编写如下代码。

```
\documentclass{ctexart}
\begin{document}
```

```
        \section*{水平盒子}
        普通水平盒子：\par  \mbox{这是一个普通的水平盒子。}\par
        右对齐水平盒子：\par||\makebox[10cm][r]{可以设置宽度和对齐方式的水平
盒子。}|| \par
        左对齐水平盒子：\par||\makebox[10cm][l]{可以设置宽度和对齐方式的水平
盒子。}|| \par
        居中对齐水平盒子：\par||\makebox[10cm][c]{可以设置宽度和对齐方式的水
平盒子。}|| \par
        分散对齐水平盒子：\par||\makebox[10cm][s]{可以设置宽度和对齐方式的水
平盒子。}|| \par
        普通带边框的水平盒子：\par   \fbox{这是一个带边框的普通水平盒子。}\par
        右对齐带边框的水平盒子：\par  \framebox[10cm][r]{可以设置宽度和对齐方
式的带有边框的水平盒子。}\par
        左对齐带边框的水平盒子：\par  \framebox[10cm][l]{可以设置宽度和对齐方
式的带有边框的水平盒子。}\par
        居中对齐带边框的水平盒子：\par  \framebox[10cm][c]{可以设置宽度和对齐
方式的带有边框的水平盒子。}\par
        分散对齐带边框的水平盒子：\par  \framebox[10cm][s]{可以设置宽度和对齐
方式的带有边框的水平盒子。}\par
     \end{document}
```

程序代码编写完成后，单击菜单栏中的"工具/构建并查看"命令（快捷键：F5）或工具栏中的 ▶ 按钮，可以看到水平盒子的应用效果如图6.9所示。

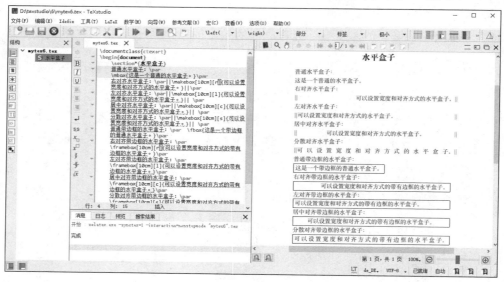

图6.9 水平盒子的应用效果

6.2.2 垂直盒子

在 LaTeX 程序中，生成垂直盒子的方式有两种，分别是\parbox 命令和 minipage 环境，下面进行具体讲解。

\parbox 命令的语法格式如下。

```
\parbox[⟨align⟩][⟨height⟩][⟨inner-align⟩]{⟨width⟩}{...}
```

语法中各参数意义如下。

（1）⟨align⟩：设置盒子和周围文字的对齐情况。b 表示底部对齐、c 表示居中对齐、s 表示分散对齐、t 表示顶部对齐。

（2）⟨height⟩：设置盒子的高度。

（3）⟨inner-align⟩：设置盒子内的文字的对齐情况。b 表示底部对齐；c 表示居中对齐；s 表示分散对齐；t 表示顶部对齐。需要注意，t 对齐的是第一行的基线，而不是盒子的顶端。

（4）⟨width⟩：设置盒子的宽度。

minipage 环境的语法格式如下。

```
\begin{minipage}[⟨align⟩][⟨height⟩][⟨inner-align⟩]{⟨width⟩}
    ...
\end{minipag}
```

minipage 环境的各项参数与\parbox 命令相同，这里不再详述。

需要注意的是，在 minipage 环境中，可以使用\footnote 命令生成脚注，生成的脚注会出现在盒子底部，脚注使用小写字母编号，并且编号是独立的。注意，\parbox 命令里不能使用\footnote 命令，只能使用\footnotemark 命令生成脚注。

下面通过具体实例来讲解垂直盒子的应用方法。

打开 TeXstudio 软件，新建一个文档，在文档中编写如下代码。

```
\documentclass{ctexart}
```

```
\begin{document}
    \section*{垂直盒子}
    三字经：\fbox{\parbox[c]{3em}{人之初 性本善 性相近 习相远 苟不教 性乃迁}}
    千字文：
    \fbox{
        \begin{minipage}[t]{4em}
            天地玄黄 宇宙洪荒 日月盈昃 辰宿列张
        \end{minipage}
    }
    \par
    \fbox{
        \begin{minipage}{20em}
            在 minipage 环境中，可以使用\footnote 命令生成脚注，生成的脚注会出现在盒子底部，脚注使用小写字母编号，并且编号是独立的。
            \footnote{脚注来自 minipage.}
        \end{minipage}
    }
    \par
    \fbox{\parbox[c][4.5cm][t]{5cm}{在 LaTeX 程序中，盒子是构成页面元素的核心。页面本身就是一个大盒子，这个大盒子内部由很多的小盒子构成，每一行内容都是一个盒子，行中的每个字符也是一个盒子。}} \hfill
    \fbox{\begin{minipage}[c][4.5cm][t]{5cm}{盒子有 3 个主要参数，分别是宽度、高度、深度，伴随着这 3 个参数还有两个概念，分别是基点和边界（包括上下左右边界）。需要注意的是，宽度的边界对于盒子的水平对齐很重要，而高度和深度的边界对于盒子的竖直对齐很重要。} \end{minipage}}
\end{document}
```

需要注意，上述代码中的\hfill 表示 \hspace{\fill}，即\hspace{\stretch{1}}，在两边的文本之间插入所需的空白以撑满一行。

程序代码编写完成后，单击菜单栏中的"工具/构建并查看"命令（快捷键：F5）或工具栏中的 ▶ 按钮，可以看到垂直盒子的应用效果如图 6.10 所示。

第 6 章　LaTeX 图像和盒子实战应用

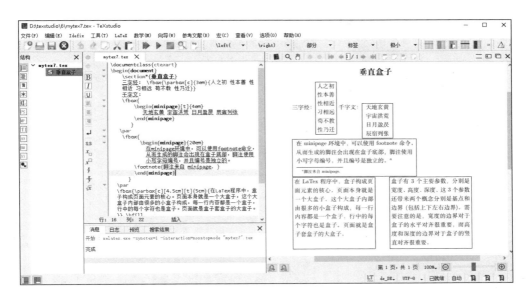

图 6.10　垂直盒子的应用效果

6.2.3　标尺盒子

在 LaTeX 程序中，除水平盒子和垂直盒子外，还有一种标尺盒子。标尺盒子是一个用黑色填充的实心矩形，一般是用来绘制水平线段和竖直线段，标尺盒子是一个用黑色填充的实心矩形，一般是用来绘制水平线段或竖直线段的。标尺盒子的语法格式如下。

```
\rule[⟨raise⟩]{⟨width⟩}{⟨height⟩}
```

语法中的各参数意义如下。

（1）⟨raise⟩：用来设置绘制标尺的垂直位置，如果其值为正，则向上移动；如果其值为负，则向下移动。

（2）⟨width⟩：用来设置绘制标尺的宽度。

（3）⟨height⟩：用来设置绘制标尺的长度。

下面通过具体实例来讲解标尺盒子的应用方法。

打开 TeXstudio 软件，新建一个文档，在文档中编写如下代码。

```
\documentclass{ctexart}
\begin{document}
    \section*{标尺盒子}
    小黑块：\rule{2cm}{1cm} \\
    较粗的下画线：\rule{12cm}{0.2cm} \\
    较细的下画线：\rule{12cm}{0.02cm} \\
    上移小黑块：\rule[0.5cm]{2cm}{0.2cm}    下移小黑块：\rule[-0.5cm]{2cm}{0.2cm} \\
    \section*{数学题}
    1. 一次函数 y=-kx+2k(k<0) 的图像不经过第\rule{3cm}{0.02cm}象限。\par
    2. 已知直线 y=2x+b 与直线 y=3x 交于一点，如果这个交点正好在 x 轴上，则 b=\rule{3cm}{0.02cm}。
\end{document}
```

程序代码编写完成后，单击菜单栏中的"工具/构建并查看"命令（快捷键：F5）或工具栏中的 ▶ 按钮，可以看到标尺盒子的应用效果如图 6.11 所示。

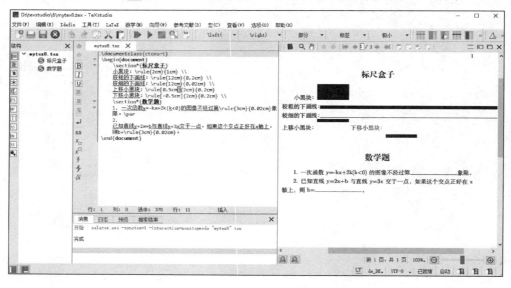

图 6.11　标尺盒子的应用效果

6.2.4 在盒子中显示图像

前面讲解 3 种盒子的基本应用，下面进一步讲解如何在盒子中显示图像。通过盒子来显示图像，可以更加灵活地排版图像，下面通过具体实例来讲解一下。

打开 TeXstudio 软件，新建一个文档，在文档中编写如下代码。

```
\documentclass{ctexart}
\usepackage{graphicx}
\graphicspath{{myimage/}}
\begin{document}
   \section*{图像在盒子中显示}
   \fbox{\parbox[c][5.5cm][c]{5cm}
       {\includegraphics[width=4.5cm,height=5cm]{pic1}}
     } \hfill
   \fbox{\begin{minipage}[c][5.5cm][c]{5cm}
       {\includegraphics[width=4.5cm,height=5cm]{pic2}}
     \end{minipage}
   }
\end{document}
```

程序代码编写完成后，单击菜单栏中的"工具/构建并查看"命令（快捷键：F5）或工具栏中的 ▶ 按钮，可以看到图像在盒子中显示的效果如图 6.12 所示。

图 6.12　图像在盒子中显示的效果

6.2.5 显示不同样式的盒子

在 LaTeX 程序中，可以使用 fancybox 宏包显示不同样式的盒子。在导言区调用 fancybox 宏包的具体代码如下。

```
\usepackage{fancybox}
```

fancybox 宏包可以利用 4 种命令显示不同样式的盒子，分别是\doublebox（双边框矩形盒子）、\ovalbox（圆角矩形盒子）、\Ovalbox（粗圆角矩形盒子）、\shadowbox（带有阴影的矩形盒子）。

下面通过具体实例来讲解如何利用 fancybox 宏包显示不同样式的盒子。

打开 TeXstudio 软件，新建一个文档，在文档中编写如下代码。

```
\documentclass{ctexart}
\usepackage{fancybox}
\usepackage{graphicx}
\graphicspath{{myimage/}}
\begin{document}
  \section*{利用 fancybox 宏包显示不同样式的盒子}
  \doublebox{\parbox[c][5.5cm][c]{5cm}
     {\includegraphics[width=4.5cm,height=5cm]{pic1}}
  } \hfill
  \ovalbox{ \parbox[c][5.5cm][c]{5cm}
     {\includegraphics[width=4.5cm,height=5cm]{pic2}}
  }
  \par
  \Ovalbox{\begin{minipage}[c][5.5cm][c]{5cm}
       {\includegraphics[width=4.5cm,height=5cm]{pic3}}
     \end{minipage}
  }
  \par
  \shadowbox{
      \begin{minipage}[c][5.5cm][c]{5cm}
       {\includegraphics[width=4.5cm,height=5cm]{pic4}}
```

```
        }
    \end{minipage}
    }
\end{document}
```

程序代码编写完成后,单击菜单栏中的"工具/构建并查看"命令(快捷键:F5)或工具栏中的 ▶ 按钮,可以看到利用 fancybox 宏包显示的不同样式盒子的效果如图 6.13 所示。

图 6.13　利用 fancybox 宏包显示的不同样式盒子的效果

第 7 章

LaTeX 浮动体实战应用

为了实现灵活地调整和排版图表，LaTeX 程序提供了浮动体。利用浮动体可以轻松实现复杂的图表排版。

本章主要内容包括：

- ✓ 什么是浮动体。
- ✓ 浮动体的作用和环境。
- ✓ 浮动体参数设置注意事项。
- ✓ 利用 figure 浮动体排版图像。
- ✓ 交叉引用和生成目录。
- ✓ 修改标题中的计数器类型。
- ✓ 修改标题的文字样式。
- ✓ 无序号标题。
- ✓ 利用 table 浮动体排版表格。
- ✓ 修改表格标题的样式及计数器类型。
- ✓ figure 和 table 浮动体综合实战应用。
- ✓ 并排图像和子图实战应用。

第 7 章　LaTeX 浮动体实战应用

7.1　初识浮动体

在应用浮动体之前，我们先来认识一下什么是浮动体，浮动体的作用，浮动体环境及浮动体参数设置注意事项。

7.1.1　什么是浮动体

LaTeX 中的浮动体可以理解成在内容丰富的文章或者书籍中可以移动的盒子，不一样的盒子，里面放的东西略有不同。这些盒子为什么要移动呢？原因很简单，就是为了排版美观。

当我们给内容丰富的文章或者书籍排版时，希望让图表出现在准确的位置。但这些图表都比较大，并且不能分割，这样就会出现糟糕的分页情况，导致页面中出现大片大片的空白不能有效利用。为此，LaTeX 程序提供了浮动体，这样我们就可以将图像表放在合适的位置。

7.1.2　浮动体的作用

浮动体的作用主要表现在如下 5 个方面。

（1）实现灵活分页，这样就可以避免无法分割的内容产生的页面留白。

（2）可以为图表等需要浮动的内容自动添加编号。

（3）可以为图表添加标题。

（4）可以实现交叉引用。

（5）可以使文章或者书籍排版更加美观。

7.1.3　浮动体环境

在 LaTeX 程序中，有两类浮动体环境，分别是 figure 和 table。一般情况下，figure 浮动体环境中放置的是图像，table 浮动体环境中放置的是表格，但实际上并没有严格的要求，可以在任何一个浮动体环境中放置数学公式、文字、表格、图像等内容。

figure 浮动体环境的语法格式如下。

```
\begin{figure}[⟨placement⟩]
    ...
\end{figure}
```

其中，⟨placement⟩参数用来控制浮动体排版的位置，该参数命令及意义如下。

（1）h 表示当前位置，即代码所处的上下文位置。

（2）t 表示顶部。

（3）b 表示底部。

（4）p 表示单独成页。

（5）! 表示在决定位置时忽视限制。

table 浮动体环境的语法格式如下。

```
\begin{table}[⟨placement⟩]
    ...
\end{table}
```

table 浮动体环境的⟨placement⟩参数与 figure 相同，这里不再详述。

7.1.4 浮动体参数设置注意事项

浮动体参数设置的注意事项如下。

（1）table 浮动体和 figure 浮动体参数设置的默认值为 tbp，即浮动体可以在顶部、底部或者单独成面。

（2）排版位置的选取与参数里符号的顺序无关。在 LaTeX 程序中，总是以 h-t-b-p 的优先级顺序决定浮动体位置，也就是说[!htp]和[ph!t]没有区别。

（3）在双栏排版环境下，LaTeX 提供了 table*和 figure*环境用来排版跨栏的浮动体。它们的用法与 table 和 figure 一样，不同之处在于双栏的⟨placement⟩参数只能用 t、p 两个位置。

7.2 figure浮动体实战应用

利用 figure 浮动体不仅可以排版图像，还可以为图像添加标题（自动添加编号），甚至可以实现交叉引用。

7.2.1 利用 figure 浮动体排版图像

当我们利用 figure 浮动体排版图像时，可以调用\centering 命令使图像居中显示。另外，还可以调用\caption 命令为图像添加标题，需要注意的是，在为图像添加标题时，会自动编号，该命令语法格式如下。

```
\caption{…}
```

下面通过具体实例来讲解如何利用 figure 浮动体排版图像。

打开 TeXstudio 软件，新建一个文档，在文档中编写如下代码。

```
\documentclass{ctexart}
\usepackage{graphicx}
\graphicspath{{myimage/}}
\begin{document}
    \section*{利用figure浮动体排版图像}
    "登黄山，天下无山"，黄山是天下名山中的极品，磅礴的日出、华丽的晚霞、壮观的云海、奇异的佛光，黄山之美只待你来亲身感受。\par
    \begin{figure}[h]
        \centering
        \includegraphics[scale=0.45]{pic1}
        \caption{黄山}
    \end{figure}
    游世界文化遗产地、徽州古民居——宏村，承志堂"三雕"技艺精湛，被誉为"民间故宫"，是奥斯卡获奖影片《卧虎藏龙》外景拍摄地。\par
    \begin{figure}[htbp]
        \centering
        \includegraphics[scale=0.45]{pic2}
        \caption{宏村}
    \end{figure}
    历史文化名城——歙县，游览徽州古镇景区。\par
    \begin{figure}[htbp]
```

```
        \centering
        \includegraphics[scale=0.45]{pic3}
        \caption{歙县}
    \end{figure}
    新安江山水画廊，国家 AAAA 级旅游景区，畅游江上，只见掩映其间的粉墙黛瓦的古村落、古民居交相辉映，画里青山，水中乡村，构成一幅美妙的山水画。连诗仙李白也曾赋诗"清溪清我心，水色异诸水。借问新安江，见底何如此"赞美之。\par
    \begin{figure}[htbp]
        \centering
        \includegraphics[scale=0.45]{pic4}
        \caption{新安江}
    \end{figure}
\end{document}
```

程序代码编写完成后，单击菜单栏中的"工具/构建并查看"命令（快捷键：F5）或工具栏中的▶按钮，可以看到利用 figure 浮动体排版图像的效果如图 7.1 所示。

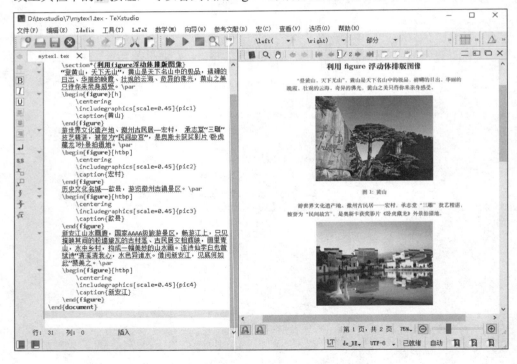

图 7.1　利用 figure 浮动体排版图像的效果

向下拖动垂直滚动条，可以看到其他两幅图像的排版效果如图 7.2 所示。

第 7 章　LaTeX 浮动体实战应用

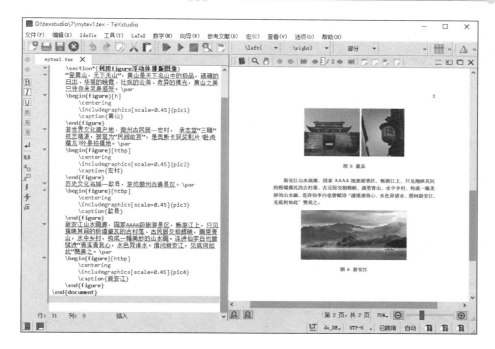

图 7.2　其他两幅图像的排版效果

7.2.2　交叉引用和生成目录

为浮动体添加 caption 属性后，再利用\label 命令可以实现交叉引用。另外，还可以利用\listoffigures 命令把浮动体标题内容生成目录。

需要注意，\caption 命令可以带有可选参数，其语法格式如下。

\caption[…]{…}

添加可选参数后，就可以在目录里使用短标题。

下面通过具体实例来讲解如何交叉引用和生成目录。

打开 TeXstudio 软件，新建一个文档，在文档中编写如下代码。

```
\documentclass{ctexart}
\usepackage{graphicx}
\graphicspath{{myimage/}}
\begin{document}
```

```
\section*{利用 figure 浮动体排版图像}
    "登黄山，天下无山"，黄山是天下名山中的极品，磅礴的日出、华丽的晚霞、壮观的云海、奇异的佛光，黄山之美只待你来亲身感受。黄山如图\ref{fig-hs}所示。
    \par
    \begin{figure}[h]
        \centering
        \includegraphics[scale=0.4]{pic1}
        \caption[登黄山，天下无山]{黄山}
        \label{fig-hs}
    \end{figure}
    游世界文化遗产地、徽州古民居——宏村，承志堂"三雕"技艺精湛，被誉为"民间故宫"，是奥斯卡获奖影片《卧虎藏龙》外景拍摄地。宏村如图\ref{fig-hc}所示。
    \par
    \begin{figure}[htbp]
        \centering
        \includegraphics[scale=0.4]{pic2}
        \caption{宏村}
        \label{fig-hc}
    \end{figure}
    历史文化名城——歙县，游览徽州古镇景区。歙县如图\ref{fig-hs2}所示。
    \par
    \begin{figure}[htbp]
        \centering
        \includegraphics[scale=0.4]{pic3}
        \caption{歙县}
        \label{fig-hs2}
    \end{figure}
    新安江山水画廊，国家AAAA级旅游景区，畅游江上，只见掩映其间的粉墙黛瓦的古村落、古民居交相辉映，画里青山，水中乡村，构成一幅美妙的山水画。连诗仙李白也曾赋诗"清溪清我心，水色异诸水。借问新安江，见底何如此"赞美之。新安江如图\ref{fig-xaj}所示。
    \par
    \begin{figure}[htbp]
        \centering
        \includegraphics[scale=0.4]{pic4}
        \caption{新安江}
        \label{fig-xaj}
    \end{figure}
\listoffigures
\end{document}
```

第 7 章 LaTeX 浮动体实战应用

上述代码中,第一幅图的 caption 属性和 label 属性设置如下。

```
\caption[登黄山,天下无山]{黄山}
\label{fig-hs}
```

这里,caption 属性带有可选参数,这样在目录中就可以显示短标题。

需要注意,要实现交叉引用,需要使用\ref 命令,代码如下。

```
黄山如图\ref{fig-hs}所示。
```

要明白,\label 命令和\ref 命令中的参数要一致,这样就可以实现交叉引用。

最后为了生成目录,要使用\listoffigures 命令,代码如下。

```
\listoffigures
```

程序代码编写完成后,单击菜单栏中的"工具/构建并查看"命令(快捷键:F5)或工具栏中的 ▶ 按钮,可以看到交叉引用效果如图 7.3 所示。

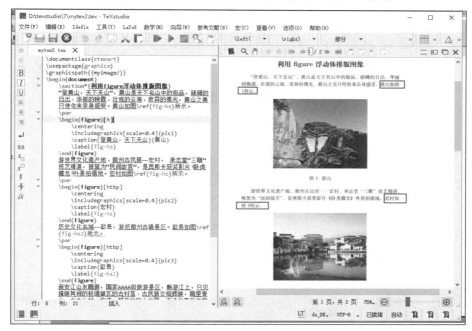

图 7.3 交叉引用效果

向下拖动垂直滚动条，可以看到浮动体生成目录的效果如图 7.4 所示。

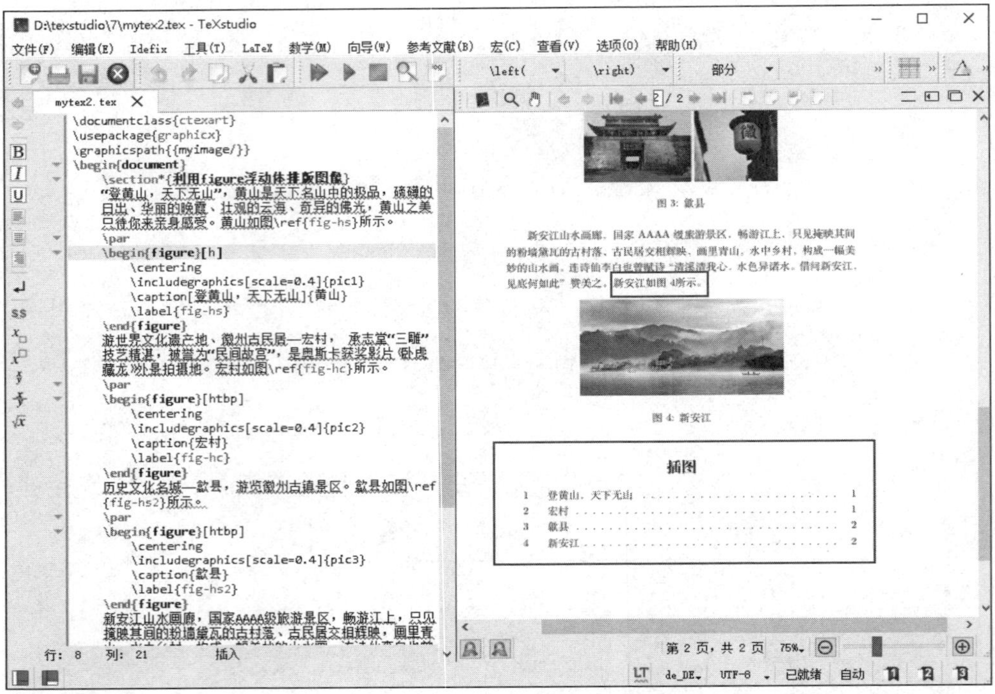

图 7.4　浮动体生成目录的效果

7.2.3　修改标题中的计数器类型

在 LaTeX 程序中，修改标题中的计数器类型需要在导言区调用 caption 宏包，具体代码如下。

```
\usepackage{caption}
```

在 caption 宏包中，计数器类型及实现代码如下。

（1）阿拉伯数字：\arabic。

（2）小写字母：\alph。

（3）大写字母：\Alph。

（4）小写罗马数字：\roman。

（5）大写罗马数字：\Roman。

修改计数器类型，需要在导言区中重新定义新命令，具体代码如下。

```
\renewcommand{\thefigure}{\Roman{figure}}
```

这样，就实现了用大写罗马数字代替阿拉伯数字。

下面通过具体实例来讲解如何修改标题中的计数器类型。

打开 TeXstudio 软件，新建一个文档，在文档中编写如下代码。

```
\documentclass{ctexart}
\usepackage{caption}
\renewcommand{\thefigure}{\Roman{figure}}
\usepackage{graphicx}
\graphicspath{{myimage/}}
\begin{document}
    \section*{利用 figure 浮动体排版图像}
    "登黄山，天下无山"，黄山是天下名山中的极品，磅礴的日出、华丽的晚霞、壮观的云海、奇异的佛光，黄山之美只待你来亲身感受。黄山如图\ref{fig-hs}所示。
    \par
    \begin{figure}[h]
        \centering
        \includegraphics[scale=0.4]{pic1}
        \caption{黄山}
        \label{fig-hs}
    \end{figure}
    游世界文化遗产地、徽州古民居——宏村，承志堂"三雕"技艺精湛，被誉为"民间故宫"，是奥斯卡获奖影片《卧虎藏龙》外景拍摄地。宏村如图\ref{fig-hc}所示。
    \par
    \begin{figure}[htbp]
        \centering
        \includegraphics[scale=0.4]{pic2}
        \caption{宏村}
        \label{fig-hc}
    \end{figure}
\end{document}
```

程序代码编写完成后，单击菜单栏中的"工具/构建并查看"命令（快捷键：F5）或工具栏中的 ▶ 按钮，可以看到标题中的计数器类型为大写罗马数字的效果如图 7.5 所示。

图 7.5　标题中的计数器类型为大写罗马数字的效果

7.2.4　修改标题的文字样式

利用\captionsetup 命令还可以修改标题的文字样式，下面通过具体实例进行说明。

打开 TeXstudio 软件，新建一个文档，在文档中编写如下代码。

```
\documentclass{ctexart}
\usepackage{caption}
\renewcommand{\thefigure}{\Alph{figure}}
```

```
\usepackage{graphicx}
\graphicspath{{myimage/}}
\begin{document}
    \captionsetup[figure]{labelfont=it,textfont={bf,it}}
    \section*{利用 figure 浮动体排版图像}
    "登黄山，天下无山"，黄山是天下名山中的极品，磅礴的日出、华丽的晚霞、壮观的云海、奇异的佛光，黄山之美只待你来亲身感受。黄山如图\ref{fig-hs}所示。
    \par
    \begin{figure}[h]
        \centering
        \includegraphics[scale=0.4]{pic1}
        \caption{黄山}
        \label{fig-hs}
    \end{figure}
    游世界文化遗产地、徽州古民居——宏村，承志堂"三雕"技艺精湛，被誉为"民间故宫"，是奥斯卡获奖影片《卧虎藏龙》外景拍摄地。宏村如图\ref{fig-hc}所示。
    \par
    \begin{figure}[htbp]
        \centering
        \includegraphics[scale=0.4]{pic2}
        \caption{宏村}
        \label{fig-hc}
    \end{figure}
\end{document}
```

上述代码中，把标题中的计数器类型改为大写字母的代码如下。

```
\renewcommand{\thefigure}{\Alph{figure}}
```

修改标题文字样式为加粗，标题文字的样式为加粗和倾斜的代码如下。

```
\captionsetup[figure]{labelfont=it,textfont={bf,it}}
```

程序代码编写完成后，单击菜单栏中的"工具/构建并查看"命令（快捷键：F5）或工具栏中的 ▶ 按钮，可以看到修改标题的文字样式后的效果如图 7.6 所示。

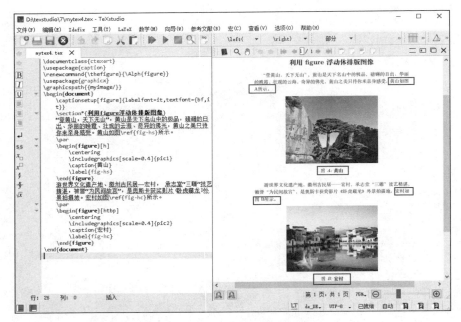

图 7.6　修改标题的文字样式后的效果

7.2.5　无序号标题

在 LaTeX 程序中，要实现无序号标题，可以使用\caption*{}命令或\captionsetup 命令进行设置，代码如下。

```
\captionsetup[figure]{labelformat=empty}
```

下面通过具体实例来讲解如何实现无序号标题。

打开 TeXstudio 软件，新建一个文档，在文档中编写如下代码。

```
\documentclass{ctexart}
\usepackage{caption}
\usepackage{graphicx}
\graphicspath{{myimage/}}
\begin{document}
    \captionsetup[figure]{labelformat=empty}
    \section*{利用figure浮动体排版图像}
    "登黄山，天下无山"，黄山是天下名山中的极品，磅礴的日出、华丽的晚霞、壮观的云海、奇异的佛光，黄山之美只待你来亲身感受。黄山如图\ref{fig-hs}所示。
```

第 7 章　LaTeX 浮动体实战应用

```
    \par
    \begin{figure}[h]
        \centering
        \includegraphics[scale=0.4]{pic1}
        \caption{黄山}
        \label{fig-hs}
    \end{figure}
        游世界文化遗产地、徽州古民居——宏村，承志堂"三雕"技艺精湛，被誉为"民间
故宫"，是奥斯卡获奖影片《卧虎藏龙》外景拍摄地。宏村如图\ref{fig-hc}所示。
    \par
    \begin{figure}[htbp]
        \centering
        \includegraphics[scale=0.4]{pic2}
        \caption{宏村}
        \label{fig-hc}
    \end{figure}
\end{document}
```

程序代码编写完成后，单击菜单栏中的"工具/构建并查看"命令（快捷键：F5）或工具栏中的 ▶ 按钮，可以看到无序号标题的排版效果如图 7.7 所示。

图 7.7　无序号标题的排版效果

· 191 ·

7.3　table 浮动体实战应用

前面讲解了 figure 浮动体，接下来我们来详细介绍一下 table 浮动体。

7.3.1　利用 table 浮动体排版表格

在利用 table 浮动体排版表格时，可以利用\centering 命令使表格居中显示。另外，还可以利用\caption 命令为表格添加标题，需要注意的是，在为表格添加标题时会自动编号。

下面通过具体实例来讲解如何利用 table 浮动体排版表格。

打开 TeXstudio 软件，新建一个文档，在文档中编写如下代码。

```
\documentclass{ctexart}
\usepackage{multirow}
\usepackage{diagbox}
\usepackage{colortbl}
\begin{document}
    \section*{利用table浮动体排版表格}
    青岛市某中学某班学生课程表，如表\ref{tab-kc}所示。
    \begin{table}[htbp]
        \centering
        \caption{中学生课程表}
        \label{tab-kc}
        \begin{tabular}{||l|c|c|c|c|c||}
            \hline\hline
            \diagbox{时间}{科目}{星期}& 星期一&星期二&星期三&星期四&星期五 \\
            \hline
            \multirow{4}{*}{上午}&语文&数学&语文&数学&英语 \\
            \cline{2-6}
            &英语&道法&英语&体育&数学 \\
            \cline{2-6}
            &历史&语文&历史&物理&语文 \\
            \cline{2-6}
            &物理&英语&道法&历史&物理 \\
```

```
        \hline
        \multirow{3}{*}{下午}&语文&数学&语文&数学&英语 \\
        \cline{2-6}
        &地理&物理&生物&数学&体育 \\
        \cline{2-6}
        &生物&历史&体育&数学&历史 \\
        \hline\hline
    \end{tabular}
  \end{table}
\par
青岛市某中学某班学生成绩，如表\ref{tab-cj}所示。
\begin{table}[htbp]
    \centering
    \caption{学生成绩列彩色表格}
    \label{tab-cj}
    \begin{tabular}{| | | >{\columncolor[gray]{.9}}l
        >{\columncolor{red}} c
        >{\columncolor{green}} c
        >{\columncolor[gray]{.7}} c
        >{\columncolor{yellow}} p{1.5cm}|||}
        \hline \hline
        姓名 & 语文 & 数学 & 英语 & 备注 \\
        周平 & 97 & 96 & 95 & 优秀 \\
        李红 & 86 & 89 & 91 & 优良 \\
        张亮 & 78 & 75 & 68 & 及格 \\
        李瑞 & 53 & 59 & 64 & 不及格，需要补考 \\
        张可社 & 85 & 73 & 68 & 中等  \\
        \hline \hline
    \end{tabular}
  \end{table}
\end{document}
```

上述代码中有两张表格，这两张表格在第 4 章已经介绍过，这里不再详述。

把两张表格都放在 table 浮动体中，然后利用\caption 命令设置标题，利用\label 命令设置标签，并实现交叉引用。

程序代码编写完成后，单击菜单栏中的"工具/构建并查看"命令（快捷键：F5）或工具栏中的▶按钮，可以看到利用 table 浮动体排版表格的效果如图 7.8 所示。

LaTeX 入门与实战应用

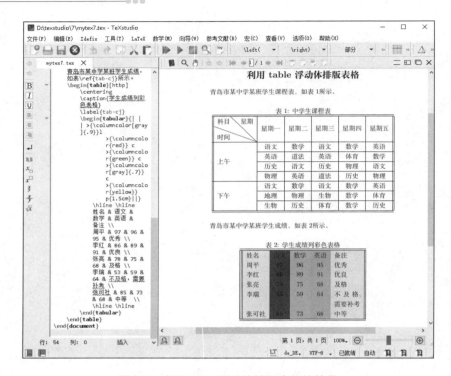

图 7.8 利用 table 浮动体排版表格的效果

7.3.2 修改表格标题的样式及计数器类型

使用\captionsetup 命令，可以修改表格标题的样式。下面通过代码修改表格标题的标签字体为倾斜，修改表格标题的文本字体为加粗、倾斜。

```
\captionsetup[table]{labelfont=it,textfont={bf,it}}
```

要修改计数器类型，需要在导言区中重新定义新命令，具体代码如下。

```
\renewcommand{\thetable}{\roman{table}}
```

下面通过具体实例来讲解如何利用 table 浮动体排版表格。

打开 TeXstudio 软件，新建一个文档，在文档中编写如下代码。

```
\documentclass{ctexart}
\usepackage{caption}
```

· 194 ·

```latex
\usepackage{multirow}
\usepackage{diagbox}
\usepackage{colortbl}
\renewcommand{\thetable}{\roman{table}}
\begin{document}
    \captionsetup[table]{labelfont=it,textfont={bf,it}}
    \section*{利用table浮动体排版表格}
    青岛市某中学某班学生课程表，如表\ref{tab-kc}所示。
    \begin{table}[htbp]
        \centering
        \caption{中学生课程表}
        \label{tab-kc}
        \begin{tabular}{||l|c|c|c|c|c||}
            \hline\hline
            \diagbox{时间}{科目}{星期}& 星期一&星期二&星期三&星期四&星期五 \\
            \hline
            \multirow{4}{*}{上午}&语文&数学&语文&数学&英语 \\
            \cline{2-6}
            &英语&道法&英语&体育&数学 \\
            \cline{2-6}
            &历史&语文&历史&物理&语文 \\
            \cline{2-6}
            &物理&英语&道法&历史&物理 \\
            \hline
            \multirow{3}{*}{下午}&语文&数学&语文&数学&英语 \\
            \cline{2-6}
            &地理&物理&生物&数学&体育 \\
            \cline{2-6}
            &生物&历史&体育&数学&历史 \\
            \hline\hline
        \end{tabular}
    \end{table}
    \par
    青岛市某中学某班学生成绩，如表\ref{tab-cj}所示。
    \begin{table}[htbp]
        \centering
        \caption{学生成绩列彩色表格}
        \label{tab-cj}
        \begin{tabular}{| | | >{\columncolor[gray]{.9}}l
            >{\columncolor{red}} c
            >{\columncolor{green}} c
```

```
                >{\columncolor[gray]{.7}} c
                >{\columncolor{yellow}} p{1.5cm}||}
            \hline \hline
            姓名 & 语文 & 数学 & 英语 & 备注 \\
            周平 & 97 & 96 & 95 & 优秀 \\
            李红 & 86 & 89 & 91 & 优良 \\
            张亮 & 78 & 75 & 68 & 及格 \\
            李瑞 & 53 & 59 & 64 & 不及格，需要补考 \\
            张可社 & 85 & 73 & 68 & 中等 \\
            \hline \hline
        \end{tabular}
    \end{table}
\end{document}
```

程序代码编写完成后，单击菜单栏中的"工具/构建并查看"命令（快捷键：F5）或工具栏中的 ▶ 按钮，可以看到修改表格标题的样式及计数器类型后的效果如图 7.9 所示。

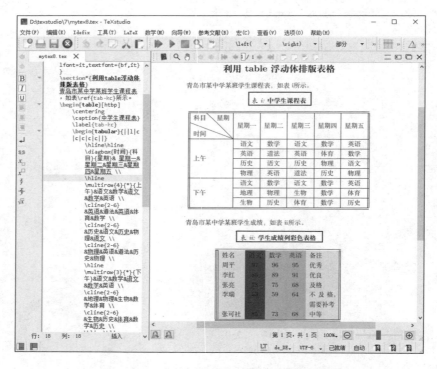

图 7.9　修改表格标题的样式及计数器类型后的效果

7.4 figure和table浮动体综合实战应用

在排版内容丰富的文章或者书籍的过程中，常常会同时使用 figure 和 table 浮动体。需要注意的是，这两类浮动体的编号是互不影响的，下面通过实例进行说明。

打开 TeXstudio 软件，新建一个文档，在文档中编写如下代码。

```
\documentclass{ctexart}
\usepackage{graphicx}
\graphicspath{{myimage/}}
\usepackage{colortbl}
\begin{document}
    \section*{figure 和 table 浮动体综合实战应用}
    学习不仅仅是死记硬背，更重要的是学习习惯的培养和学习方法的掌握，拥有了良好的学习习惯、学习方法，无论任何学科都能够得心应手，其实这也是对于学生思维方式和综合素质的一种开发和培养。在李沧，有这样一所中学，学习氛围严谨又不失活泼，这里的学生更是德、智、体、美、劳全面发展，这里就是山东省青岛第六十三中学，如图\ref{fig-xx}所示。\par
    \begin{figure}[h]
        \centering
        \includegraphics[scale=0.45]{pic5}
        \caption{山东省青岛某中学}
        \label{fig-xx}
    \end{figure}
 \par
青岛市某中学某班学生成绩，如表\ref{tab-cj}所示。
\begin{table}[htbp]
    \centering
    \caption{学生成绩列彩色表格}
    \label{tab-cj}
    \begin{tabular}{| | | >{\columncolor[gray]{.9}}l
        >{\columncolor{red}} c
        >{\columncolor{green}} c
        >{\columncolor[gray]{.7}} c
        >{\columncolor{yellow}} p{1.5cm}|||}
        \hline \hline
```

```
            姓名 & 语文 & 数学 & 英语 & 备注 \\
            周平 & 97 & 96 & 95 & 优秀 \\
            李红 & 86 & 89 & 91 & 优良 \\
            张亮 & 78 & 75 & 68 & 及格 \\
            李瑞 & 53 & 59 & 64 & 不及格,需要补考 \\
            张可社 & 85 & 73 & 68 & 中等 \\
            \hline \hline
        \end{tabular}
    \end{table}
\end{document}
```

程序代码编写完成后,单击菜单栏中的"工具/构建并查看"命令(快捷键:F5)或工具栏中的 ▶ 按钮,可以看到 figure 和 table 浮动体综合实战应用效果如图 7.10 所示。

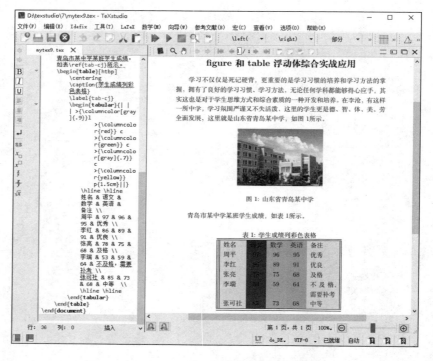

图 7.10　figure 和 table 浮动体综合实战应用效果

从图 7.10 中可以看到,图的编号为图 1,表格的编号为表 1,figure 和 table 浮动体的编号互不影响。

7.5 并排图像和子图实战应用

前文我们介绍了 figure 浮动体中只放一张图像的情况,在实际应用过程中,常常会有两张或多张图像并排显示或通过子图的形式显示,下面通过具体实例进行讲解。

7.5.1 图像的并排

图像的并排包括两种情况,一种是直接在 figure 浮动体中添加多张图像进行并排处理,另一种是在 figure 浮动体中添加垂直盒子进行图像并排处理。

下面通过具体实例来讲解如何实现图像的并排。

打开 TeXstudio 软件,新建一个文档,在文档中编写如下代码。

```
\documentclass{ctexart}
\usepackage{graphicx}
\graphicspath{{myimage/}}
\begin{document}
    \section*{图像的并排}
    三幅图像并排效果,如图\ref{fig-sf}所示。\par
    \begin{figure}[h]
        \centering
        \includegraphics[width=4cm,height=3cm]{pic1}
        \qquad
        \includegraphics[width=4cm,height=3cm]{pic2} //
        \includegraphics[width=8cm,height=3cm]{pic3}
        \caption{三幅图像并排}
        \label{fig-sf}
    \end{figure}
    \par
    分别带有标题的两幅图像并排效果,图\ref{fig-xaj}显示的是新安江,图\ref{fig-xx}显示的是学校教学楼。\par
    \begin{figure}[htpb]
```

```
        \centering
            \begin{minipage}{4cm}
                \includegraphics[width=4cm,height=3cm]{pic4}
                \caption{新安江}
                \label{fig-xaj}
            \end{minipage}
            \qquad
            \begin{minipage}{4cm}
                \includegraphics[width=4cm,height=3cm]{pic5}
                \caption{学校教学楼}
                \label{fig-xx}
            \end{minipage}
        \end{figure}
\end{document}
```

程序代码编写完成后，单击菜单栏中的"工具/构建并查看"命令（快捷键：F5）或工具栏中的 ▶ 按钮，可以看到图像的并排效果如图7.11所示。

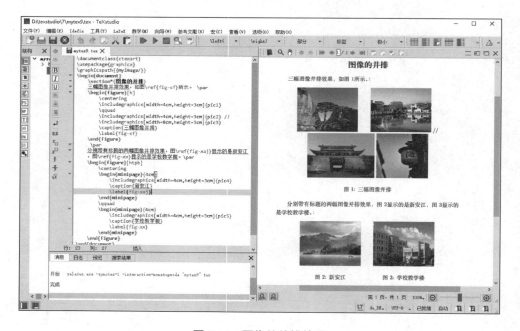

图7.11 图像的并排效果

7.5.2 子图

要实现子图的排版效果，首先需要在导言区中调用 subfig 宏包，具体代码如下。

```
\usepackage{subfig}
```

调用 subfig 宏包后，可以利用\subfloat 命令显示子图。

另外，为了区别 figure 浮动体和 subfigure 浮动体的计数器类型，需要在导言区重新定义计数器类型，具体代码如下。

```
\renewcommand{\thefigure}{\Roman{figure}}
\renewcommand{\thesubfigure}{\arabic{subfigure}}
```

在这里，定义 figure 浮动体的计数器类型为大写罗马字母；subfigure 浮动体的计数器类型为阿拉伯数字。

下面通过具体实例来讲解如何实现子图的排版。

打开 TeXstudio 软件，新建一个文档，在文档中编写如下代码。

```
\documentclass{ctexart}
\usepackage{subfig}
\usepackage{graphicx}
\graphicspath{{myimage/}}
\renewcommand{\thefigure}{\Roman{figure}}
\renewcommand{\thesubfigure}{\arabic{subfigure}}
\begin{document}
    \section*{子图}
    下面来看一下安徽美景，即黄山和宏村,如图\ref{fig-ah}所示。\par
    "登黄山，天下无山"，黄山是天下名山中的极品，磅礴的日出、华丽的晚霞、壮观的云海、奇异的佛光，黄山之美只待你来亲身感受。黄山如图\ref{fig-hs}所示。\par
    游世界文化遗产地、徽州古民居——宏村，承志堂"三雕"技艺精湛，被誉为"民间故宫"，是奥斯卡获奖影片《卧虎藏龙》外景拍摄地。宏村如图\ref{fig-hc}所示。\par
    \begin{figure}[htpb]
        \centering
```

```
            \subfloat[黄山]{\includegraphics[width=4cm,height=3cm]{pic1}
\label{fig-hs}}
            \qquad
            \subfloat[宏村]{\includegraphics[width=4cm,height=3cm]{pic2}
\label{fig-hc}}
            \caption{安徽美景}
            \label{fig-ah}
        \end{figure}
    \end{document}
```

程序代码编写完成后，单击菜单栏中的"工具/构建并查看"命令（快捷键：F5）或工具栏中的 ▶ 按钮，可以看到子图的排版效果如图 7.12 所示。

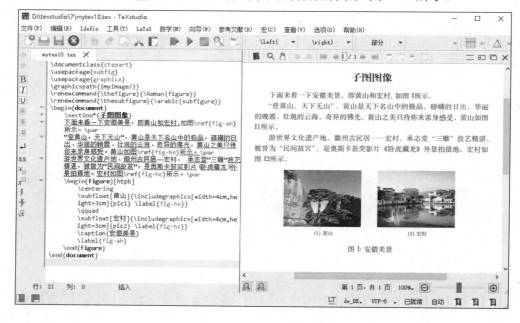

图 7.12　子图的排版效果

第 8 章

LaTeX 数学公式排版实战应用

数学公式排版是 LaTeX 的强项，利用 LaTeX 可以轻松生成高质量的数学类文档。

本章主要内容包括：

- ✓ 行内公式和行间公式。
- ✓ LaTeX 数学模式的特点。
- ✓ 上标、下标和希腊字母。
- ✓ 分式和根式。
- ✓ 运算符和关系符。
- ✓ 数学函数。
- ✓ 求导和巨算符。
- ✓ 数学重音和箭头。
- ✓ 定界符和其他符号。
- ✓ LaTeX 数学中的矩阵。
- ✓ LaTeX 数学中的数组。
- ✓ LaTeX 数学中的多行公式和长公式折行。
- ✓ LaTeX 数学中的定理和定理符号。

8.1 初识LaTeX数学公式排版

数学公式排版是 LaTeX 的核心功能，下面来介绍 LaTeX 数学公式排版的基础内容。

8.1.1 行内公式和行间公式

数学公式在文档中主要有两种形式，分别是行内公式和行间公式。

行内公式是指与正文文字混排的数学公式，使用$...$来表示。需要注意的是，除公式前面有标点符号外，在$前后一般要有空格。以加法交换律和加法结合律为例，行内公式代码如下。

```
加法交换律：$a+b=b+a$
加法结合律：$a+b+c=a+(b+c)=(a+c)+b$
```

行间公式是指数学公式单独占一行或多行，要么编号，要么不编号。行间公式如果编号，则应该由 equation 环境包裹。equation 环境为公式自动生成一个编号，这个编号可以用"\label"命令和"\ref"命令生成交叉引用。以勾股定理公式为例，行间公式编号的代码如下。

```
勾股定理公式如\ref{equ-gg}所示。
 \begin{equation}
   a^2 + b^2 = c^2
   \label{equ-gg}
 \end{equation}
```

如果行间公式不编号，则应该由 displaymath 环境包裹。也可以将公式用"\["命令和"\]"命令包裹。行间公式不编号的代码如下。

```
\begin{displaymath}
   a^2 + b^2 = c^2
\end{displaymath}
\par
或者：
```

```
\[ a^2 + b^2 = c^2 \]
```

下面通过具体实例来讲解行内公式和行间公式的排版方法。

打开 TeXstudio 软件，新建一个文档，在文档中编写如下代码。

```
\documentclass{ctexart}
\begin{document}
   \section*{行内公式}
   行内公式是指与正文文字混排的数学公式，具体如下：
   \par
   加法交换律：$a+b=b+a$
   \par
   加法结合律：$a+b+c=a+(b+c)=(a+c)+b$
   \section*{行间公式}
行间公式有 4 种，分别是单行编号、单行不编号、多行编号和多行不编号。
   \par
   \subsection*{行间公式编号}
勾股定理，是一个基本的几何定理，指直角三角形的两条直角边的平方和等于斜边的平方。中国古代称直角三角形为勾股形，并且直角边中较小者为勾，另一长直角边为股，斜边为弦，所以称这个定理为勾股定理，也有人称商高定理。勾股定理公式如\ref{equ-gg}所示。
   \begin{equation}
      a^2 + b^2 = c^2
      \label{equ-gg}
   \end{equation}
   \subsection*{行间公式不编号}
如果行间公式不编号，则应该由displaymath环境包裹。
   \par
   \begin{displaymath}
      a^2 + b^2 = c^2
   \end{displaymath}
   \par
   或者：
   \[ a^2 + b^2 = c^2 \]
\end{document}
```

程序代码编写完成后，单击菜单栏中的"工具/构建并查看"命令（快捷键：F5）或工具栏中的▶按钮，可以看到行内公式和行间公式的排版效果如图 8.1 所示。

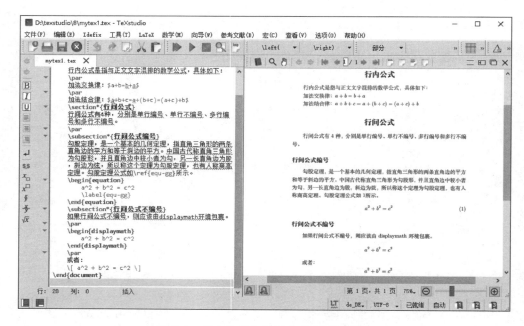

图 8.1 行内公式和行间公式的排版效果

8.1.2 LaTeX 数学模式的特点

在 LaTeX 程序中，当我们使用$开始行内公式输入，或使用\[命令、displaymath 环境、equation 环境开始行间公式输入时，就会自动进入数学模式。

LaTeX 数学模式与文本模式不同，其具有如下特点。

（1）在 LaTeX 数学模式中，我们输入的空格会被忽略。数学符号的间距默认由符号的性质决定。需要改变间距时，要使用\quad 和\qquad 等命令。

（2）在 LaTeX 数学模式中，不允许有空行，也不能分段。即行间公式中无法使用\\命令手动换行，也不能使用\par 命令。

（3）在 LaTeX 数学模式中，所有的字母都被当作数学公式中的变量处理，字母间距与文本模式不一致，也无法生成单词之间的空格。

8.2 LaTeX常用数学符号

数学符号是 LaTeX 数学公式排版的基础，下面详细讲解 LaTeX 中常用的数学符号。

8.2.1 上标、下标和希腊字母

在 LaTeX 程序中，上标用 "^" 符号表示，代码如下。

一元二次方程：`$ ax^2+ bx + c = 0 \quad (a \ne 0 )$`

需要注意，\quad 命令用来添加空格，调整数学公式间距；不等符号的实现代码有 3 种，分别是\ne、\neq、\not =，在这里使用\ne。

下标用 "_" 符号表示，代码如下。

数列的前n项的和：`$ S_n = a_1 + a_2 + a_3 + \cdots + a_n $`

需要注意，\cdots 命令用来添加省略号，这种省略号在垂直方向是居中显示的，只能在数学模式下使用，不能在文本模式下使用。而\dots 命令显示的省略号，在垂直方向是居下显示的，既可以在文本模式下使用，也可以在数学模式下使用。

在 LaTeX 程序中，要使用上下标，还需要注意上下标的内容（子公式）一般需要用花括号包裹，否则上下标只对后面的一个符号起作用。例如，如下代码。

`$ ax^{15} - bx^{12} + cx^{2} + d = 0 $`

其中，ax^{15}表示 x 的 15 次方，如果不加{}则表示 x 的一次方再乘以 5。

希腊字母符号的名称就是其英文名称，如α(\alpha)、β(\beta)等。大写的希腊字母为首字母大写的命令，如Γ(\Gamma)、Δ(\Delta)等。

amssymb 宏包中的希腊字母符号及代码如图 8.2 所示。

α	\alpha	θ	\theta	o	o	υ	\upsilon
β	\beta	ϑ	\vartheta	π	\pi	ϕ	\phi
γ	\gamma	ι	\iota	ϖ	\varpi	φ	\varphi
δ	\delta	κ	\kappa	ρ	\rho	χ	\chi
ϵ	\epsilon	λ	\lambda	ϱ	\varrho	ψ	\psi
ε	\varepsilon	μ	\mu	σ	\sigma	ω	\omega
ζ	\zeta	ν	\nu	ς	\varsigma		
η	\eta	ξ	\xi	τ	\tau		
Γ	\Gamma	Λ	\Lambda	Σ	\Sigma	Ψ	\Psi
Δ	\Delta	Ξ	\Xi	Υ	\Upsilon	Ω	\Omega
Θ	\Theta	Π	\Pi	Φ	\Phi		

图 8.2　amssymb 宏包中的希腊字母符号及代码

注意，amssymb 宏包中的希腊字母符号可以直接利用代码调用。

amsmath 宏包中的希腊字母符号及代码如图 8.3 所示。

Γ	\varGamma	Λ	\varLambda	Σ	\varSigma	Ψ	\varPsi
Δ	\varDelta	Ξ	\varXi	Υ	\varUpsilon	Ω	\varOmega
Θ	\varTheta	Π	\varPi	Φ	\varPhi		

图 8.3　amsmath 宏包中的希腊字母符号及代码

注意，需要先在导言区中调用 amsmath 宏包，然后才可以利用代码调用。

下面通过具体实例来讲解上标、下标和希腊字母的排版方法。

打开 TeXstudio 软件，新建一个文档，在文档中编写如下代码。

```
\documentclass{ctexart}
\usepackage{amsmath}
\begin{document}
    \section*{上标}
    一元二次方程：$ ax^2+ bx + c = 0 \quad (a \ne 0 )$
    \par
    上标的内容(子公式)一般需要用花括号包裹，否则上标只对后面的一个符号起作用。
例如，$ ax^{15} - bx^{12} + cx^{2} + d = 0 $
    \section*{下标}
```

```
    数列的前n项的和：$ S_n = a_1 + a_2 + a_3 + \cdots + a_n $
    \par
    下标的内容(子公式)一般需要用花括号包裹，否则下标只对后面的一个符号起作用。
例如，$ a_1,a_2,a_3,\cdots,a_x,a_{x+1}, a_{x+2},\cdots,a_{x^2+2x+1} $
    \section*{希腊字母}
    amssymb 宏包中的希腊字母符号：$\alpha$ $\beta$ $\gamma$ $\delta$
$\epsilon$ $\varepsilon$ $\zeta$ $\eta$ $\theta$ $\vartheta$ $\iota$
 $\kappa$ $\lambda$ $\mu$ $\nu$ $\xi$ $\o$ $\pi$ $\varpi$ $\rho$
$\varrho$ $\sigma$ $\varsigma$ $\tau$ $\upsilon$ $\phi$ $\varphi$ $\
chi$ $\psi$ $\omega$
    \par
    $\Gamma$ $\Delta$ $\Theta$ $\Lambda$ $\Xi$ $\Pi$ $\Sigma$
$\Upsilon$ $\Phi$ $\Psi$ $\Omega$
    \par
    amsmath 宏包中的希腊字母符号：$\varGamma$ $\varDelta$ $\varTheta$
$\varLambda$ $\varXi$ $\varPi$ $\varSigma$ $\varUpsilon$ $\varPhi$ $
\varPsi$ $\varOmega$
    \par
    圆的周长：$C=\pi d = 2\pi r $
    \par
    圆的面积：$C=\pi r^2 $
    \par
    希腊字母表示的数学公式：$\sin(\alpha \pm \beta)=\sin\alpha\cos
\beta \pm \sin\beta\cos\alpha$
    \end{document}
```

上述代码中，利用\pi 命令显示圆周率π，利用\pm 命令显示±，利用\sin 命令显示正弦函数，利用\cos 命令显示余弦函数。

程序代码编写完成后，单击菜单栏中的"工具/构建并查看"命令（快捷键：F5）或工具栏中的▶按钮，可以看到上标、下标和希腊字母的排版效果如图 8.4 所示。

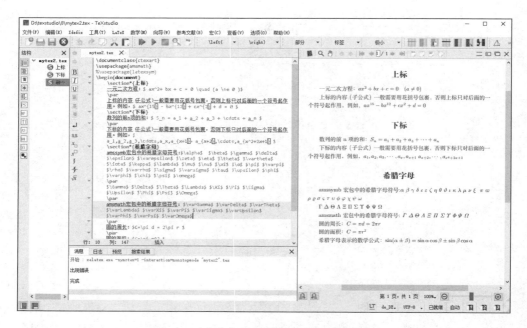

图 8.4　上标、下标和希腊字母的排版效果

8.2.2　分式和根式

在 LaTeX 程序中，使用\frac{分子}{分母}命令来输入分式。分式在行间是正常大小，而在行内是被压缩的。

如果想在行内公式以正常大小显示分式，要先在导言区调用 amsmath 宏包，然后使用该包中的\dfrac 命令即可，代码如下。

一般地，如果 A、B（B 不等于零）表示两个整式，且 B 中含有字母，那么式子$\dfrac{A}{B}$就叫做分式，其中 A 称为分子，B 称为分母。

上述代码中，$\dfrac{A}{B}$就是在行内公式中显示正常大小的分式。

再看如下代码：

用式子表示为,其中A,B,C为整式:$\frac{A}{B} = \frac{A \times C}{B \times C} = \frac{A \div C}{B \div C} \qquad (B \ne 0, C \ne 0)$

在这里行内公式中的分式就被压缩了。

在 LaTeX 程序中，使用\sqrt{...}命令输入根式，在表示 n 次方根时写成 \sqrt[n]{...}，代码如下。

> 根式的运算：\$\sqrt{8}=2\sqrt{2}\$\qquad \$\sqrt{\dfrac{a}{2}}=\dfrac{\sqrt{2a}}{2}\$

下面通过具体实例来讲解分式和根式排版方法。

打开 TeXstudio 软件，新建一个文档，在文档中编写如下代码。

```
\documentclass{ctexart}
\usepackage{amsmath}
\begin{document}
    \section*{分式}
    一般地，如果 A、B（B 不等于零）表示两个整式，且 B 中含有字母，那么式子
$\dfrac{A}{B}$就叫做分式，其中 A 称为分子，B 称为分母。
    \par
    分式的分子和分母同时乘以（或除以）同一个不为 0 的整式，分式的值不变。用式
子表示为$\frac{A}{B} = \frac{A \times C }{B \times C} = \frac{A \div C }{B \div C} \qquad (B \ne 0, C \ne 0 )$,其中A,B,C为整式。
    \section*{根式}
    根式的运算：$\sqrt{8}=2\sqrt{2}$\qquad $\sqrt{\dfrac{a}{2}}=\dfrac{\sqrt{2a}}{2}$
    \par
    n 次方根的运算：$\sqrt[3]{8}=2$\qquad $\sqrt[4]{81}=4$
    \par
    正余弦的半角公式：$\sin\dfrac{\alpha}{2}=\pm \sqrt{\dfrac{1-\cos\alpha}{2}}$ \qquad $\cos\dfrac{\alpha}{2}=\pm \sqrt{\dfrac{1+\cos\alpha}{2}}$
    \par
    正切的半角公式：$\tan\dfrac{\alpha}{2} =\pm \sqrt{\dfrac{1-\cos\alpha}{1+\cos\alpha}} = \dfrac{1-\cos\alpha}{\sin\alpha} = \dfrac{\sin\alpha}{1+\cos\alpha} $
    \par
    余切的半角公式：$\cot\dfrac{\alpha}{2} = \pm \sqrt{\dfrac{1+\cos\alpha}{1-\cos\alpha}}= \dfrac{\sin\alpha}{1-\cos\alpha} = \dfrac
```

```
{1+\cos\alpha}{\sin\alpha} $
    \end{document}
```

程序代码编写完成后，单击菜单栏中的"工具/构建并查看"命令（快捷键：F5）或工具栏中的 ▶ 按钮，可以看到分式和根式的排版效果如图 8.5 所示。

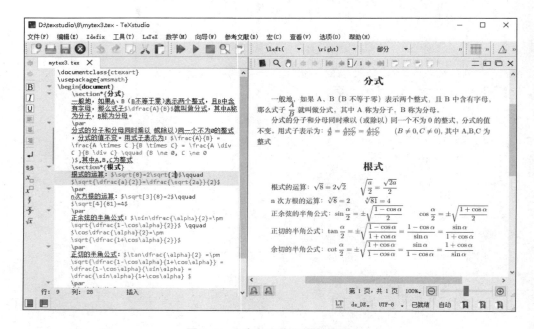

图 8.5　分式和根式的排版效果

8.2.3　运算符

在 LaTeX 程序中，除直接用键盘可以输入的 +、−、*、=运算符号外，其他常用的运算符号可以通过命令输入，例如，乘号×(\times)、除号÷(\div)、点乘·(\cdot)、加减号±(\pm)/∓(\mp)等。运算符及其对应的命令如图 8.6 所示。

需要注意，在应用各种运算符之前，要先调用 amsmath 和 amssymb 宏包，\Varnothing 命令在 amssymb 宏包中。

+	+	−	-	◁	\triangleleft
±	\pm	∓	\mp	▷	\triangleright
·	\cdot	÷	\div	⋆	\star
×	\times	\	\setminus	∗	\ast
∪	\cup	∩	\cap	∘	\circ
⊔	\sqcup	⊓	\sqcap	•	\bullet
∨	\vee, \lor	∧	\wedge, \land	⋄	\diamond
⊕	\oplus	⊖	\ominus	⊎	\uplus
⊙	\odot	⊘	\oslash	⨿	\amalg
⊗	\otimes	○	\bigcirc	†	\dagger
△	\bigtriangleup	▽	\bigtriangledown	‡	\ddagger
⊲	\lhd$^\ell$	⊳	\rhd$^\ell$	≀	\wr
⊴	\unlhd$^\ell$	⊵	\unrhd$^\ell$		

图 8.6 运算符及其对应的命令

下面通过具体实例来讲解运算符的具体使用方法。

打开 TeXstudio 软件，新建一个文档，在文档中编写如下代码。

```
\documentclass{ctexart}
\usepackage{amsmath}
\usepackage{amssymb}
\begin{document}
    \section*{加减运算符}
    加法：$(a+b)=a^2+2ab+b^2$
    \par
    减法：$(a-b)=a^2-2ab+b^2$
    \par
    $a^2-b^2=(a+b)(a-b)$
    \par
    $a^3 \pm b^3 = (a \pm b)(a^2 \mp ab +b^2)$
    \section*{乘除运算符}
    乘法：$a^m \times a^n = a^{m+n}$
    \par
    除法：$a^m \div a^n = a^{m-n}$
```

```
        \par
        $\sqrt{48} \div \sqrt{3} - \sqrt{\dfrac{1}{2}} \times \sqrt{12}
+\sqrt{24}$
        \par
        $\dfrac{1}{4}   \sqrt{8}   \div   2\sqrt{\dfrac{1}{2}}   \times
(-2\sqrt{2})$
        \par
        $\sqrt{7} \div \sqrt{3} \times 3 \cdot 5 \div 2\sqrt{7}$
        \section*{集合运算符}
        交换律: $A \cup B = B \cup A $ \qquad $A \cap B = B \cap A $
        \par
        分配律: $A \cap (B \cup C)= (   A \cup B) \cap (A \cup C) $
        \par
        同一律: $A \cup \varnothing =A $
        \par
        零一律: $A \cap \varnothing =\varnothing $
\end{document}
```

程序代码编写完成后,单击菜单栏中的"工具/构建并查看"命令(快捷键:F5)或工具栏中的 ▶ 按钮,可以看到各种运算符的排版效果如图 8.7 所示。

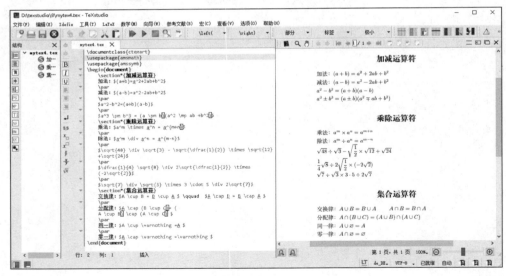

图 8.7　各种运算符的排版效果

8.2.4 关系符

在 LaTeX 程序中，除可以直接输入的=、>、<关系符号外，其他关系符可以通过命令输入，常用的有不等号≠(\ne)、大于等于号≥(\ge)、小于等于号≤(\le)、约等号≈(\approx)、恒等于号≡(\equiv)、正比∝(\propto)、相似~(\sim)等。关系符及其对应的命令如图 8.8 所示。

<	<	>	>	=	=
≤	\leq or \le	≥	\geq or \ge	≡	\equiv
≪	\ll	≫	\gg	≐	\doteq
≺	\prec	≻	\succ	∼	\sim
≼	\preceq	≽	\succeq	≃	\simeq
⊂	\subset	⊃	\supset	≈	\approx
⊆	\subseteq	⊇	\supseteq	≅	\cong
⊏	\sqsubset$^\ell$	⊐	\sqsupset$^\ell$	⋈	\Join$^\ell$
⊑	\sqsubseteq	⊒	\sqsupseteq	⋈	\bowtie
∈	\in	∋	\ni, \owns	∝	\propto
⊢	\vdash	⊣	\dashv	⊨	\models
∣	\mid	∥	\parallel	⊥	\perp
⌣	\smile	⌢	\frown	≍	\asymp
:	:	∉	\notin	≠	\neq or \ne

图 8.8　关系符及其对应的命令

下面通过具体实例来讲解关系符的具体使用方法。

打开 TeXstudio 软件，新建一个文档，在文档中编写如下代码。

```
\documentclass{ctexart}
\usepackage{amsmath}
\begin{document}
    \section*{常用关系符}
    等于：$ 1+2+3+\cdots+n-2+n-1+n = \dfrac{n \times (n+1)}{2} $
    \par
    不等于：$ 2 \ne 3 $
    \par
```

```
        大于、大于等于：$a+b>c$ \qquad $|a-b| \ge |a|-|b|$
        \par
        小于、小于等于：$|a|<|a|+|b|$ \qquad $-|a| \le a \le |a|$
        \par
        约等于：$\pi \approx 3.14$
        \par
        全等：$\bigtriangleup ABC \cong \bigtriangleup A^{'}B^{'}C^{'}$
        \par
        相似：$\bigtriangleup ABC  \sim \bigtriangleup A^{'}B^{'}C^{'}$
        \par
        子集：${\{a,b\}} \subset {\{a,b,c\}}$ \qquad ${\{a,b,c,d\}} \supset {\{a,b,c\}}$
        \par
        in 运算：${\{a\}} \in {\{a,d,e,f\}}$ \qquad ${\{c\}} \notin {\{a,d,e,f\}}$
        \end{document}
```

程序代码编写完成后，单击菜单栏中的"工具/构建并查看"命令（快捷键：F5）或工具栏中的 ▶ 按钮，可以看到常用关系符的排版效果如图8.9所示。

图8.9　常用关系符的排版效果

8.2.5 数学函数

在 LaTeX 程序中，一般会将数学函数的表达式作为运算符排版，字体为正体。其中有一部分符号在上下位置可以书写一些内容作为条件。

LaTeX 程序中不带上下限的数学函数及对应的命令如图 8.10 所示。

\sin	\arcsin	\sinh	\exp	\dim
\cos	\arccos	\cosh	\log	\ker
\tan	\arctan	\tanh	\lg	\hom
\cot	\arg	\coth	\ln	\deg
\sec	\csc			

图 8.10　不带上下限的数学函数及对应的命令

LaTeX 程序中带上下限的数学函数及对应的命令如图 8.11 所示。

| \lim | \limsup | \liminf | \sup | \inf |
| \min | \max | \det | \Pr | \gcd |

图 8.11　带上下限的数学函数及对应的命令

下面通过具体实例来讲解数学函数的排版方法。

打开 TeXstudio 软件，新建一个文档，在文档中编写如下代码。

```
\documentclass{ctexart}
\usepackage{amsmath}
\begin{document}
    \section*{三角函数}
    正弦、余弦函数：$ y = \sin(x) $ \qquad $ y =\cos(x) $
    \par
    正切、余切函数：$ y = \tan(x) $ \qquad $ y =\cot(x) $
    \par
    正割、余割函数：$ y = \sec(x) $ \qquad $ y =\csc(x) $
    \par
    反正弦、反余弦余角关系：$ \arcsin(x) + \arccos(x) = \dfrac{\pi}{2} $
```

```
\section*{对数函数}
一般对数函数：$ y=\log_ax $
\par
以 e 为底的对数函数 $ y=\ln x $
\par
以 10 为底的对数函数 $ y=\lg x $
\par
换底公式：$ \log_\alpha x = \dfrac{\log_\beta x}{\log_\beta \alpha} $
\section*{带上下限的数学函数}
极限函数：$ \lim _{ x \rightarrow x_0} f(x) =A  $ \qquad  $\lim_{x \rightarrow 0}\frac{\sin x}{x}=1$
\par
最大值函数：$ \max{\{10,20,5,8\}} =20 $
\par
最小值函数：$ \min{\{10,20,5,8\}} =5 $
\end{document}
```

程序代码编写完成后，单击菜单栏中的"工具/构建并查看"命令（快捷键：F5）或工具栏中的 ▶ 按钮，可以看到各种数学函数的排版效果如图 8.12 所示。

图 8.12　各种数学函数的排版效果

8.2.6 求导和巨算符

在 LaTeX 程序中，导数符号(′) 是一类特殊的上标，可以适当连用表示多阶导数，代码如下。

```
$ f(x)=x^2 \qquad f'(x)= 2x \qquad f''(x) = 4 $
```

积分符号∫(\int)、求和符号Σ(\sum) 等符号称为巨算符。在 LaTeX 程序中，巨算符及对应的命令如图 8.13 所示。

Σ	Σ	\sum	∪	⋃	\bigcup	∨	⋁	\bigvee
Π	Π	\prod	∩	⋂	\bigcap	∧	⋀	\bigwedge
⊔	⊔	\coprod	⊔	⨆	\bigsqcup	⊎	⨄	\biguplus
∫	∫	\int	∮	∮	\oint	⊙	⨀	\bigodot
⊕	⨁	\bigoplus	⊗	⨂	\bigotimes			
∬	∬	\iint	∭	∭	\iiint	⨌	⨌	\iiiint
∫⋯∫	∫⋯∫	\idotsint						

图 8.13 巨算符及对应的命令

需要注意，要调用\iint、\iiint、\iiiint、\idotsint 命令，需要先调用 amsmath 宏包。

下面通过具体实例来讲解求导和运算符的排版方法。

打开 TeXstudio 软件，新建一个文档，在文档中编写如下代码。

```
\documentclass{ctexart}
\usepackage{amsmath}
\begin{document}
    \section*{求导和微积分}
    $f(x)=x^2 \qquad f'(x)= 2x \qquad f''(x) = 4 $
    \par
    $ (C)' =0 \qquad d_c =0 $
    \par
    $ (uv)' = u'v + uv' \qquad d_(uv)=vd_u + ud_v $
    \par
```

```
        $ (\dfrac{u}{v})'= \dfrac{uv'-vu'}{v^2}   \qquad d_(\dfrac{u}{v})
= \dfrac{vd_u-ud_v}{v^2} $
        \section*{巨算符}
        \[\sum_{i=1}^n (2k+1) = 3+5+\cdots+(2n+1)\]
        \[\sum_{i=1}^n k^2 = 1^2+2^2+3^2+\cdots+n^2\]
        \[ \int d_u = u +C  \]
        \[ \int u^m d_u = \dfrac{u^(m+1)}{m+1} +C  \]
        \[ \oint _c M d_x + N d_y = \iint _R (N_x - M_y)dA\]
\end{document}
```

程序代码编写完成后，单击菜单栏中的"工具/构建并查看"命令（快捷键：F5）或工具栏中的 ▶ 按钮，可以看到求导和巨算符的排版效果如图 8.14 所示。

图 8.14 求导和巨算符的排版效果

8.2.7　数学重音和箭头

在 LaTeX 程序中，数学符号可以像文字一样加重音和箭头，例如，表示向量的箭头$\vec{r}$(\vec{r})、表示单位向量的符号$\hat{\mathbf{e}}$(\hat{\mathbf{e}})等。

在 LaTeX 程序中，能为多个字符加重音，包括直接画线的\overline 和\underline 命令（可叠加使用）、宽重音符号\widehat 命令、表示向量的箭头\overrightarrow 命令等；还可以利用\overbrace 和\underbrace 命令生成上括号和下括号，各自可带一个上标公式和下标公式。数学重音及对应的命令如图 8.15 所示。

$\hat{a}$	\hat{a}	$\check{a}$	\check{a}	$\tilde{a}$	\tilde{a}
$\acute{a}$	\acute{a}	$\grave{a}$	\grave{a}	$\breve{a}$	\breve{a}
$\bar{a}$	\bar{a}	$\vec{a}$	\vec{a}	$\mathring{a}$	\mathring{a}
$\dot{a}$	\dot{a}	$\ddot{a}$	\ddot{a}	$\dddot{a}$	\dddot{a}
$\ddddot{a}$	\ddddot{a}				
$\widehat{AAA}$	\widehat{AAA}	$\widetilde{AAA}$	\widetilde{AAA}	$\overparen{AAA}$	\wideparen{AAA}

图 8.15 数学重音及对应的命令

在 LaTeX 程序中，常用的箭头命令包括\rightarrow（→，或\to）、\leftarrow（←，或\gets）等。箭头及对应的命令如图 8.16 所示。

另外，使用 amsmath 宏包中的\xleftarrow 和\xrightarrow 命令提供了长度可以伸展的箭头，并且可以为箭头增加上下标。

←	\leftarrow or \gets	⟵	\longleftarrow
→	\rightarrow or \to	⟶	\longrightarrow
↔	\leftrightarrow	⟷	\longleftrightarrow
⇐	\Leftarrow	⟸	\Longleftarrow
⇒	\Rightarrow	⟹	\Longrightarrow
⇔	\Leftrightarrow	⟺	\Longleftrightarrow
↦	\mapsto	⟼	\longmapsto
↩	\hookleftarrow	↪	\hookrightarrow
↼	\leftharpoonup	⇀	\rightharpoonup
↽	\leftharpoondown	⇁	\rightharpoondown
⇌	\rightleftharpoons	⟺	\iff
↑	\uparrow	↓	\downarrow
↕	\updownarrow	⇑	\Uparrow
⇓	\Downarrow	⇕	\Updownarrow
↗	\nearrow	↘	\searrow
↙	\swarrow	↖	\nwarrow
⇝	\leadsto		

图 8.16 箭头及对应的命令

在 LaTeX 程序中，作为数学重音的箭头符号及对应的命令如图 8.17 所示。

$\overrightarrow{AB}$	\overrightarrow{AB}	$\underrightarrow{AB}$	\underrightarrow{AB}
$\overleftarrow{AB}$	\overleftarrow{AB}	$\underleftarrow{AB}$	\underleftarrow{AB}
$\overleftrightarrow{AB}$	\overleftrightarrow{AB}	$\underleftrightarrow{AB}$	\underleftrightarrow{AB}

图 8.17　数学重音的箭头符号及对应的命令

下面通过具体实例来讲解数学重音和箭头符号的排版方法。

打开 TeXstudio 软件，新建一个文档，在文档中编写如下代码。

```
\documentclass{ctexart}
\usepackage{amsmath}
\begin{document}
    \section*{平面向量的坐标运算}
    (1) 如果 $\bar{a}=(x1,y1),\bar{b}=(x2,y2)$，则 $\bar{a} \pm \bar{b}=(x_1 \pm x_2,y_1 \pm y_2)$
    \par
    (2) 如果 $A(x_1,y_1),B(x_2,y_2)$，则 $\overline{AB}=(x_1-y_1,x_2-y_2) $
    \section*{上下括号}
$\underbrace{\overbrace{(1+2+3)}^6
    \times \overbrace{(1+2+4)}^7}
    _\text{乘法运算} = 42$
    \section*{箭头}
    $a>b,b>c \Rightarrow a>c$
    \par
    $ A \subseteq B \Longleftrightarrow A \cap B = A $
    \par
    $ \alpha \xleftarrow{x+y+z} \beta $
    \par
    $ \alpha \xrightarrow{a \times b \times c} \beta $
\end{document}
```

程序代码编写完成后，单击菜单栏中的"工具/构建并查看"命令（快捷键：F5）或工具栏中的 ▶ 按钮，可以看到数学重音和箭头符号的排版效果如图 8.18 所示。

第 8 章　LaTeX 数学公式排版实战应用

图 8.18　数学重音和箭头符号的排版效果

8.2.8　定界符和其他符号

在 LaTeX 程序中，用来定义公式边界的符号称为定界符，如小括号()、中括号[]、大括号{}（\{ \}）、尖括号 ⟨⟩（\langle \rangle）等。定界符及对应的命令如图 8.19 所示。

(	(	)	)	↑	\uparrow	↓	\downarrow
[	[or \lbrack	]	] or \rbrack	⇑	\Uparrow	⇓	\Downarrow
{	\{ or \lbrace	}	\} or \rbrace	↕	\updownarrow	⇕	\Updownarrow
|	| or \vert	‖	\\| or \Vert	⌈	\lceil	⌉	\rceil
⟨	\langle	⟩	\rangle	⌊	\lfloor	⌋	\rfloor
/	/	\	\backslash				

图 8.19　定界符及对应的命令

用于行间公式的大定界符及对应的命令如图 8.20 所示。

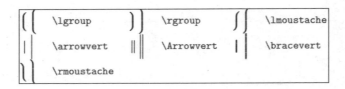

图 8.20 大定界符及对应的命令

在 LaTeX 程序中,使用\left 和\right 命令可改变定界符的大小,这在行间公式中经常用到。LaTeX 程序会自动根据括号内的公式大小决定定界符的大小;另外,\left 命令和\right 命令必须成对使用,需要使用单个定界符时,另一个定界符写成\left.或\right.。

注意,使用\left 命令和\right 命令产生的可变大小的定界符,其中的内容不能换行。

有时,我们可能不需要可变大小的定界符,那么可以使用\big 命令和\bigg 等命令生成固定大小的定界符。注意,使用\big 命令和\bigg 命令创建的定界符,其中的内容可以换行。

在 LaTeX 程序中,还可以输入其他符号。其他符号及对应命令如图 8.21 所示。

...	\dots	⋯	\cdots	⋮	\vdots	⋱	\ddots
ℏ	\hbar	ı	\imath	ȷ	\jmath	ℓ	\ell
ℜ	\Re	ℑ	\Im	ℵ	\aleph	℘	\wp
∀	\forall	∃	\exists	℧	\mho	∂	\partial
′	'	′	\prime	∅	\emptyset	∞	\infty
∇	\nabla	△	\triangle	□	\Box	◇	\Diamond
⊥	\bot	⊤	\top	∠	\angle	√	\surd
♢	\diamondsuit	♡	\heartsuit	♣	\clubsuit	♠	\spadesuit
¬	\neg or \lnot	♭	\flat	♮	\natural	♯	\sharp

图 8.21 其他符号及对应命令

下面通过具体实例来讲解定界符和其他符号的排版方法。

打开 TeXstudio 软件,新建一个文档,在文档中编写如下代码。

```
\documentclass{ctexart}
```

```
\usepackage{amsmath}
\usepackage{amssymb}
\begin{document}
    \section*{定界符}
    $\{[(2+8) \times (-2)] +6 \}\div 2 = -7 $
    \par
    ${x,y,z} \neq \{x,y,z\}$
    \par
    $ \lceil X \rceil  $
    $ \lfloor Y \rfloor $
    \begin{equation}
        \biggl(\sum_{n=1}^{\infty}a_{n}\biggr)^{2}
    \end{equation}
    \begin{equation}
    56 + \left(\frac{1}{1-x^{3}} \right)^2
    \end{equation}
      \begin{equation}
    A = \left\{x \in \mathbb{R}\mid \left(x + 1\right)^{3} > 0\right\}
    \end{equation}
    \begin{equation}
    \left. \frac{\partial \varphi }{\partial z}\middle|_{z=-d}
\right.
    \end{equation}
    \section*{其他符号}
    $ \angle BEO = \angle CFO = RT\angle $
     \par
    $ \triangle BEO  \cong \triangle CFO $
     \par
    $ BF \bot CF $
\end{document}
```

程序代码编写完成后，单击菜单栏中的"工具/构建并查看"命令（快捷键：F5）或工具栏中的 ▶ 按钮，可以看到定界符和其他符号的排版效果如图 8.22 所示。

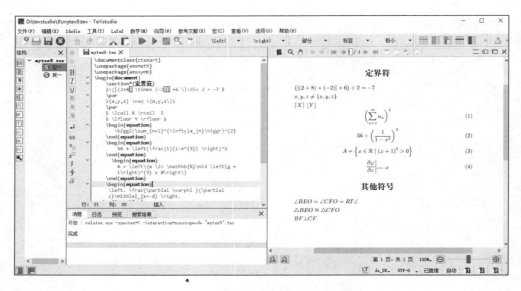

图 8.22　定界符和其他符号的排版效果

8.3　矩阵和数组

前面讲解了 LaTeX 的常用数学符号，下面来进一步讲解 LaTeX 数学中的矩阵和数组排版方法。

8.3.1　矩阵

在 LaTeX 程序中，要对矩阵进行排版，需要先在导言区调用 amsmath 宏包，然后就可以使用各种排版矩阵的环境了。

matrix 环境产生不带定界符的矩阵，其代码如下。

```
\begin{matrix}
    3 & -1 & 2 \\
    1 & 5 & 7 \\
    2 & 4 & 5
\end{matrix}
```

在这里，可以看到 matrix 环境利用"&"来分隔每列数据；利用"\\"来换行。

amsmath 宏包的排版矩阵环境及作用说明如下。

（1）pmatrix 环境，产生定界符为小括号的矩阵。

（2）bmatrix 环境，产生定界符为中括号的矩阵。

（3）Bmatrix 环境，产生定界符为大括号的矩阵。

（4）vmatrix 环境，产生定界符为一竖线的矩阵。

（5）Vmatrix 环境，产生定界符为两竖线的矩阵。

下面通过具体实例来讲解矩阵的排版方法。

打开 TeXstudio 软件。新建一个文档，在文档中编写如下代码。

```
\documentclass{ctexart}
\usepackage{amsmath}
\begin{document}
    \section*{矩阵}
    (1)不带定界符的矩阵:
    \begin{equation}
        \begin{matrix}
            3 & -1 & 2 \\
            1 & 5 & 7 \\
            2 & 4 & 5
        \end{matrix}
    \end{equation}
    \par
    (2)产生定界符为小括号的矩阵:
    \begin{equation}
        A=
        \begin{pmatrix}
            3 & -1 & 2 \\
            1 & 5 & 7 \\
            2 & 4 & 5
        \end{pmatrix}
    \end{equation}
     \par
```

(3) 产生定界符为中括号的矩阵：

```
\begin{equation}
B=
\begin{bmatrix}
    b_{11} & b_{12} &\cdots &b_{1n} \\
    b_{21} & b_{22} &\cdots &b_{2n} \\
    \vdots & \vdots & & \vdots  \\
    b_{m1} & b_{m2} &\cdots &b_{mn}
\end{bmatrix}
\end{equation}
 \par
```

(4) 产生定界符为大括号和一竖线的矩阵：

```
\begin{equation}
\begin{Bmatrix}
2 & 4 & 3 \\
0 & -2 & 8
\end{Bmatrix}
    ^T =
    \begin{vmatrix}
    2 & 0 \\
    4 & -2 \\
    3 & 8
    \end{vmatrix}
\end{equation}
 \par
```

(5) 产生定界符为两竖线的矩阵：

```
\begin{equation}
P =
\begin{Vmatrix}
   x_{11} & x_{12} & \ldots & x_{1n}\\
   x_{21} & x_{22} & \ldots & x_{2n}\\
   \vdots & \vdots & \ddots & \vdots\\
   x_{n1} & x_{n2} & \ldots & x_{nn}\\
\end{Vmatrix}
\end{equation}
\end{document}
```

程序代码编写完成后，单击菜单栏中的"工具/构建并查看"命令（快捷键：

F5）或工具栏中的 ▶ 按钮，可以看到矩阵的排版效果如图 8.23 所示。

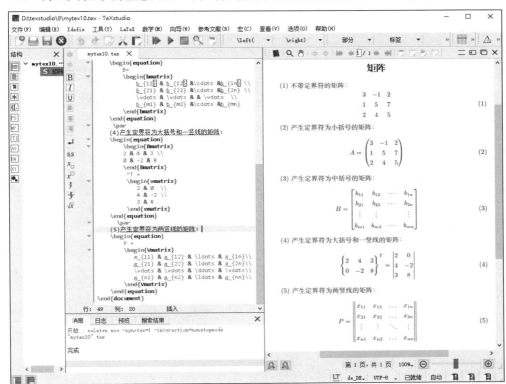

图 8.23　矩阵的排版效果

8.3.2　数组

在 LaTeX 程序中，可以利用 array 环境排版二维数组。array 环境与 tabular 环境非常相似，需要定义列格式，再利用"\\"换行。

需要注意的是，数组可作为一个公式块，在外套用\left、\right 等定界符，还可以利用\left.、\right.产生单边定界符。

下面通过具体实例来讲解数组的排版方法。

打开 TeXstudio 软件，新建一个文档，在文档中编写如下代码。

```
\documentclass{ctexart}
```

```
\usepackage{amsmath}
\begin{document}
    \section*{二维数组}
    不带有括号的二维数组：
    \begin{displaymath}
        a[3][4] =
        \begin{array}{cccc}
            3 & -1 & 2 & 4 \\
            1 & 5 & 7 & 9\\
            2 & 4 & 5 & 8
        \end{array}
    \end{displaymath}
    \par
    带有大括号的二维数组：
    \begin{displaymath}
        a[3][4] = \left \{
        \begin{array}{cccc}
            3 & -1 & 2 & 4 \\
            1 & 5 & 7 & 9\\
            2 & 4 & 5 & 8
        \end{array}
    \right \}
    \end{displaymath}
    \par
    单边定界符的应用：
\begin{displaymath}
|a| = \left\{
\begin{array}{rl}
    -a & \text{当a为负数时，即} a < 0,\\
    0 & \text{当a为零时，即} a = 0,\\
    a & \text{当a为正数时，即} a > 0.
\end{array} \right.
\end{displaymath}
\par
带有横竖线的数组：
\begin{displaymath}
    a[2][2] =
```

```
      \begin{array}{c|c}
        \dfrac{\partial^2 f}{\partial x^2} & \dfrac{\partial^2 f}
        {\partial x \partial y}  \\[8pt]
        \hline \\[-10pt]
        \dfrac{\partial^2 f}
        {\partial x \partial y}  & \dfrac{\partial^2 f}{\partial y^2}
      \end{array}
   \end{displaymath}
\end{document}
```

需要注意的是,在数学模式下输入普通文字,要调用\text命令,利用"\\"分行后,可以在其后添加行间距,如\\[8pt]。

程序代码编写完成后,单击菜单栏中的"工具/构建并查看"命令(快捷键:F5)或工具栏中的 ▶ 按钮,可以看到数组的排版效果如图8.24所示。

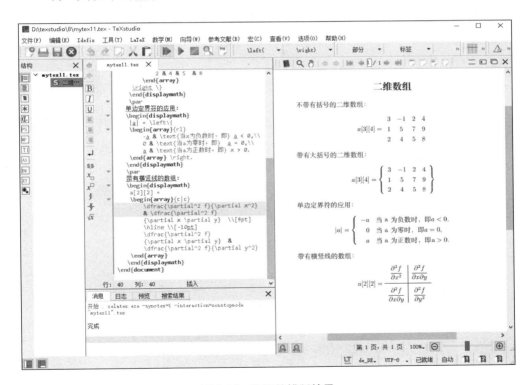

图 8.24 数组的排版效果

8.4 多行公式和长公式折行排版

在 LaTeX 程序中，利用 gather 环境实现多行公式排版。需要注意，当利用 gather 环境实现多行公式排版时，会自动添加编号，如果某一个公式不想添加编号，可以在其后添加\notag 命令，如果所有公式都不添加编号，则要使用 gather*环境。

在多行公式排版中，如果想让等号对齐，则需要使用 align 环境。在该环境下，使用 "&" 符号进行等号对齐。需要注意的是，将多个公式组合在一起共用一个编号，编号位于公式的居中位置。这需要利用 aligned、gathered 等环境，与 equation 环境套用。以 -ed 结尾的环境用法与不以-ed 结尾的环境用法一一对应，这里不再详述。

通常应当避免写出超过一行而需要折行的长公式。如果一定要折行的话，习惯上优先在等号之前折行，其次在加号、减号之前，再次在乘号、除号之前，其他位置应当避免折行。

在 LaTeX 程序中，利用 multline 环境可以实现折行长公式的输入，即环境允许用 "\\" 折行，将公式编号放在最后一行。多行公式的首行左对齐，末行右对齐，其余行居中。

下面通过具体实例来讲解多行公式和长公式折行的排版方法。

打开 TeXstudio 软件，新建一个文档，在文档中编写如下代码。

```
\documentclass{ctexart}
\usepackage{amsmath}
\begin{document}
    \section*{多行公式}
    带编号的多行公式：
    \begin{gather}
        a^2+b^2 = c^2 \\
        a^2 - b^2 = (a+b) \times (a -b) \\
        a^3 - b^3 = (a-b) \times (a^2+ab+b^2)   \notag \\
        a^3 + b^3 = (a+b) \times (a^2-ab+b^2)
    \end{gather}
```

```
    \par
无编号的多行公式：
    \begin{gather*}
    a^2+b^2 = c^2 \\
    a^2 - b^2 = (a+b) \times (a -b)
    \end{gather*}
    \par
等号对齐的带编号的多行公式：
\begin{align}
    \cos 2 \alpha & = 2cos \alpha ^2 - 1 \\
        & = 1 - 2 \sin \alpha ^2 \\
        & = \cos \alpha ^2 - \sin \alpha ^2
\end{align}
    \par
等号对齐的只有一个编号的多行公式：
\begin{equation}
    \begin{aligned}
    \cos 2 \alpha & = 2cos \alpha ^2 - 1 \\
        & = 1 - 2 \sin \alpha ^2 \\
        & = \cos \alpha ^2 - \sin \alpha ^2
    \end{aligned}
\end{equation}
    \par
长公式折行：
\begin{multline}
    \int_a^b  f(x)  \approx  \dfrac{b-a}{3n}    [(y_0+y_n)  \\
+2(y_2+y_4+\cdots+y_{n-2}) \\
    +4(y_1+y_3+\cdots+y_{n-1}) ]
\end{multline}
\end{document}
```

程序代码编写完成后，单击菜单栏中的"工具/构建并查看"命令（快捷键：F5）或工具栏中的 ▶ 按钮，可以看到多行公式和长公式折行的排版效果如图8.25所示。

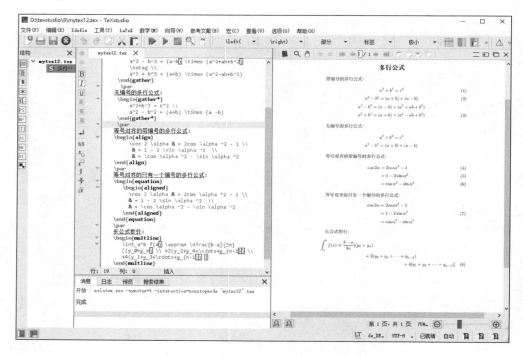

图 8.25　多行公式和长公式折行的排版效果

8.5　定理和定理符号排版

在 LaTeX 程序中，利用\newtheorem 命令提供定理环境的定义，其语法格式如下。

```
\newtheorem{⟨theorem environment⟩}{⟨title⟩}[⟨section-level⟩]
```

或

```
\newtheorem{⟨theorem environment⟩}[⟨counter⟩]{⟨title⟩}
```

语法中各参数意义如下。

（1）⟨theorem environment⟩：用来设置定理环境的名称。

（2）⟨title⟩：用来设置定理环境的标题。

（3）⟨section-level⟩：用来设置章节级别，如 chapter、section 等，定理序号

成为章节的下一级序号。

（4）⟨counter⟩：是使用\newcounter 命令自定义的计数器的名称，定理序号由这个计数器管理。注意，⟨counter⟩参数不能与⟨section-level⟩一起使用。如果两个可选参数都不用的话，则使用默认的与定理环境同名的计数器。

另外，amsthm 还提供了一个 proof 环境用于排版定理的证明过程。proof 环境末尾自动加上一个证毕符号"□"，其语法格式如下。

```
\begin{proof}
……
\end{proof}
```

下面通过具体实例来讲解定理和定理符号的排版方法。

打开 TeXstudio 软件，新建一个文档，在文档中编写如下代码。

```
\documentclass{ctexart}
\usepackage{amsthm }
\newcounter{a}
    \begin{document}
    \section*{定理}
    \newtheorem{mythm}{菱形性质定理}[section]
    \begin{mythm}
        菱形的四条边都相等
    \end{mythm}
    \begin{mythm}
        菱形的对角线互相垂直，并且每一条对角线平分一组对角
    \end{mythm}
    \begin{mythm}
        菱形面积=对角线乘积的一半，即$ S = (a \times b) \div 2 $
    \end{mythm}
    \par\par
    \newtheorem{mythma}{推论}
    \begin{mythma}
        直角三角形的两个锐角互余
    \end{mythma}
    \begin{mythma}
        三角形的一个外角等于和它不相邻的两个内角的和
```

```
        \end{mythma}
        \par\par
        \newtheorem{mythmb}[a]{等腰梯形判定定理}
        \begin{mythmb}
        在同一底上的两个角相等的梯形是等腰梯形
        \end{mythmb}
        \begin{mythmb}
        对角线相等的梯形是等腰梯形
        \end{mythmb}
        \section*{证明完毕符号}
        \begin{proof}
            \[    a^2 + b^2 = c^2    \]
            证明完毕。
        \end{proof}
\end{document}
```

注意，要在导言区调用 amsthm 宏包，这样才可以使用 proof 环境。

程序代码编写完成后，单击菜单栏中的"工具/构建并查看"命令（快捷键：F5）或工具栏中的 ▶ 按钮，可以看到定理和定理符号的排版效果如图 8.26 所示。

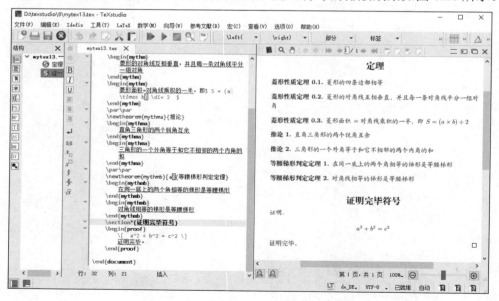

图 8.26　定理和定理符号的排版效果

第 9 章

LaTeX 参考文献排版实战应用

参考文献排版是 LaTeX 程序的主要功能之一，LaTeX 实现了自动化的参考文献排版。

本章主要内容包括：

- ✓ thebibliography 环境。
- ✓ 简单参考文献的定义与引用实例。
- ✓ BibTeX 内各参考文献条目的语法格式。
- ✓ 引用 BibTeX 中的参考文献。
- ✓ 引用参考文献条目的技巧。
- ✓ 显示所有参考文献。
- ✓ BibLaTeX 管理参考文献实例。

9.1 常规的参考文献排版

下面先来介绍一下常规的参考文献排版，即一次管理一次使用。

9.1.1 thebibliography 环境

在 LaTeX 程序中，常规参考文献排版需要使用 thebibliography 环境。每条参考文献由\bibitem 命令开头，其后是参考文献的内容，具体语法格式如下。

```
\begin{thebibliography}{⟨widest label⟩}
    \bibitem[⟨item number⟩]{⟨citation⟩} ...
\end{thebibliography}
```

语法中各参数意义如下。

（1）⟨widest label⟩：用来设置参考文献序号的宽度，如"999"意味着参考文献的个数不超过三位数字。一般情况下，该参数与参考文献的数目一致。

（2）⟨item number⟩：用来自定义参考文献的序号，如果省略，则按自然排序给定参考文献序号。

（3）⟨citation⟩：是参考文献的标签，也是要在正文中使用\cite 命令引用的标签。

需要注意的是，在 article 文档类中，thebibliography 环境自动生成不带编号的节，节标题默认为"Reference"。在 report 或 book 类文档中，thebibliography 环境自动生成不带编号的一章，章标题默认为"Bibliography"。

如果是中文文档类型，即 ctexart、ctexrep、ctexbook，标题都为"参考文献"。如果参考文献的某部分内容需要强调，可以使用\emph 命令。

9.1.2 简单参考文献的定义与引用实例

下面通过具体实例来讲解简单参考文献的定义与引用方法。

打开 TeXstudio 软件，新建一个文档，在文档中编写如下代码。

```
\documentclass{ctexart}
\begin{document}
```

```
\section*{调用参考文献}
这段文字出自\cite{myart2}
\begin{thebibliography}{99}
    \bibitem{myart1} 刘国钧,陈绍业. 图书馆目录[M]. 北京：高等教育出版社,1957.
    \bibitem{myart2} 李晓波,王征. 图书馆目录[M]. 北京：铁道出版社,2015.
    \bibitem{myart3} 周峰,周俊庆. 图书馆目录[M]. \emph{北京：电子工业出版社},2018.
    \bibitem{myart4} Gill,R. Mastering English Literature[M]. London: Macmillan,1985.
    \bibitem{myart5} French,W. Between Silences: A Voice from China[N]. Atlantic Weekly,1987-8-15.
\end{thebibliography}
\end{document}
```

程序代码编写完成后，单击菜单栏中的"工具/构建并查看"命令（快捷键：F5）或工具栏中的 按钮，可以看到简单参考文献的调用与排版效果如图 9.1 所示。

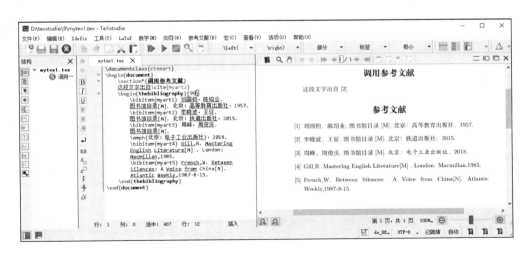

图9.1　简单参考文献的调用与排版效果

9.2 BibTeX

在 LaTeX 程序中，BibTeX 是流行的参考文献数据组织格式之一。BibTeX 的出现让用户摆脱手写参考文献条目的麻烦。用户利用参考文献样式，可以把同一份 BibTeX 生成不同样式的参考文献列表。

9.2.1 BibTeX 内各参考文献条目的语法格式

BibTeX 以 .bib 作为扩展名，其内容是若干个参考文献条目，每个参考文献条目的语法格式如下。

```
@⟨type⟩{
    ⟨citation⟩,
    ⟨key1⟩ = {⟨value1⟩},
    ⟨key2⟩ = {⟨value2⟩},
    ...
}
```

语法中各参数意义如下。

（1）⟨type⟩：为文献的类别，例如，article 为学术论文，book 为书籍，incollection 为论文集中的某一篇等。

（2）⟨citation⟩：为 \cite 命令使用的文献标签。在 ⟨citation⟩ 之后为条目里的各个字段，以 ⟨key⟩ = {⟨value⟩} 的形式组织。

下面来看一下不同文献类型所要列举的文献条目。

（1）article 学术论文，需要字段有 author、title、journal、year，可选字段有 volume 或 number、pages、doi 等。

（2）book 书籍，需要字段有 author/editor、title、publisher、year，可选字段包括 volume 或 number、series、address 等。

（3）incollection 论文集中的一篇，需要字段有 author、title、booktitle、publisher、year，可选字段包括 editor、volume 或 number、chapter、pages、address 等。

下面具体讲解如何利用 BibTeX 管理参考文献。

单击菜单栏中的"选项"菜单,弹出下一级子菜单,如图 9.2 所示。

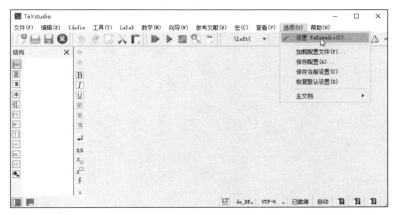

图 9.2　下一级子菜单

在弹出的下一级子菜单中,选择"设置 TeXstudio"命令,弹出"设置 TeXstudio"对话框,如图 9.3 所示。

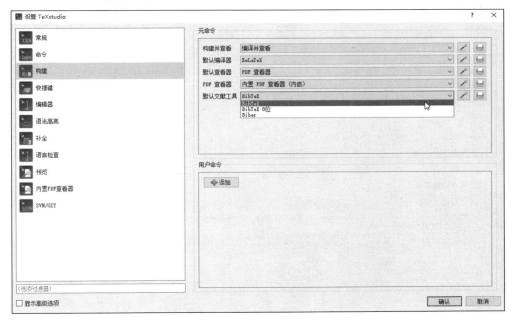

图 9.3　"设置 TeXstudio"对话框

单击左侧列表框中的"构建"选项,然后单击"默认文献工具"对应的下拉按钮,选择"BibTeX"。设置好后,单击"确认"按钮即可。接下来就可以编写 BibTeX 数据库文件了。

打开 TeXstudio 软件,新建一个文档,在文档中编写如下代码。

```
@book{mybook1,
    title = {Visual Basic 案例开发集锦},
    author = {周峰、李德路},
    year = {2005},
    month = {6},
    publisher = {电子工业出版社},
    address = {430}
}
```

BibTeX 数据库编写完成后,单击菜单栏中的"文件/保存"命令(快捷键:Ctrl+S),弹出"另存为"对话框,单击"保存"按钮即可,如图 9.4 所示。

图 9.4 保存 BibTeX 数据库

提醒:文件名一定要有后缀 bib。

9.2.2 引用 BibTeX 中的参考文献

引用 BibTeX 中的参考文献,首先在导言区利用\bibliographystyle 命令使用不同样式的参考文献,其语法格式如下。

```
\bibliographystyle{⟨bst-name⟩}
```

其中,参数⟨bst-name⟩为 .bst 样式文件的名称,但不要带 .bst 扩展名。参考文献的常用样式如下。

(1) plain:按字母的顺序排列,即顺序为作者、年度和标题(常用于日常书写)。

(2) unsrt:按照引用的先后顺序排列,样式与 plain 相同。

(3) alpha:用作者名首字母+年份后两位作标号,以字母顺序排序(常用于日常书写)。

(4) Abbrv:类似 plain,将月份全拼改为缩写,更显紧凑。

(5) ieeetr:国际电气电子工程师协会期刊样式(IEEE 论文)。

(6) acm:美国计算机学会期刊样式。

(7) siam:美国工业和应用数学学会期刊样式。

(8) apalike,美国心理学学会期刊样式。

设置样式后,就可以在正文区中利用\cite 命令引用参考文献。

最后,在需要列出参考文献的位置,使用 \bibliography 命令代替 thebibliography 环境,其语法格式如下。

```
\bibliography{⟨bib-name⟩}
```

其中,⟨bib-name⟩是 BibTeX 数据库的文件名,但不要带.bib 扩展名。

下面通过具体实例讲解如何引用 BibTeX 中的参考文献。

打开 TeXstudio 软件，新建一个文档，在文档中编写如下代码。

```
\documentclass{ctexart}
\bibliographystyle{plain}
\begin{document}
    \section*{引用BibTeX中的参考文献}
    一些非常经典的编程图书，例如 \cite{mybook1}
    \bibliography{book1}
\end{document}
```

程序代码编写完成后，单击菜单栏中的"工具/构建并查看"命令（快捷键：F5）或工具栏中的 ▶ 按钮，可以看到引用的 BibTeX 中的参考文献的效果如图 9.5 所示。

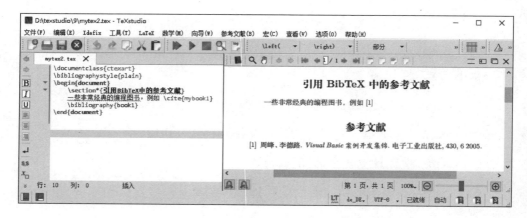

图 9.5　引用的 BibTeX 中的参考文献的效果

9.2.3　引用参考文献条目的技巧

引用参考文献条目有很多技巧，在这里重点介绍两种，分别是利用 TeXstudio 软件插入参考文献条目和通过"百度网"引用参考文献。

1. 利用 TeXstudio 软件插入参考文献条目

打开 TeXstudio 软件后单击菜单栏中的"参考文献"命令，弹出下一级子菜单，如图9.6所示。

图 9.6　参考文献的下一级子菜单

在这里，可以插入期刊论文、文集、书籍、册子、技术文档等多种参考文献。

即假如插入书籍的参考文献，在下拉菜单中单击"书籍"命令，就可以看到插入的书籍的参考文献，代码如下。

```
@Book{ID,
    ALTauthor = {author},
    ALTeditor = {editor},
    title = {title},
    publisher = {publisher},
    year = {year},
    OPTkey = {key},
    OPTvolume = {volume},
    OPTnumber = {number},
    OPTseries = {series},
    OPTaddress = {address},
    OPTedition = {edition},
    OPTmonth = {month},
    OPTnote = {note},
    OPTannote = {annote},
}
```

接下来修改相关参考文献条目，代码如下。

```
@Book{mybook2,
    author = {王真、李平},
    title = {办公软件从入门到精通},
    publisher = {人民邮电出版社},
    year = {2020},
}
```

接下来在 mytex2 正文中引用刚编写的文档，代码如下。

```
\documentclass{ctexart}
\bibliographystyle{plain}
\begin{document}
    \section*{引用BibTeX中的参考文献}
    一些非常经典的编程图书，例如 \cite{mybook1}
    \par
    一些非常好的办公软件图书，例如\cite{mybook2}
    \bibliography{book1}
\end{document}
```

程序代码编写完成后，单击菜单栏中的"工具/构建并查看"命令（快捷键：F5）或工具栏中的 ▶ 按钮，可以看到刚插入的参考文献的排版效果如图 9.7 所示。

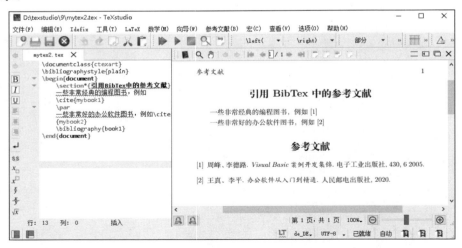

图 9.7　刚插入的参考文献的排版效果

2. 利用"百度网"引用参考文献

进入"百度网"首页,如图9.8所示。

图9.8 "百度网"首页

单击"学术"选项,进入"百度学术"页面,然后就可以看到要引用的各种学术文件,如图9.9所示。

图9.9 "百度学术"页面

在这里单击"热门论文"中的第一篇,即《中国金融发展和经济增长关系的实证研究》，可以看到该论文的详细信息，如图 9.10 所示。

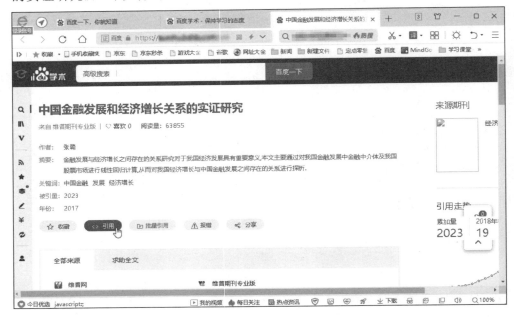

图 9.10　论文详细信息

单击"引用"按钮，弹出"引用"对话框，如图 9.11 所示。

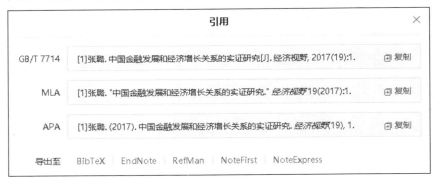

图 9.11　"引用"对话框

单击"导出至"后面的"BibTeX"选项，这时就可以看到参考文献相应代码，如图 9.12 所示。

第9章 LaTeX 参考文献排版实战应用

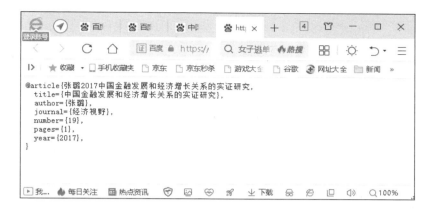

图 9.12　参考文献代码

选择参考文献相应代码，复制并粘贴到 book1.bib 数据库中即可。同理，还可以添加其他参考文献，这样就可以轻松创建参考文献数据库。

9.2.4　显示所有参考文献

参考文献数据库创建成功后，下面来生成参考文献列表。需要注意的是，BibTeX 在生成参考文献列表时，通常只列出用了\cite 命令引用的那些。如果需要列出未被引用的文献，则需要调用\nocite{*}命令让所有未被引用的文献都列出。

book1.bib 数据库文件中的代码如下。

```
@book{mybook1,
    title = {Visual Basic案例开发集锦},
    author = {周峰、李德路},
    year = {2005},
    month = {6},
    publisher = {电子工业出版社},
    address = {430}
}
@Book{mybook2,
    author = {王真、李平},
    title = {办公软件从入门到精通},
```

```
        publisher = {人民邮电出版社},
        year = {2020},
}
@article{张璐 2017 中国金融发展和经济增长关系的实证研究,
        title={中国金融发展和经济增长关系的实证研究},
        author={张璐},
        journal={经济视野},
        number={19},
        pages={1},
        year={2017},
}
@phdthesis{黄国平 0 人机交互式机器翻译方法研究与实现,
        title={人机交互式机器翻译方法研究与实现},
        author={黄国平},
        school={中国科学院大学},
}
@article{0Journal,
        title={Journal of financial intermediation.},
        author={ Thadden, E. V. },
        journal={Academic Press,},
}
```

接下来就可以编写代码显示 book1.bib 数据库文件中的所有参考文献了。

打开 TeXstudio 软件，新建一个文档，在文档中编写如下代码。

```
\documentclass{ctexart}
\bibliographystyle{plain}
\begin{document}
    \section*{显示所有参考文献}
    一些非常经典的编程图书，例如 \cite{mybook1}
    \par
    一些非常好的办公软件图书，例如\cite{mybook2}
     \nocite{*}
    \bibliography{book1}
\end{document}
```

程序代码编写完成后，单击菜单栏中的"工具/构建并查看"命令（快捷键：F5）或工具栏中的 ▶ 按钮，可以显示所有参考文献如图 9.13 所示。

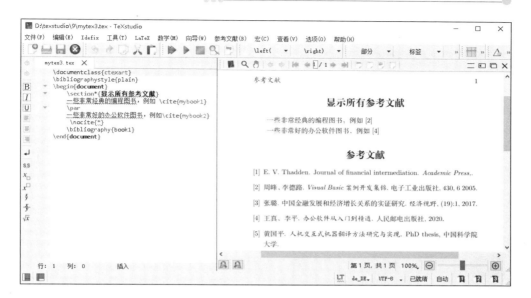

图 9.13　显示所有参考文献

9.3　参考文献的BibLaTeX

BibTeX 是一种管理参考文献的方式，它本身不需要加载任何包（package），但在编译的时候需使用编译运行文件 bibtex.exe。另外，由于 BibTeX 应用不太灵活，因此出现了新的管理参考文献方式——BibLaTeX。

9.3.1　初识 BibLaTeX

BibLaTeX 是一个灵活的参考文献管理方式，不仅支持更多的参考文献条目类型，而且支持多次加入 bib 文件；它支持多种不同的 bib 内容书写格式，也支持从远程加入 bib 文件，还支持在文档的任何位置显示参考文献的内容。例如，可以在论文的每一章后面添加参考文献。从发展的眼光来看，BibLaTeX 是一个比 BibTeX 更加先进的技术，在未来有可能会取代 BibTeX。

需要注意，BibLaTeX 需要与 biber 工具配合使用。

9.3.2 BibLaTeX 管理参考文献实例

使用 BibLaTeX 管理参考文献首先需要进行文献工具设置。单击 LaTeX 菜单栏中的"选项"菜单命令，在弹出的子菜中单击"设置 TeXstudio"命令，弹出"设置 TeXstudio"对话框。单击对话框左侧列表框中的"构建"选项，然后单击"默认文献工具"对应的下拉按钮选择"Biber"。设置好后，单击"确认"按钮即可，如图 9.14 所示。

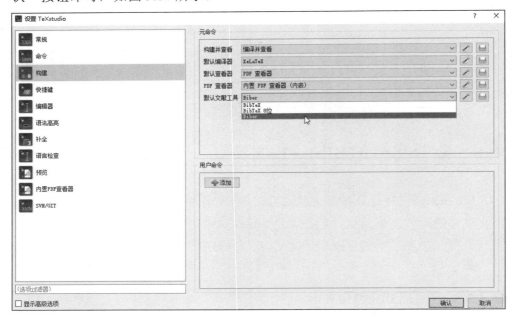

图 9.14 "设置 TeXstudio"对话框

这里采用 book1.bib 数据库文件，接下来就可以编写代码，利用 BibLaTeX 管理参考文献了。

打开 TeXstudio 软件，新建一个文档，在文档中编写如下代码。

```
\documentclass{ctexart}
\usepackage[style=numeric,backend=biber]{bibLatex}
\addbibresource{book1.bib}
\begin{document}
```

```
\section*{BibLaTeX 管理参考文献}
无格式化引用\cite{黄国平 0 人机交互式机器翻译方法研究与实现}
\par
显示作者的引用：\textcite{mybook2}
\par
上标引用\supercite{mybook1}
\par
只引用作者：\citeauthor {mybook1}
\par
只引用年份：\cityear {mybook1}
\printbibliography
\end{document}
```

上述代码中，首先在导言区调用 BibLaTeX 宏包，需要注意的是，在这里设置宏包的样式为 numeric，后端处理的程序为 biber。

然后继续在导言区使用\addbibresource 命令调用前面创建的 book1.bib 数据库文件。

接下来就可以在正文中利用\cite 命令实现无格式化引用；利用\textcite 命令实现作者的引用；利用\supercite 命令实现上标引用；利用\citeauthor 命令只引用作者；利用\cityear 命令只引用年份。

最后在需要排版参考文献的位置使用命令 \printbibliography。

程序代码编写完成后，单击菜单栏中的"工具/构建并查看"命令（快捷键：F5）或工具栏中的 ▶ 按钮，可以看到 BibLaTeX 管理参考文献效果如图 9.15 所示。

在这里发现参考文献的标题为英文，下面修改为中文，同时，显示 book1.bib 数据库文件中的所有参考文献，修改代码如下。

```
\nocite{*}
\printbibliography[title = {参考文献}]
```

需要注意的是，为了显示所有参考文献，在运行程序之前，要先清理辅助文件。单击菜单栏中的"工具/清理辅助文件"命令，弹出"清理"对话框，如图 9.16 所示。

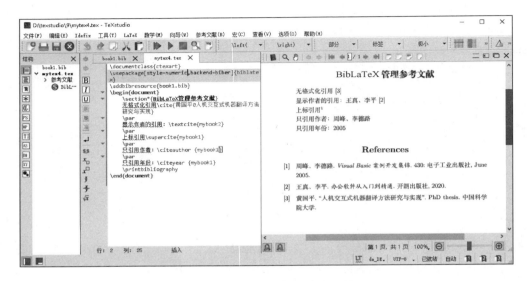

图 9.15 BibLaTeX 管理参考文献效果

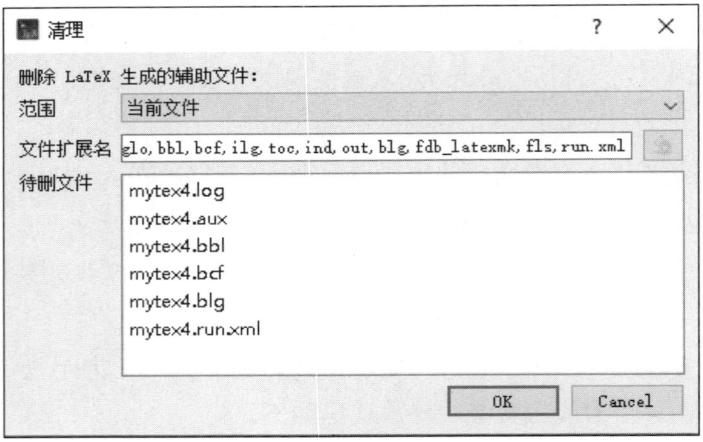

图 9.16 "清理"对话框

首先单击"清理"对话框中的"OK"按钮,然后单击菜单栏中的"工具/构建并查看"命令(快捷键:F5)或工具栏中的 ▶ 按钮,可以看到标题修改后的全部参考文献如图 9.17 所示。

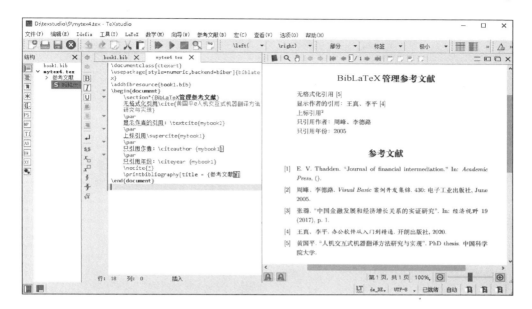

图 9.17 标题修改后的全部参考文献

第 10 章

LaTeX 自定义命令和环境实战应用

自定义命令和环境是进行 LaTeX 格式定制，达成内容和格式分离目标的利器。在导言区使用自定义的命令和环境，可以把字体、字号、缩进、对齐、间距等各种操作内容包装起来并进行重命名，这样在正文中就可以直接使用了。

本章主要内容包括：

- \newcommand 命令的语法格式。
- 自定义命令应用实例。
- 重定义命令。
- 自定义和重定义环境。

10.1 自定义命令

在 LaTeX 程序中，不仅可以使用各种宏包中的命令，还可以在导言区自定义命令，然后在正文区使用该自定义命令。

10.1.1 \newcommand 命令的语法格式

在 LaTeX 程序中，利用\newcommand 命令可以定义属于自己的命令，其语法格式如下。

```
\newcommand{\⟨name⟩}[⟨num⟩]{⟨definition⟩}
```

语法中各参数意义如下。

（1）⟨name⟩：要自定义的命令名称，以反斜线开头，该参数是必选参数，并且名称只能是字母，不能有 1、2、3 等数字或*、&等字符。

（2）⟨num⟩：可选参数，用来设置自定义的新命令，所需的参数个数最多 9 个，默认值为 0，即默认新命令不带任何参数。

（3）⟨definition⟩：必选参数，是新命令的具体定义。

下面来看两个不带可选参数的自定义命令，代码如下。

```
\newcommand{\mynew}{我是自定义命令！}
\newcommand{\mynewph}{我是带有强调部分的\emph{自定义命令！}}
```

需要注意，\emph 命令的作用是通过使字体倾斜起到强调作用。

下面来看一个带可选参数的自定义命令，代码如下。

```
\newcommand{\mynewpp}[2]{#1 喜欢的编程语言是：#2}
```

这里带有两个可选参数，其中#1 表示第一个参数，#2 表示第二个参数。

\newcommand 命令的参数还可以有默认值，即在指定可选参数个数时，指定这个默认值，代码如下。

```
\newcommand{\mynewdef}[3][的爱好是：]{#2 #1 #3}
```

10.1.2 自定义命令应用实例

下面通过具体实例来讲解自定义命令的应用方法。

打开 TeXstudio 软件，新建一个文档，在文档中编写如下代码。

```
\documentclass{ctexart}
\newcommand{\mynew}{我是自定义命令！}
\newcommand{\mynewph}{我是带有强调部分的\emph{自定义命令！}}
```

```
\newcommand{\mynewpp}[2]{#1 喜欢的编程语言是：#2}
\newcommand{\mynewdef}[3][的爱好是：]{#2 #1 #3}
\begin{document}
    \section*{不带可选参数的自定义命令}
    \mynew
    \par
    \mynewph
    \section*{带可选参数的自定义命令}
    \mynewpp{张亮}{Java}
    \par
    \mynewpp{李红}{Python}
    \section*{带有默认值的自定义命令}
    \mynewdef{周平}{跑步、足球、上网、画画等。}
    \par
    \mynewdef{王佳}{游泳、跳高、游戏等。}
\end{document}
```

程序代码编写完成后，单击菜单栏中的"工具/构建并查看"命令（快捷键：F5）或工具栏中的 ▶ 按钮，可以看到自定义命令的应用效果如图 10.1 所示。

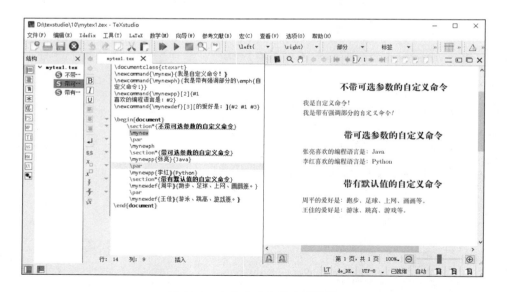

图 10.1　自定义命令的应用效果

10.2 重定义命令

在 LaTeX 程序中，不仅可以自定义命令，还可以修改已存在的命令，即重定义命令。需要注意的是，重定义命令修改了原有命令的操作，但仍适用于原有命令的环境。

利用\renewcommand 命令可以重定义命令，其语法格式如下。

```
\renewcommand{\⟨name⟩}[⟨num⟩]{⟨definition⟩}
```

各参数意义与自定义命令参数意义相同，这里不再详述。

下面通过具体实例来讲解重定义命令的应用方法。

打开 TeXstudio 软件，新建一个文档，在文档中编写如下代码。

```
\documentclass{ctexart}
\begin{document}
    \section*{重定义命令}
    \contentsname
    \par
    \listfigurename
    \par
    \listtablename
    \par
    \indexname
\end{document}
```

上述代码中，\contentsname 表示目录；\listfigurename 表示插图；\listtablename 表示表格；\indexname 表示索引。

程序代码编写完成后，单击菜单栏中的"工具/构建并查看"命令（快捷键：F5）或工具栏中的 ▶ 按钮，可以看到各命令显示的内容如图 10.2 所示。

图 10.2　各命令显示的内容

下面在导言区利用\renewcommand 命令来重定义正文区中出现的命令，具体代码如下。

```
\renewcommand{\contentsname}{文章目录}
\renewcommand{\listfigurename}{文章插图}
\renewcommand{\listtablename}{文章表格}
\renewcommand{\indexname}{文章索引}
```

代码编写完成后，单击菜单栏中的"工具/构建并查看"命令（快捷键：F5）或工具栏中的▶按钮，可以看到重定义命令后显示的内容如图 10.3 所示。

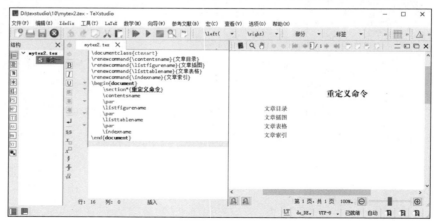

图 10.3　重定义命令后显示的内容

10.3 自定义和重定义环境

在 LaTeX 程序中，不仅可以自定义命令和重定义命令，还可以自定义环境和重定义环境，下面进行具体讲解。

在 LaTeX 程序中，利用\newenvironment 命令可以重定义环境，其语法格式如下。

```
\newenvironment{⟨name⟩}[⟨num⟩]{⟨before⟩}{⟨after⟩}
```

语法中各参数意义如下。

（1）⟨name⟩：自定义的环境名称，是必选参数。

（2）⟨num⟩：用来设置自定义的新环境所需的参数个数，是可选参数。

（3）⟨before⟩：环境前定义，是必选参数。

（4）⟨after⟩：环境后定义，是必选参数。

新建自定义环境的代码如下。

```
\newenvironment{king1}
    {\rule{0.5cm}{0.5cm} \hspace{\stretch{5}}}
    {\hspace{\stretch{5}}\rule{0.5cm}{0.5cm} }
```

上述代码中，自定义环境的名称为 king1，在环境前定义的内容为：绘制标尺盒子，长度为 0.5cm，宽度也为 0.5cm，然后绘制空格，并伸展 5。说明，\stretch{⟨n⟩}生成一个特殊弹性长度，参数⟨n⟩为权重，所有可用空间将按每个\stretch 命令给定的权重⟨n⟩进行分配。

进行环境后定义的具体内容为：绘制空格，并伸展 5，然后绘制标尺盒子，长度为 0.5cm，宽度也为 0.5cm。

下面通过具体实例来讲解自定义环境的应用方法。

打开 TeXstudio 软件，新建一个文档，在文档中编写如下代码。

```
\documentclass{ctexart}
```

```
\newenvironment{king1}
    {\rule{0.5cm}{0.5cm} \hspace{\stretch{5}}}
    {\hspace{\stretch{5}}\rule{0.5cm}{0.5cm} }
\newenvironment{king2}
{\rule{0.4cm}{0.4cm} \hspace{\stretch{3}}}
{\hspace{\stretch{5}}\rule{0.4cm}{0.4cm} }
\newenvironment{king3}
{\rule{0.3cm}{0.3cm} \hspace{\stretch{2}}}
{\hspace{\stretch{5}}\rule{0.3cm}{0.3cm} }
\newenvironment{king4}
{\rule{0.2cm}{0.2cm} \hspace{\stretch{1}}}
{\hspace{\stretch{5}}\rule{0.2cm}{0.2cm} }
\begin{document}
    \begin{king1}
        我是标题 1
    \end{king1}
    \par
    \begin{king2}
    我是标题 2
    \end{king2}
    \par
    \begin{king3}
    我是标题 3
    \end{king3}
    \par
    \begin{king4}
    我是标题 4
    \end{king4}
\end{document}
```

程序代码编写完成后，单击菜单栏中的"工具/构建并查看"命令（快捷键：F5）或工具栏中的 ▶ 按钮，可以看到自定义环境的应用效果如图 10.4 所示。

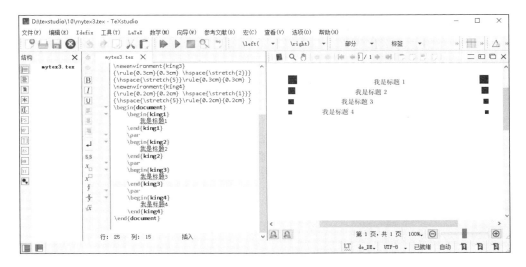

图 10.4　自定义环境的应用效果

在 LaTeX 程序中，利用\renewenvironment 命令可以重定义环境，其语法格式及用法与自定义环境命令\newenvironment 相同，这里不再详述。

第 11 章

LaTeX 幻灯片实战应用

利用 LaTeX 不仅可以排版科技论文、报告、说明文档、长篇报告、书籍等，还可以制作带有动画效果的演示文稿，即幻灯片文档。

本章主要内容包括：

- ✓ 幻灯片的框架和风格。
- ✓ 幻灯片的帧。
- ✓ 幻灯片的首页、分节和目录。
- ✓ 幻灯片中的文字、图像、图形、公式、表格、项目符号排版。
- ✓ 利用\pause 命令实现幻灯片的逐步显示。
- ✓ 利用\onslide 命令实现幻灯片的逐步显示。
- ✓ 三角函数图像性质演示文稿实践。

11.1 幻灯片的框架和风格

beamer 是 LaTeX 程序的一个文档，和 article、book、report 一样，beamer 可以直接用 LaTeX 命令来组织幻灯片，然后利用 frame 环境生成单页幻灯片。下面先来介绍幻灯片的框架和风格。

11.1.1 幻灯片的框架

在 LaTeX 程序中，利用 beamer 文档类创建幻灯片与利用 article 文档类创建文档是一样的，其代码如下。

```
\documentclass{beamer}
\begin{document}
   ......
\end{document}
```

如果要在幻灯片中使用中文，需要把 beamer 修改成 ctexbeamer，具体代码如下。

```
\documentclass{ctexbeamer}
```

要在幻灯片文档中创建多张幻灯片，需要使用 frame 环境，具体代码如下。

```
\begin{frame}
      第一张幻灯片！
\end{frame}
\begin{frame}
      第二张幻灯片！
 \end{frame}
```

这样，就在正文区创建了两张幻灯片。

下面通过具体实例来讲解幻灯片的框架创建方法。

打开 TeXstudio 软件，新建一个文档，在文档中编写如下代码。

```
\documentclass{ctexbeamer}
\begin{document}
  \begin{frame}
       第一张幻灯片！
   \end{frame}
   \begin{frame}
```

```
        第二张幻灯片！
    \end{frame}
\end{document}
```

程序代码编写完成后，单击菜单栏中的"工具/构建并查看"命令（快捷键：F5）或工具栏中的 ▶ 按钮，就可以看到两张幻灯片的排版效果如图11.1所示。

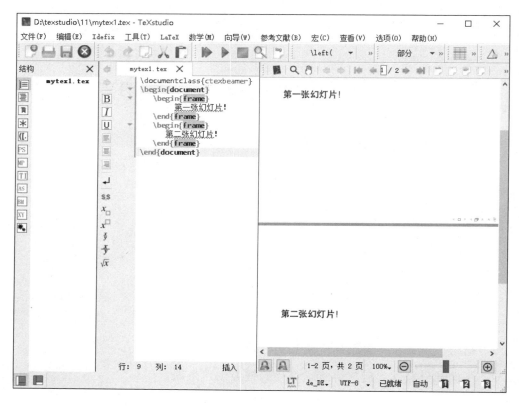

图 11.1　两张幻灯片的排版效果

11.1.2　幻灯片的风格

在 LaTeX 程序中，beamer 文档类中有 20 多种不同风格的幻灯片，我们可以在导言区利用\usetheme 命令进行调用，具体代码如下。

第 11 章　LaTeX 幻灯片实战应用

```
\usetheme{AnnArbor}
```

这样就调用了 AnnArbor 风格的幻灯片，两张幻灯片的效果如图 11.2 所示。

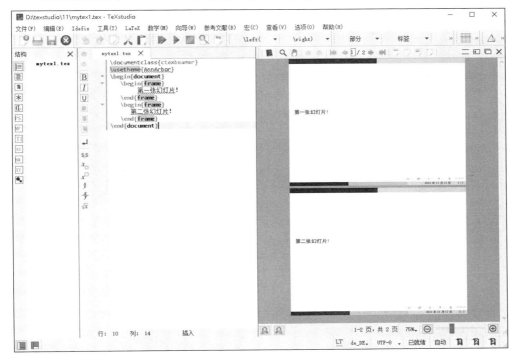

图 11.2　AnnArbor 风格的幻灯片效果

如果想查看 beamer 文档类提供的幻灯片风格的代码及效果，可以在浏览器的地址栏中输入 beamer 文档类提供的幻灯片风格的网址，然后回车，就可以看到 beamer 文档类提供的幻灯片效果，如图 11.3 所示。

beamer 文档类提供的幻灯片风格主要有 4 类，分别是内部风格（\useinnertheme）、外部风格（\useoutertheme）、色彩风格（\usecolortheme）和字体风格（\usefonttheme）。

（1）内部风格（\useinnertheme）：主要控制的是标题页、列表项目、定理环境、图表环境、脚注等一帧以内的内容格式，其风格有 default、circles、rectangles、rounded、inmargin。

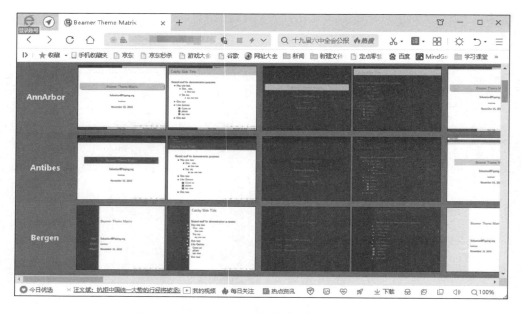

图 11.3 beamer 文档类提供的幻灯片风格效果

（2）外部风格（\useoutertheme）：主要控制的是幻灯片顶部及尾部的信息栏、边栏、图表、帧标题等一帧以外的内容格式，其风格有 default、infolines、miniframes、smoothbars、sidebar、split、shadow、tree、smoothtree。

（3）色彩风格（\usecolortheme）：主要控制各个部分的色彩，其风格有 default、albatross、beaver、beetle、crane、dolphin、dove、fly、lily、orchid、rose、seagull、seahorse、sidebartab、structure、whale、wolverine。

（4）字体风格（\usefonttheme）：主要控制幻灯片的整体字体风格，其风格有 default、professionalfonts、serif、structurebold、structureitalicserif、structuresmallcapsserif。

11.2 幻灯片的内容

前面介绍了幻灯片的框架和风格，下面来介绍幻灯片的内容。

11.2.1 幻灯片的帧

在 beamer 文档类中，即在幻灯片文档中，一张幻灯片就是一帧，是利用 frame 环境来创建的，一个 frame 环境就是一帧，即一张幻灯片。

每帧的内容可以使用各种 LaTeX 命令和 LaTeX 环境。每一帧内容有一定的水平边距，并且整体垂直居中显示。幻灯片的每一帧通常都有标题，甚至还有小标题。

11.2.2 幻灯片的首页

幻灯片的首页也是一帧，是利用 frame 环境来创建的，但首页又往往和其他页不一样，需要显示整个幻灯片的标题、小标题、作者、学校、日期等信息。beamer 文档类在导言区为首页提供了显示相对应内容的命令，在首页帧中可以利用\maketitle 命令来显示。

下面通过具体实例来讲解幻灯片首页的生成方法。

打开 TeXstudio 软件，新建一个文档，在文档中编写如下代码。

```
\documentclass{ctexbeamer}
\usetheme{AnnArbor}
\usecolortheme{beaver}
\title{勾股定理的探索}
\subtitle{勾股定理的证明与简单应用}
\author{李红丽、张可佳}
\institute{青岛中学课堂}
\date{\today}
\begin{document}
    \begin{frame}
        \maketitle
    \end{frame}
\end{document}
```

上述代码在导言区中设置幻灯片的风格为"AnnArbor"，色彩风格为

"beaver"，整个幻灯片的标题为"勾股定理的探索"，小标题为"勾股定理的证明与简单应用"，作者为"李红丽、张可佳"，学校为"青岛中学课堂"，日期为当前日期。

首先在正文区调用 frame 环境，然后在该环境中利用\maketitle 命令调用导言区中的信息。

程序代码编写完成后，单击菜单栏中的"工具/构建并查看"命令（快捷键：F5）或工具栏中的 ▶ 按钮，可以看到幻灯片的首页效果如图 11.4 所示。

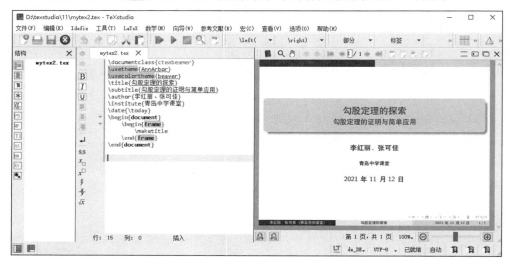

图 11.4　幻灯片的首页效果

11.2.3　幻灯片的分节

与 article 和 book 一样，可以使用\section、\subsection、\subsubsection 及\part 命令将幻灯片分节。

需要注意的是，\part 命令本身不能生成标题，beamer 文档类提供了一个\partpage 命令，它和\titlepage 命令类似，可以在一帧中产生文档某部分的标题。

另外，通常完整的演讲报告 beamer 文档类篇幅一般在几十帧，利用\part、\section、\subsection、\subsubsection 命令进行分节就足够应对了。如果希望将所有的演讲报告内容放进同一个单独的文件,则可以使用 \lecture 命令进行更高一层的内容划分,该命令代码如下。

```
\lecture{演讲报告1}{演讲报告2}
```

还需要注意,\lecture 命令本身并不产生任何标题和效果,beamer 文档类提供\insertlecture 命令向文档中插入标题。

beamer 文档类分节后,在每一个节后面添加 frame 环境,就可以产生一张张幻灯片。

在幻灯片首页代码后面添加如下代码。

```
\section{目录}
    \begin{frame}
    \end{frame}
\section{勾股定理的简史}
\subsection{勾股定理在中国的简史}
    \begin{frame}
    \end{frame}
\subsection{勾股定理在外国的简史}
    \begin{frame}
    \end{frame}
\section{勾股定理的定义}
    \begin{frame}
    \end{frame}
\section{勾股定理的证明}
    \begin{frame}
    \end{frame}
\section{勾股数}
    \begin{frame}
    \end{frame}
\section{勾股定理的意义}
    \begin{frame}
    \end{frame}
```

程序代码编写完成后,单击菜单栏中的"工具/构建并查看"命令(快捷键:F5)或工具栏中的 ▶ 按钮,可以看到幻灯片的分节效果如图11.5所示。

LaTeX 入门与实战应用

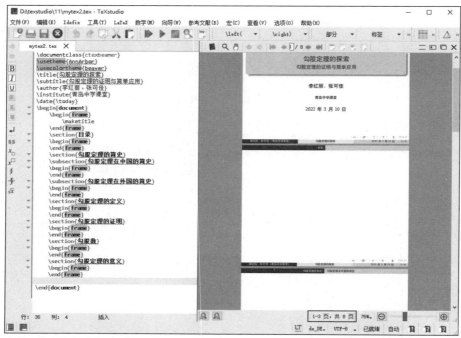

注：在这里可以看到幻灯片共 8 页，当前显示的是前 3 页。

图 11.5 幻灯片的分节效果

11.2.4 生成幻灯片的目录

幻灯片分节后，可以使用\tableofcontents 命令生成目录。目录页也是帧，需要在目录帧中通过使用\tableofcontents 命令才能产生目录并将其显示到目录帧中。

beamer 文档类中的\tableofcontents 命令可以在可选参数中使用许多参数控制其格式，具体如下。

（1）\tableofcontents[currentsection]：只显示当前一节的目录结构。

（2）\tableofcontents[currentsubsection]：只显示当前一小节的目录结构。

提醒：演讲报告有时可能需要在每一节的开头都显示即将讲到的内容结构，因此每一节前面都应该有一个小目录，特别是缺少导航条显示分节标题的格式更是如此。

下面修改\section{目录}节中的代码如下。

```
\section{目录}
    \begin{frame}
        \frametitle{目录}
        \tableofcontents
    \end{frame}
```

程序代码编写完成后，单击菜单栏中的"工具/构建并查看"命令（快捷键：F5）或工具栏中的 ▶ 按钮，可以看到幻灯片的目录效果如图 11.6 所示。

图 11.6　幻灯片的目录效果

11.3　幻灯片实战案例 I ——勾股定理

下面以勾股定理为例来讲解幻灯片的应用。

11.3.1　幻灯片文字排版——勾股定理在中国的简史

下面修改\subsection{勾股定理在中国的简史}小节中的代码如下。

```
\subsection{勾股定理在中国的简史}
    \begin{frame}
```

```
\frametitle{勾股定理在中国的简史}
    \qquad 公元前十一世纪，数学家商高（西周初年人）就提出"勾三、股四、
弦五"。编写于公元前一世纪以前的《周髀算经》中记录着商高与周公的一段对话。商高说："……
故折矩，勾广三，股修四，经隅五。"意为：当直角三角形的两条直角边分别为 3（勾）和 4（股）
时，径隅（弦）则为 5。以后人们就简单地把这个事实说成"勾三股四弦五"，根据该典故称勾
股定理为商高定理。\par
    \qquad 公元三世纪，三国时代的赵爽对《周髀算经》内的勾股定理做出了
详细注释，记录于《九章算术》中"勾股各自乘，并而开方除之，即弦"，赵爽创制了一幅"勾
股圆方图"，用数形结合得到方法，给出了勾股定理的详细证明。后刘徽在刘徽注中亦证明了
勾股定理。\par
    \qquad 清朝末年，数学家华蘅芳提出了二十多种对于勾股定理证法。
\end{frame}
```

程序代码编写完成后，单击菜单栏中的"工具/构建并查看"命令（快捷键：F5）或工具栏中的 ▶ 按钮，可以看到"勾股定理在中国的简史"幻灯片的排版效果如图 11.7 所示。

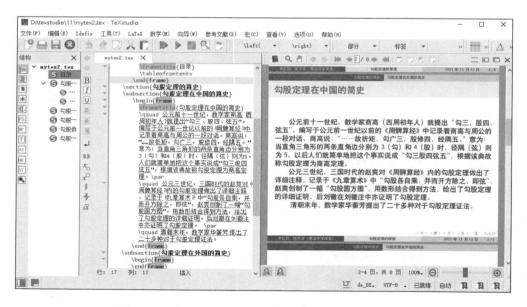

图 11.7 "勾股定理在中国的简史"幻灯片的排版效果

11.3.2 幻灯片图像排版——勾股定理在外国的简史

下面修改\subsection{勾股定理在外国的简史}小节中的代码。需要注意的是，由于该节需要调用图像，因此先把图像放在"myimage"文件夹中，该文件夹要与 LaTeX 程序文件存在同一个位置。

在导言区设置该文件夹，并调用 graphicx 宏包，具体代码如下。

```
\usepackage{graphicx}
\graphicspath{{myimage/}}
```

接下来，就可以修改\subsection{勾股定理在外国的简史}小节中的代码，具体如下。

```
\subsection{勾股定理在外国的简史}
    \begin{frame}
        \frametitle{勾股定理在外国的简史}
        \qquad 早在公元前约三千年的古巴比伦人就知道和应用勾股定理，他们还知道许多勾股数组。美国哥伦比亚大学图书馆内收藏着一块编号为"普林顿 322"的古巴比伦泥板，上面就记载了很多勾股数。古埃及人在建筑宏伟的金字塔和测量尼罗河泛滥后的土地时，也应用过勾股定理。\par
        \qquad 公元前六世纪，希腊数学家毕达哥拉斯证明了勾股定理，因而西方人都习惯地称这个定理为毕达哥拉斯定理。\par
        \begin{center}
            \includegraphics[scale=0.35]{mypic1}
        \end{center}
    \end{frame}
```

程序代码编写完成后，单击菜单栏中的"工具/构建并查看"命令（快捷键：F5）或工具栏中的 ▶ 按钮，可以看到"勾股定理在外国的简史"幻灯片的排版效果如图 11.8 所示。

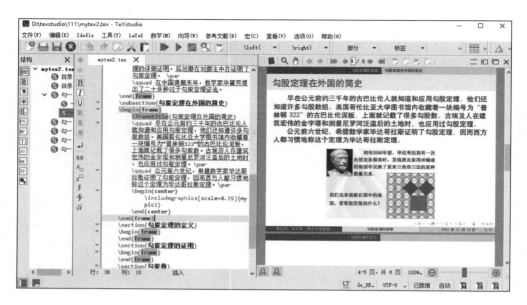

图 11.8 "勾股定理在外国的简史"幻灯片的排版效果

11.3.3 幻灯片图形排版——勾股定理的定义

下面修改\section{勾股定理的定义}小节中的代码。需要注意的是，这里要绘制图形，所以要先在导言区调用 tikz 宏包，具体代码如下。

```
\usepackage{tikz}
```

接下来，就可以修改\section{勾股定理的定义}小节中的代码，具体如下。

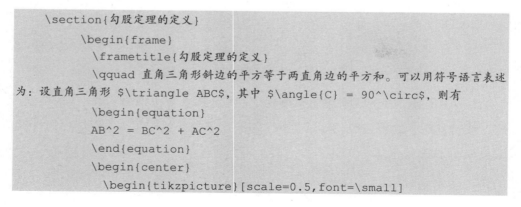

```
        \draw[thick] (0,0) node[left] {$A$}
        -- (4,0) node[right] {$C$}
        -- (4,3) node[above right] {$B$} -- cycle;
        \draw (3.5,0) |- (4,0.5);
    \end{tikzpicture}
    \end{center}
\end{frame}
```

程序代码编写完成后，单击菜单栏中的"工具/构建并查看"命令（快捷键：F5）或工具栏中的 ▶ 按钮，可以看到"勾股定理的定义"幻灯片的排版效果如图 11.9 所示。

图 11.9 "勾股定理的定义"幻灯片的排版效果

11.3.4 幻灯片公式排版——勾股定理的证明

下面修改\section{勾股定理的证明}小节中的代码如下。

```
\section{勾股定理的证明}
    \begin{frame}
        \frametitle{勾股定理的证明}
```

```
            \begin{center}
                \includegraphics[scale=0.2]{mypic2}
            \end{center}
            \qquad 大正方形的面积等于中间正方形的面积加上四个三角形的面积，即：
\par
    \begin{gather*}
        4ab \times \dfrac{1}{2} + c^2 = (a+b)^2 \\
        2ab + c^2 = a^2 +2ab +b^2 \\
        c^2 = a^2 + b^2
    \end{gather*}
\end{frame}
```

上述代码中，利用\includegraphics 命令加载图像，然后利用 gather 环境创建多行公式。

程序代码编写完成后，单击菜单栏中的"工具/构建并查看"命令（快捷键：F5）或工具栏中的 ▶ 按钮，可以看到"勾股定理的证明"幻灯片的排版效果如图 11.10 所示。

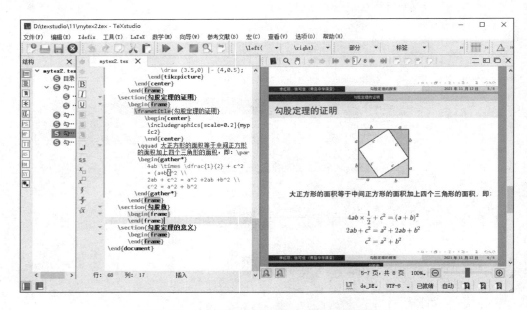

图 11.10 "勾股定理的证明"幻灯片的排版效果

11.3.5 幻灯片表格排版——勾股数

下面修改\section{勾股数}小节中的代码，需要注意的是，这里要创建彩色表格，所以首先在导言区调用 colortbl 宏包，具体代码如下。

```
\usepackage{colortbl}
```

接下来，就可以修改\section{勾股数}节中的代码，具体如下。

```
\section{勾股数}
    \begin{frame}
        \frametitle{勾股数}
        \qquad 勾股数，又名毕氏三元数 。勾股数就是可以构成一个直角三角形三边的一组正整数。常见的勾股数如下表所示。
        \begin{table}
            \centering
            \begin{tabular}{|r|r|r|}
                \hline
                \cellcolor[rgb]{0.8,0.9,0.9}直角边 $a$ &
\cellcolor[rgb]{0.7,0.9,0.9}直角边 $b$ &
\cellcolor[rgb]{0.6,0.9,0.9}斜边 $c$ \\
                \hline
                3 & 4 & 5 \\
                \hline
                5 & 12 & 13 \\
                \hline
                7 & 24 & 25 \\
                \hline
                8 & 15 & 17 \\
                \hline
                9 & 40 & 41 \\
                \hline
            \end{tabular}
            \caption{较小的几组勾股数}
        \end{table}
    \end{frame}
```

程序代码编写完成后，单击菜单栏中的"工具/构建并查看"命令（快捷键：F5）或工具栏中的 ▶ 按钮，可以看到"勾股数"幻灯片的排版效果如图 11.11 所示。

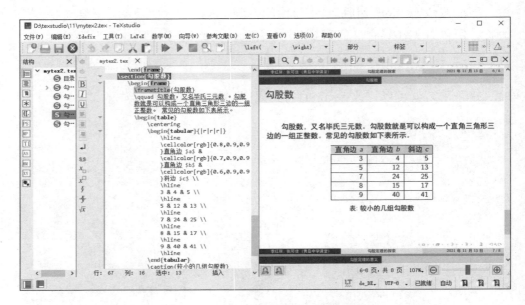

图 11.11　"勾股数"幻灯片的排版效果

11.3.6　幻灯片项目符号排版——勾股定理的意义

下面修改\section{勾股定理的意义}小节中的代码如下。

```
\section{勾股定理的意义}
    \begin{frame}
        \frametitle{勾股定理的意义}
        \begin{enumerate}
            \item 勾股定理的证明是论证几何的发端。
            \item 勾股定理是历史上第一个把数与形联系起来的定理，即它是第一个把几何与代数联系起来的定理。
            \item 勾股定理导致了无理数的发现，引起第一次数学危机，大大加深了人们对数的理解。
```

· 280 ·

```
        \item 勾股定理是历史上第一个给出了完全解答的不定方程，它引出了
费马大定理。
        \item 勾股定理是欧氏几何的基础定理，并有巨大的实用价值。这条定
理不仅在几何学中是一颗光彩夺目的明珠，被誉为"几何学的基石"，而且在高等数学和其他
科学领域也有着广泛的应用。1971 年 5 月 15 日，尼加拉瓜发行了一套题为"改变世界面貌
的十个数学公式"邮票，这十个数学公式由著名数学家选出的，勾股定理是其中之首。
    \end{enumerate}
\end{frame}
```

程序代码编写完成后，单击菜单栏中的"工具/构建并查看"命令（快捷键：F5）或工具栏中的 ▶ 按钮，可以看到"勾股定理的意义"幻灯片的排版效果如图 11.12 所示。

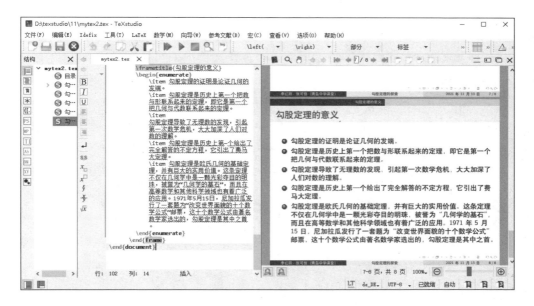

图 11.12 "勾股定理的意义"幻灯片的排版效果

11.4 幻灯片的动态演示

幻灯片的动态演示，就是将幻灯片一张一张地显示或把同一张幻灯片中的内容按一定的顺序动态显示出来。

11.4.1 利用\pause 命令实现幻灯片的逐步显示

在 beamer 文档类中，覆盖是一种最基本的幻灯片效果，其原理是把同一帧幻灯片的不同内容按一定次序拆分成几张幻灯片显示出来。利用覆盖可以让内容逐步显示，也可以让不同内容依次替代，产生类似动画的效果。

利用\pause 命令可以实现逐步显示，表示幻灯片在此处会停顿一下，在\pause 后面的所有内容会在 PDF 文件的下一页显示。对于目录帧，可以给目录命令加上选项，这样目录会在每一项后面暂停，其代码如下。

```
\tableofcontents[pausesections]
```

下面通过具体实例来讲解如何利用\pause 命令实现幻灯片的逐步显示。

打开 TeXstudio 软件，新建一个文档，在文档中编写如下代码。

```
\documentclass{ctexbeamer}
\usetheme{AnnArbor}
\usecolortheme{beaver}
\title{勾股定理的探索}
\subtitle{勾股定理的证明与简单应用}
\author{李红丽、张可佳}
\institute{青岛中学课堂}
\date{\today}
\begin{document}
    \begin{frame}
        \maketitle
    \end{frame}
    \begin{frame}{目录}
        \tableofcontents[pausesections]
    \end{frame}
    \section{勾股定理的简史}
        \subsection{勾股定理在中国的简史}
    \begin{frame}
        \frametitle{勾股定理在中国的简史}
```

```
        \qquad 公元前十一世纪，数学家商高（西周初年人）就提出"勾三、股四、弦五"。
编写于公元前一世纪以前的《周髀算经》中记录着商高与周公的一段对话。商高说："……故
折矩，勾广三，股修四，经隅五。"意为：当直角三角形的两条直角边分别为3（勾）和4（股）
时，径隅（弦）则为5。以后人们就简单地把这个事实说成"勾三股四弦五"，根据该典故称勾
股定理为商高定理。\par
        \pause
        \qquad 公元三世纪，三国时代的赵爽对《周髀算经》内的勾股定理做出了详细注
释，记录于《九章算术》中"勾股各自乘，并而开方除之，即弦"，赵爽创制了一幅"勾股圆
方图"，用数形结合的方法给出了勾股定理的详细证明。\par
        \pause
        \qquad 清朝末年，数学家华蘅芳提出了二十多种对于勾股定理证法。
        \end{frame}
        \subsection{勾股定理在外国的简史}
        \begin{frame}
        \end{frame}
        \section{勾股定理的定义}
        \begin{frame}
        \end{frame}
        \section{勾股定理的证明}
        \begin{frame}
        \end{frame}
        \section{勾股数}
        \begin{frame}
        \end{frame}
        \section{勾股定理的意义}
        \begin{frame}
        \end{frame}
\end{document}
```

在这里需要注意，目录页的代码如下。

```
\begin{frame}{目录}
    \tableofcontents[pausesections]
    \end{frame}
```

这样每个\section命令都创建一张幻灯片，即产生类似动画的效果。

在\subsection{勾股定理在中国的简史}小节中，每段文字后面添加一个\pause 命令，也可以产生类似动画的效果。

程序代码编写完成后，单击菜单栏中的"工具/构建并查看"命令（快捷键：F5）或工具栏中的 ▶ 按钮，可以看到 4 个目录页产生类似动画的效果如图 11.13 所示。

图 11.13　目录页产生类似动画的效果

11.4.2　利用\onslide 命令实现幻灯片的逐步显示

\onslide 命令也是把同一帧幻灯片的不同内容按一定次序拆分成几张幻灯片显示出来，其语法格式如下。

```
\onslide<n>{}
```

在\onslide 命令后面的尖括号中的内容就是覆盖步骤的设置。

下面通过具体实例来讲解如何利用\onslide 命令实现幻灯片的逐步显示。

打开 TeXstudio 软件，新建一个文档，在文档中编写如下代码。

```
\documentclass{ctexbeamer}
\usetheme{AnnArbor}
\usecolortheme{beaver}
\usepackage{tikz}
\begin{document}
    \begin{frame}
        \onslide<1>{
            \frametitle{勾股定理的定义}
        }
        \onslide<2>{
            \qquad 直角三角形斜边的平方等于两直角边的平方和。可以用符号语言表述为：设直角三角形 $\triangle ABC$，其中 $\angle{C} = 90^\circ$，则有
        }
        \onslide<3>{
            \begin{equation}
                AB^2 = BC^2 + AC^2
            \end{equation}
        }
        \onslide<4>{
          \begin{center}
            \begin{tikzpicture}[scale=0.5,font=\small]
                \draw[thick] (0,0) node[left] {$A$}
                -- (4,0) node[right] {$C$}
                -- (4,3) node[above right] {$B$} -- cycle;
                \draw (3.5,0) |- (4,0.5);
            \end{tikzpicture}
          \end{center}
        }
    \end{frame}
\end{document}
```

上述代码中，分四步显示勾股定理的定义，分别是 \onslide<1>{}、\onslide<2>{}、\onslide<3>{}及\onslide<4>{}

程序代码编写完成后，单击菜单栏中的"工具/构建并查看"命令（快捷键：F5）或工具栏中的▶按钮，可以看到幻灯片产生类似动画的效果如图 11.14 所示。

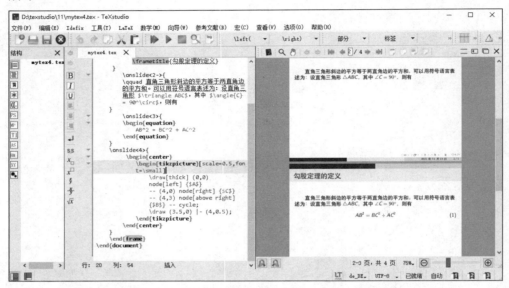

图 11.14　幻灯片产生类似动画的效果

11.4.3　利用\only 命令实现幻灯片的逐步显示

下面通过具体实例来讲解如何利用\only 命令实现幻灯片的逐步显示。

打开 TeXstudio 软件，新建一个文档，在文档中编写如下代码。

```
\documentclass{ctexbeamer}
\usetheme{AnnArbor}
\usecolortheme{beaver}
\usepackage{graphicx}
\graphicspath{{myimage/}}
\begin{document}
    \begin{frame}
        \only<1>{
```

```
        \begin{center}
            \includegraphics[scale=0.8]{pic1}
        \end{center}
    }
        \only<2>{
        \begin{center}
            \includegraphics[scale=0.5]{pic2}
        \end{center}
    }
        \only<3>{
        \begin{center}
            \includegraphics[scale=0.8]{pic3}
        \end{center}
    }
        \only<4->{
        \begin{center}
            \includegraphics[scale=0.8]{pic4}
        \end{center}
    }
        \onslide<5>最后一张图片了！
    \end{frame}
\end{document}
```

上述代码中，首先准备 4 张图片放到"myimage"文件夹中，然后调用 graphicx 宏包，并设置图像位置，代码如下。

```
\usepackage{graphicx}
\graphicspath{{myimage/}}
```

然后在 frame 环境中分四步显示图片，分别是\only<1>{}、\only<2>{}、\only<3>{}及\only<4>{}。

程序代码编写完成后，单击菜单栏中的"工具/构建并查看"命令（快捷键：F5）或工具栏中的▶按钮，可以看到产生 4 张幻灯片产生类似动画的效果，如图 11.15 所示。

LaTeX 入门与实战应用

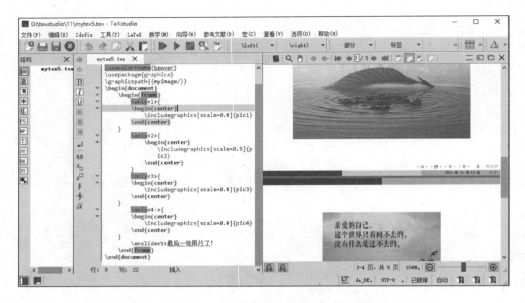

图 11.15　4 张幻灯片产生类似动画的效果

11.5　幻灯片实战案例Ⅱ——三角函数图像性质演示文稿

下面通过三角函数图像性质演示文稿案例讲解利用 LaTeX 制作演示文稿。

11.5.1　创建演示文稿首页

打开 TeXstudio 软件，新建一个文档，在文档中编写如下代码。

```
\documentclass{ctexbeamer}
\usetheme{AnnArbor}
\usecolortheme{beaver}
\title{三角函数图像性质}
\author{周亮}
\institute{青岛高级中学}
\date{\today}
\begin{document}
```

```
\begin{frame}
    \titlepage
\end{frame}
\end{document}
```

上述代码在导言区中设置幻灯片的风格为"AnnArbor",色彩风格为"beaver",幻灯片的标题为"三角函数图像性质",作者为"周亮",学校为"青岛高级中学",日期为当前日期。

首先在正文区调用 frame 环境,然后在该环境中利用\maketitle 命令调用导言区中的信息。

程序代码编写完成后,单击菜单栏中的"工具/构建并查看"命令(快捷键:F5)或工具栏中的 ▶ 按钮,可以看到演示文稿首页效果如图 11.16 所示。

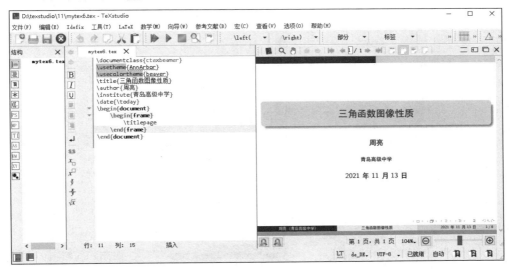

图 11.16　演示文稿首页效果

11.5.2　创建演示文稿目录页

接下来创建演示文稿目录页,具体代码如下。

```
\section*{目录}
    \begin{frame}
```

```
        \frametitle{目录}
        \tableofcontents
    \end{frame}
\section{绘制 y=$\sin x$的图像}
    \begin{frame}{绘制 y=$\sin x$的图像}
    \end{frame}
\section{y=$\sin x$的基本性质}
    \begin{frame}{y=$\sin x$的基本性质}
    \end{frame}
\section{y=$\sin x$的特殊性质}
    \begin{frame}{y=$\sin x$的特殊性质}
    \end{frame}
```

上述代码中，创建了 4 个 section，分别是"目录""绘制 $y=\sin x$ 图像""$y=\sin x$ 的基本性质""$y=\sin x$ 的特殊性质"。需要注意的是，$\sin x$ 要在数学模式下编写。

程序代码编写完成后，单击菜单栏中的"工具/构建并查看"命令（快捷键：F5）或工具栏中的 ▶ 按钮，可以看到演示文稿目录页效果如图 11.17 所示。

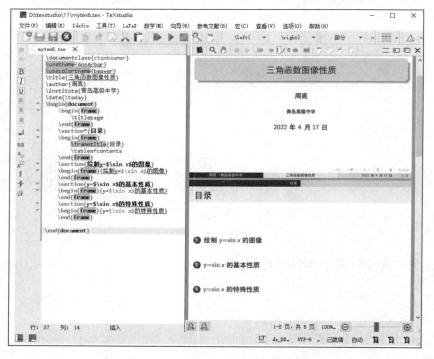

图 11.17　演示文稿目录页效果

11.5.3 绘制 y=sinx 图像

下面以三角函数 y=sinx 的图像性质为例，详细介绍其幻灯片排版实例。先来绘制 y=sinx 图像的坐标轴，具体代码如下。

```
\begin{center}
    \begin{tikzpicture}[scale=0.5]
        \filldraw[blue] (-pi, 0) node[below] {$-\pi$} circle [radius=1pt];
        \filldraw[red] (pi,0) node[below] {$\pi$} circle [radius=2pt];
        \filldraw[red] (2*pi,0) node[below] {$2\pi$} circle [radius=2pt];
        \filldraw[blue] (-2*pi,0) node[below] {$-2\pi$} circle [radius=1pt];
        \filldraw[red] (pi/2,0) node[below] {$\frac{\pi}{2}$} circle [radius=2pt];
        \filldraw[blue] (-pi/2,0) node[below] {$-\frac{\pi}{2}$} circle [radius=1pt];
        \filldraw[red] (3*pi/2,0) node[below] {$\frac{3}{2}\pi$} circle [radius=2pt];
        \filldraw[blue] (-3*pi/2,0) node[below] {$-\frac{3}{2}\pi$} circle [radius=1pt];
        \filldraw[red] (0,0) node[below] {$O$} circle [radius=3pt];
        \draw[style={->,>=stealth}] (-2*pi-2, 0) -- (2*pi+2, 0) node[below] {$x$};
        \draw[style={->,>=stealth}] (0,-2.5) -- (0,2.5) node[above] {$y=\sin x$};
    \end{tikzpicture}
\end{center}
```

上述代码中，先利用\filldraw 命令绘制 9 个点，其中零点和正数都是红色，负数为蓝色；然后利用\draw 命令绘制纵横坐标轴。

程序代码编写完成后，单击菜单栏中的"工具/构建并查看"命令（快捷键：F5）或工具栏中的 ▶ 按钮，可以看到 y=sinx 图像的坐标轴如图 11.18 所示。

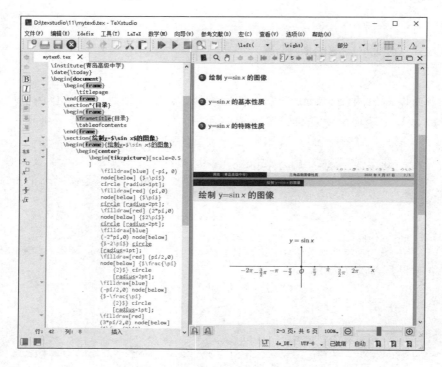

图 11.18　y=sinx 图像的坐标轴

接下来绘制 y=sinx 图像,具体代码如下。

```
    \draw[style={smooth,thick,samples=80,red},domain=-2*pi:-pi/2]
plot(\x, {sin(\x r)});
    \draw[style={smooth,thick,samples=80,magenta},domain=-pi/2:pi/2]
plot(\x, {sin(\x r)});
    \draw[style={smooth,thick,samples=80,green},domain=pi/2:pi*3/2]
plot(\x, {sin(\x r)});
    \draw[style={smooth,thick,samples=80,cyan},domain=3*pi/2:2*pi]
plot(\x, {sin(\x r)});
```

绘制 y=sinx 图像,在这里使用 4 种颜色,分别是 red、magenta、green 和 cyan。

程序代码编写完成后,单击菜单栏中的"工具/构建并查看"命令(快捷键:F5)或工具栏中的▶按钮,可以看到 y=sinx 图像的生成效果如图 11.19 所示。

第 11 章　LaTeX 幻灯片实战应用

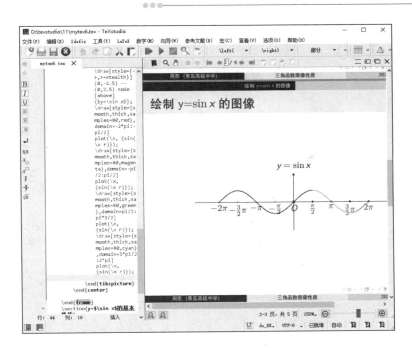

图 11.19　y=sinx 图像的生成效果

11.5.4　y=sinx 的基本性质

y=sinx 的基本性质有 4 种，分别是定义域、值域、周期性和单调性，其中单调性又分两种，分别是单调递增和单调递减。

下面通过编写代码实现 y=sinx 的基本性质的显示。这里利用表格来显示 y=sinx 的基本性质，由于要合并单元格和画不同粗细的边框，所以要调用 multirow 和 booktabs 宏包，具体代码如下。

```
\usepackage{multirow}
\usepackage{booktabs}
```

在导言区调用两个宏包后，就可以在正文区编写代码了，具体代码如下。

```
\begin{block}<2->{$y=\sin x$的基本性质}
    \begin{table}[h]
        \begin{tabular}{c|c|c}
            \toprule[1.5pt]
            \multicolumn{2}{c|}{定义域} & \onslide<3->{$
```

```
\mathbb{R}$} \\
                \midrule
                \multicolumn{2}{c|}{值域} & \onslide<4->{$[-1,1]$} \\
                \midrule
                \multicolumn{2}{c|}{周期性(最小正周期)} & \onslide<5->{$2\pi$} \\
                \midrule
                \multirow{2}{*}{单调性} & {\color{magenta}单调递增区间} & \onslide<6->{$\left[-\frac{\pi}{2}+2k\pi,\frac{\pi}{2}+2k\pi\right],k\in \mathbb{Z}$}\\
                \cmidrule{2-3}
                & {\color{green}单调递减区间} & \onslide<7->{$\left[\frac{\pi}{2}+2k\pi,\frac{3\pi}{2}+2k\pi\right],k\in \mathbb{Z}$}\\
                \bottomrule[1.5pt]
            \end{tabular}
        \end{table}
    \end{block}
```

需要注意的是，上述代码利用\onslide 命令实现逐步显示效果，即动画效果。

程序代码编写完成后，单击菜单栏中的"工具/构建并查看"命令（快捷键：F5）或工具栏中的 ▶按钮，可以看到 y=sinx 的基本性质的生成效果如图 11.20 所示。

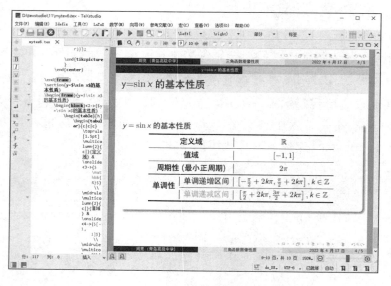

图 11.20 y=sinx 的基本性质的生成效果

11.5.5　y=sinx 的特殊性质

y=sinx 的特殊性质包括特殊点和对称性，具体实现代码如下。

```
\begin{frame}{$y=\sin x$的图像及其特殊性质}
    \begin{center}
        \begin{tikzpicture}[scale=0.5]
            \filldraw (-pi, 0) node[below] {$-\pi$} circle [radius=1pt];
            \filldraw[red] (pi,0) node[below] {$\pi$} circle [radius=2pt];
            \filldraw[red] (2*pi,0) node[below] {$2\pi$} circle [radius=2pt];
            \filldraw (-2*pi,0) node[below] {$-2\pi$} circle [radius=1pt];
            \filldraw[red] (pi/2,0) node[below] {$\frac{\pi}{2}$} circle [radius=2pt];
            \filldraw (-pi/2,0) node[below] {$-\frac{\pi}{2}$} circle [radius=1pt];
            \filldraw[red] (3*pi/2,0) node[below] {$\frac{3}{2}\pi$} circle [radius=2pt];
            \filldraw (-3*pi/2,0) node[below] {$-\frac{3}{2}\pi$} circle [radius=1pt];
            \filldraw[red] (0,0) node[below] {$O$} circle [radius=2pt];
            \draw[style={->,>=stealth}] (-2*pi-1, 0) -- (2*pi+1, 0) node[below] {$x$};
            \draw[style={->,>=stealth}] (0,-1.5) -- (0,1.5) node[above] {$y=\sin x$};
   \draw[style={smooth,thick,samples=50,cyan},domain=-2*pi:-pi/2] plot(\x, {sin(\x r)});
   \draw[style={smooth,thick,samples=50,magenta},domain=-pi/2:pi/2] plot(\x, {sin(\x r)});
   \draw[style={smooth,thick,samples=50,green},domain=pi/2:pi*3/2] plot(\x, {sin(\x r)});
   \draw[style={smooth,thick,samples=50,cyan},domain=3*pi/2:2*pi] plot(\x, {sin(\x r)});
        \end{tikzpicture}
    \end{center}
        \begin{block}{$y=\sin x$的特殊性质}
            \begin{table}[h]
                \begin{tabular}{c|c|c}
```

```
                        \toprule[1.5pt]
                        \multicolumn{2}{c|}{{\color{red}特殊点（五点作
图)}} & \onslide<2->{$\left[0,0\right],\left[\frac{\pi}{2},1\right],
\left[\pi,0\right],\left[\frac{3\pi}{2},-1\right],\left[2\pi,0\right
]$} \\
                        \midrule
                        \multirow{2}{*}{对称性} & {对称中心} & \onslide
<3->{$\left(k\pi,0\right),k\in \mathbb{Z}$}\\
                        \cmidrule{2-3}
                        & {对称轴} & \onslide<4->{$x=\frac{\pi}{2}+k\pi,
k\in \mathbb{Z}$}\\
                        \bottomrule[1.5pt]
                    \end{tabular}
                \end{table}
            \end{block}
        \end{frame}
```

上述代码中，首先绘制坐标轴和 sin$x$ 图像，然后利用表格显示其特殊性质。需要注意的是，这里利用\onslide命令实现逐步显示效果，即动画效果。

程序代码编写完成后，单击菜单栏中的"工具/构建并查看"命令（快捷键：F5）或工具栏中的 ▶ 按钮，可以看到 $y=\sin x$ 的特殊性质的生成效果如图 11.21 所示。

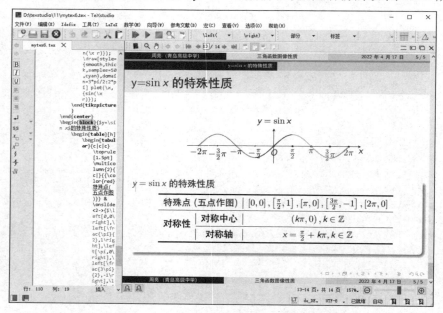

图 11.21　$y=\sin x$ 的特殊性质的生成效果

第 12 章

中学数学公式手册的排版

本章通过综合案例——中学数学公式手册的排版,将之前学习的 LaTeX 关于数学公式排版的知识进行综合应用,使我们真正掌握 LaTeX 排版的核心思想及技巧,从而学以致用。

本章主要内容包括:

- ✓ 中学数学公式手册的首页排版。
- ✓ 比例公式、分式公式和因式分解公式。
- ✓ 一次方程组解的公式和行列式公式。
- ✓ 数列公式、指数公式和对数公式。
- ✓ 三角形面积公式和四边形面积公式。
- ✓ 正多边形公式和圆公式。
- ✓ 圆柱公式和圆锥公式。
- ✓ 弧度与度的关系和三角函数的定义公式。
- ✓ 三角函数的基本关系公式和三角函数在各象限的正负。
- ✓ 三角函数的正值区域和两角和的三角函数公式。
- ✓ 倍角的三角函数公式和半角的三角函数公式。
- ✓ 中学数学公式手册的目录。

12.1 中学数学公式手册的首页排版

中学数学公式手册的首页主要包括标题、作者和日期，下面讲解如何利用 LaTeX 程序代码实现首页的排版效果。

打开 TeXstudio 软件，就可以新建一个文档，在文档中编写如下代码。

```
\documentclass{ctexart}
\title{中学数学公式手册}
\author{张可佳}
\date{\today}
\begin{document}
    \maketitle
\end{document}
```

在导言区设置中学数学公式手册的标题、作者和日期。需要注意，导言区中设置的全局变量不会直接在正文中显示，如果想在正文区中显示导言区中设置的全局变量，需要在正文区中调用 \maketitle 命令。

程序代码编写完成后，单击菜单栏中的"工具/构建并查看"命令（快捷键：F5）或工具栏中的 ▶ 按钮，可以看到中学数学公式手册首页的排版效果如图 12.1 所示。

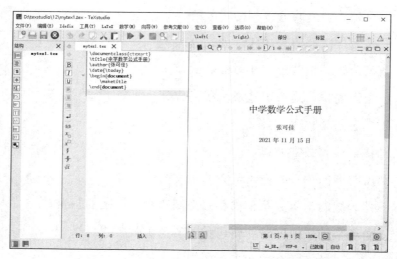

图 12.1　中学数学公式手册首页的排版效果

12.2 中学代数公式

中学代数公式有很多，如比例公式、分式公式、因式分解公式、指数公式、数列公式、对数公式等，下面详细讲解如何利用代码来实现代数公式的排版。

12.2.1 比例公式

在中学代数公式中，比例公式有十几个，如内项积等于外项积、反比也相等、更比、合比、合分比等。在排版比例公式过程中要调用 amsmath 宏包，在导言区调用该宏包的具体代码如下。

```
\usepackage{amsmath}
```

比例公式的实现代码如下。

```
\section{中学代数公式}
    \subsection{比例公式}
        设 $a:b = c:d$ 或 $\dfrac{a}{b} = \dfrac{c}{d}$, 则:
        \begin{enumerate}
            \item $ad = bc$（内项积等于外项积）
            \item $b:a = d:c$（反比也相等）
            \item $a:c = b:d$ \qquad $d:b = c:a$（更比）
            \item $\dfrac{a+b}{b} = \dfrac{c+d}{d}$（合比）
            \item $\dfrac{a-b}{b} = \dfrac{c-d}{d}$（分比）
            \item $\dfrac{a+b}{a-b} = \dfrac{c+d}{c-d}$（合分比）
            \item 设 \hspace*{0.5em} $\dfrac{a}{b} = \dfrac{c}{d} = \dfrac{e}{f} $, 则:
            \[\dfrac{a}{b} = \dfrac{la + mc + ne}{lb + md + nf} = \dfrac{\sqrt{a^2 + c^2 + e^2}}{\sqrt{b^2 + d^2 + f^2}}.\]
            \item 若 $y$ 与 $x$ 成正比（或写为 $y \propto x$），则: \\
            $\dfrac{y}{x} = k$ 或 $y = kx$（其中 $k$ 为比例常数，以下同）。
            \item 若 $y$ 与 $x$ 成反比 $\Big($ 或写为 $y \propto \dfrac{1}{x}\Big)$, 则:
            \[y:\frac{1}{x} = k \text{~或~} xy=k\]
            \item 若 $y$ 与 $x$ 成正比, $y$ 与 $z$ 也成正比（或写为 $y \propto
```

```
x, y\propto z$),则：
    \[y \propto xz \text{~或~} y=kxz\]
\end{enumerate}
```

其中，\dfrac 表示分式；\sqrt 表示平方根；\propto 表示无穷大；\Big(表示左侧大括号；\Big)表示右侧大括号；\text 表示在数学模式下写中文。

程序代码编写完成后，单击菜单栏中的"工具/构建并查看"命令（快捷键：F5）或工具栏中的 ▶ 按钮，可以看到比例公式排版效果如图 12.2 所示。

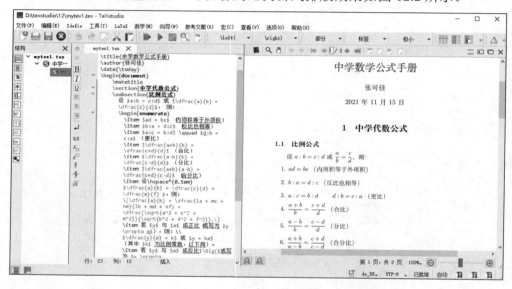

图 12.2　比例公式排版效果

12.2.2　分式公式

分式公式可以分两类，分别是分式运算公式和分项分式公式。

1. 分式运算公式

分式运算公式包括加减法运算公式、乘法运算公式、除法运算公式、乘方运算公式和开方运算公式，实现代码如下。

```
\subsection{分式公式}
    \subsubsection{分式运算公式}
```

```
\begin{enumerate}
    \item 加减法：
    \[\dfrac{a}{b}\pm \dfrac{c}{b} = \dfrac{a \pm c}{b}\qquad \dfrac{a}{b}\pm \dfrac{c}{d} = \dfrac{ad \pm bc}{bd}\]
    \item 乘法：
    \[\dfrac{a}{b} \times \dfrac{c}{d} = \dfrac{a \times c}{b \times d}.\]
    \item 除法：
    \[\dfrac{a}{b} \div \dfrac{c}{d} = \dfrac{a}{b} \times \dfrac{d}{c}.\]
    \item 乘方：
    \[\left( \dfrac{a}{b}\right)^n = \dfrac{a^n }{b^n}.\]
    \item 开方：
    \[\sqrt[\leftroot{-2}\uproot{12}   n]{\dfrac{a}{b}} = \dfrac{\sqrt[n]{a}}{\sqrt[n]{b}}.\]
\end{enumerate}
```

其中，\dfrac 表示分式；\pm 表示加减法；\times 表示乘法；\div 表示除法；\left(表示左侧大括号；\right)表示右侧大括号。

程序代码编写完成后，单击菜单栏中的"工具/构建并查看"命令（快捷键：F5）或工具栏中的 ▶ 按钮，可以看到分式运算公式排版效果如图12.3所示。

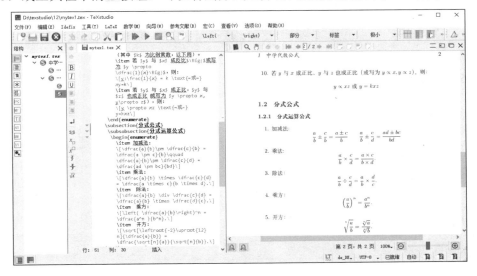

图 12.3　分式运算公式排版效果

2. 分项分式公式

分项分式公式的实现代码如下。

```
\subsubsection{分项分式公式}
    在以下各式中，等号左边都是真分式：
    \begin{enumerate}
     \item $\dfrac{A}{(x-a)(x-b)(x-c)} = \dfrac{A_1}{x-a} + \dfrac{A_2}{x-b} + \dfrac{A_3}{x-c}$,
        $A_1, A_2, A_3$都是常数
     \item $\dfrac{A}{(x-a)^3} = \dfrac{A_1}{x-a} + \dfrac{A_2}{(x-a)^2} + \dfrac{A_3}{(x-a)^3}$,
        $A_1, A_2, A_3$都是常数
     \item $\dfrac{A}{PQR^3} = \dfrac{A_1}{P} + \dfrac{A_2}{Q} + \dfrac{B_1}{R} + \dfrac{B_2}{R^2} + \dfrac{B_3}{R^3}$, 其中\\
        $P,Q,R$ 是一次式或二次质因式\\
        $A_1, A_2$ 分别比 $P, Q$ 的次数低一次\\
        $B_1, B_2, B_3$ 都比 $R$ 的次数低一次
    \end{enumerate}
```

程序代码编写完成后，单击菜单栏中的"工具/构建并查看"命令（快捷键：F5）或工具栏中的 ▶ 按钮，可以看到分项分式公式排版效果如图12.4所示。

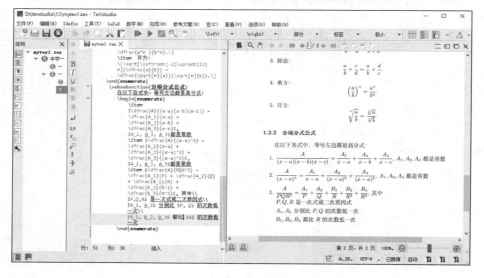

图12.4 分项分式公式排版效果

12.2.3　因式分解公式

因式分解公式包括平方和、平方差、立方和等，实现代码如下。

```
\subsection{因式分解公式}
    \begin{enumerate}
        \item $(x+a)(x+b)=x^2+(a+b)x+ab$.
        \item $(a \pm b)^2 = a^2 \pm 2ab + b^2$.
        \item $(a \pm b)^3 = a^3 \pm 3a^2b + 3ab^2 \pm b^3$.
        \item $(a+b+c)^2 = a^2 + b^2 + c^2 + 2ab + 2bc + 2ca$.
        \item $a^2 - b^2 = (a-b)(a+b)$.
        \item $a^3 \mp b^3 = (a \mp b)(a^2 \pm ab + b^2)$.
        \item $a^n - b^n = (a-b) (a^{n-1}+a^{n-2}b + a^{n-3}b^2 + \cdots + ab^{n-2} + b^{n-1})$.
        \item $a^n - b^n = (a+b) ( a^{n-1} - a^{n-2}b + a^{n-2}b^3 - \cdots + ab^{n-2} - b^{n-1}$, $n=$ 偶数
        \item $a^n + b^n = (a+b) (a^{n-1} - a^{n-2}b + a^{n-3}b^2 - \cdots - ab^{n-2} + b^{n-1}$, $n=$ 奇数
        \item $a^3 + b^3 + c^3 - 3ab= (a+b+c)(a^2 + b^2 + c^2 - ab - bc - ca)$.
    \end{enumerate}
```

程序代码编写完成后，单击菜单栏中的"工具/构建并查看"命令（快捷键：F5）或工具栏中的 ▶ 按钮，可以看到因式分解公式排版效果如图 12.5 所示。

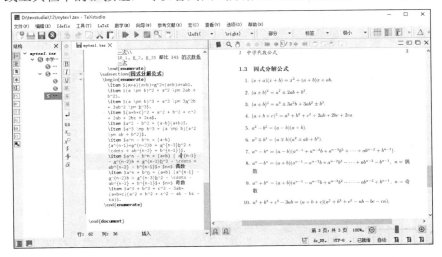

图 12.5　因式分解公式排版效果

12.2.4 一次方程组解的公式

一次方程组包括二元一次方程组、三元一次方程组，具体实现代码如下。

```
\subsection{一次方程组解的公式}
    \begin{enumerate}
        \item $\left\{
        \begin{aligned}
            a_1 x + b_1 y &= c_1\\
            a_2 x + b_2 y &= c_2
        \end{aligned}
        \right.$
        \[x = \dfrac{\Delta_x}{\Delta}\qquad\quad y=\dfrac{\Delta_y}{\Delta}\qquad\quad (\Delta\neq0)\]
        其中:$\Delta=\begin{vmatrix} a_1 &b_1\\a_2 &b_2\end{vmatrix}$\hfill
        $\Delta_x=\begin{vmatrix} c_1 &b_1\\c_2 &b_2\end{vmatrix}$\hfill
        $\Delta_y=\begin{vmatrix} a_1 &c_1\\a_2 &c_2\end{vmatrix}$
        \item $\left\{
        \begin{aligned}
            a_1x + b_1y + c_1z &= d_1\\
            a_2x + b_2y + c_2z &= d_2\\
            a_3x + b_3y + c_3z &= d_3
        \end{aligned}
        \right.$
        \[x = \frac{\Delta_x}{\Delta}\quad y=\frac{\Delta_y}{\Delta}\quad z=\frac{\Delta_z}{\Delta}\quad     (\Delta\neq0) \]
        其中: $\Delta=\begin{vmatrix}
            a_1 & b_1 & c_1\\
            a_2 & b_2 & c_2\\
            a_3 & b_3 & c_3
        \end{vmatrix} \qquad \Delta_x=\begin{vmatrix}
            d_1 & b_1 & c_1\\
            d_2 & b_2 & c_2\\
            d_3 & b_3 & c_3
        \end{vmatrix}$ \qquad
        \[\Delta_y=\begin{vmatrix}
            a_1 & d_1 & c_1\\
            a_2 & d_2 & c_2\\
```

```
    a_3 & d_3 & c_3
\end{vmatrix}\qquad\Delta_z=\begin{vmatrix}
    a_1 & b_1 & d_1\\
    a_2 & b_2 & d_2\\
    a_3 & b_3 & d_3
\end{vmatrix} \]
\item $\left\{\begin{aligned}
    a_1x + b_1y + c_1z &= 0\\
    a_2x + b_2y + c_2z &= 0
\end{aligned}\right.$
\[\frac{x}{\begin{vmatrix} b_1 & c_1 \\ b_2 & c_2
\end{vmatrix}}
= \frac{y}{\begin{vmatrix} c_1 & a_1 \\ c_2 & a_2
\end{vmatrix}}
= \frac{z}{\begin{vmatrix} a_1 & b_1 \\ a_2 & b_2
\end{vmatrix}} = k\]
\end{enumerate}
```

其中，\left\{和\right.一起使用，表示只显示左侧大括号；\Delta 表示Δ；\neq 表示不等于，注意这里还使用矩阵环境。

程序代码编写完成后，单击菜单栏中的"工具/构建并查看"命令（快捷键：F5）或工具栏中的 ▶ 按钮，可以看到一次方程组解的公式排版效果如图 12.6 所示。

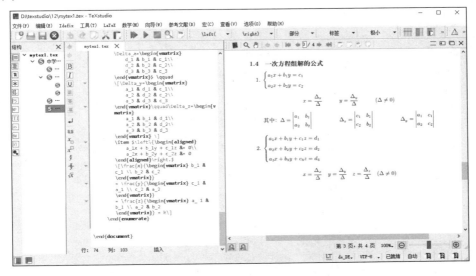

图 12.6　一次方程组解的公式排版效果

12.2.5 行列式公式

行列式在数学中是一个函数,其定义域为 det 的矩阵 A,取值为一个标量,写作 $det(A)$ 或 $|A|$。无论是在线性代数、多项式理论,还是在微积分学中(如换元积分法),行列式作为基本的数学工具,都有着重要的应用。

由于在这里要绘制图形,因此要先在导言区调用 tikz 宏包,具体代码如下。

```
\usepackage{tikz}
```

行列式公式的实现代码如下。

```
\subsection{行列式公式}
    \begin{enumerate}
        \item $\begin{vmatrix} a_1 & b_1\\a_2 & b_2\end{vmatrix}= a_1 b_2 - a_2 b_1$.
        \item
        \begin{align*}
            \begin{vmatrix}
                a_1 &b_1 &c_1\\
                a_2 &b_2 &c_2\\
                a_3 &b_3 &c_3
            \end{vmatrix}&=a_1\begin{vmatrix}
                b_2&c_2\\b_3&c_3
            \end{vmatrix}-a_2\begin{vmatrix}
                b_1&c_1\\b_3&c_3
            \end{vmatrix}+a_3\begin{vmatrix}
                b_1&c_1\\b_2&c_2
            \end{vmatrix}\\
            &=a_1b_2c_3 - a_1b_3c_2 + a_2b_3c_1 - a_2b_1c_3 \\
            &\phantom{=}+ a_3b_1c_2 - a_3b_2c_1.
        \end{align*}
        \begin{minipage}{0.4\textwidth}
            \centering
            \begin{tikzpicture}[scale=0.6,inner sep=1pt]
                \draw(-1,1)node(a1){$a_1$} (0,1)node(b1){$b_1$} (1,1)node(c1){$c_1$}
```

```
                    (-1,0)node(a2){$a_2$} (0,0)node(b2){$b_2$} (1,0)node
(c2){$c_2$}
                    (-1,-1)node(a3){$a_3$} (0,-1)node(b3){$b_3$} (1,-1)
node(c3){$c_3$};
\draw(a1)--(b2)--(c3)--([turn]0:0.7) (b2)--(a1)--([turn]0:0.7);
\draw(b1)--(c2)--([turn]0:0.3)arc(45:-135:1.06)--(a3)
(c2)--(b1)--([turn]0:0.7);           \draw(a2)--(b3)--([turn]0:
0.35)arc(-135:45:1.06)--(c1)--([turn]0:0.7) (b3)--(a2)--([turn]0:0.7);
    \begin{scope}[densely dashed]
        \draw(a3)--(b2)--(c1)--([turn]0:0.7);
        \draw(a3)--(-135:2.1);          \draw(c2)--(b3)--([turn]
0:0.4)arc(-45:-225:1.06)--(a1)--++(45:0.7);
        \draw(c2)--++(45:0.7);           \draw(b1)--(a2)--
([turn]0:0.35)arc(-225:-45:1.06)--(c3)--++(45:0.7);
                    \draw(b1)--++(45:0.7);
             \end{scope}
          \end{tikzpicture}
       \end{minipage}
      \hfill 或 \hfill
         \begin{minipage}{0.4\textwidth}
            \centering
           \begin{tikzpicture}[scale=0.6,inner sep=1pt]
             \draw(-1,1)node(a1){$a_1$} (0,1)node(b1){$b_1$} (1,1)
node(c1){$c_1$}
                    (-1,0)node(a2){$a_2$} (0,0)node(b2){$b_2$} (1,0)
node(c2){$c_2$}
                    (-1,-1)node(a3){$a_3$} (0,-1)node(b3){$b_3$} (1,-1)
node(c3){$c_3$}
                    (2,1)node(a11){$a_1$}(3,1)node(b11){$b_1$}
                    (2,0)node(a22){$a_2$}(3,0)node(b22){$b_2$}
                    (2,-1)node(a33){$a_3$}(3,-1)node(b33){$b_3$};
\draw(a1)--(b2)--(c3)--([turn]0:0.7) (b2)--(a1)--([turn]0:0.7);
            \draw(b1)--(c2)--(a33)--++(-45:0.7) (b1)--++(135:0.7);
\draw(c1)--(a22)--(b33)--++(-45:0.7) (c1)--++(135:0.7);
     \begin{scope}[densely dashed]
            \draw(a3)--(b2)--(c1)--++(45:0.7) (a3)--++(-135:0.7);
\draw(a11)--(c2)--(b3)--++(-135:0.7) (a11)--++(45:0.7);
\draw(b11)--(a22)--(c3)--++(-135:0.7) (b11)--++(45:0.7);
```

```
            \end{scope}
        \end{tikzpicture}
    \end{minipage}
            即，各实线上元素乘积之和减去各虚线上元素乘积之和。
    \item
    \begin{align*}
        \begin{vmatrix}
            a_1 & b_1 & c_1\\
            a_2 & b_2 & c_2\\
            a_3 & b_3 & c_3
        \end{vmatrix}&=
        \begin{vmatrix}
            a_1 & a_2 & a_3\\
            b_1 & b_2 & b_3\\
            c_1 & c_2 & c_3
        \end{vmatrix}=-
        \begin{vmatrix}
            a_1 & c_1 & b_1\\
            a_2 & c_2 & b_2\\
            a_3 & c_3 & b_3
        \end{vmatrix}\\
        &=\begin{vmatrix}
            k a_1 & b_1 & c_1\\
            k a_2 & b_2 & c_2\\
            k a_3 & b_3 & c_3
        \end{vmatrix}=
        \begin{vmatrix}
            a_1+kb_1 & b_1 & c_1\\
            a_2+kb_2 & b_2 & c_2\\
            a_3+kb_3 & b_3 & c_3
        \end{vmatrix}
    \end{align*}
    \item $\begin{vmatrix}
        0 & b_1 & c_1\\
        0 & b_2 & c_2\\
        0 & b_3 & c_3
    \end{vmatrix}=0,\begin{vmatrix}
        b_1 & b_1 & c_1\\
```

```
    b_2 & b_2 & c_2\\
    b_3 & b_3 & c_3
\end{vmatrix}=0,\begin{vmatrix}
    k b_1 & b_1 & c_1\\
    k b_2 & b_2 & c_2\\
    k b_3 & b_3 & c_3
\end{vmatrix}=0$.
\item $\begin{vmatrix}
    a_1 & b_1 & c_1\\
    a_2 & b_2 & c_2\\
    a_3 & b_3 & c_3
\end{vmatrix}=\begin{vmatrix}
    a_1' & b_1 & c_1\\
    a_2' & b_2 & c_2\\
    a_3' & b_3 & c_3
\end{vmatrix}=\begin{vmatrix}
    a_1+a_1' & b_1 & c_1\\
    a_2+a_2' & b_2 & c_2\\
    a_3+a_3' & b_3 & c_3
\end{vmatrix}$.
\item $\begin{vmatrix}
    a_1 & b_1 & c_1\\
    a_2 & b_2 & c_2\\
    a_3 & b_3 & c_3
\end{vmatrix}=\begin{vmatrix}
    x_1 & y_1 & z_1\\
    x_2 & y_2 & z_2\\
    x_3 & y_3 & z_3
\end{vmatrix}=\left|\begin{matrix}
    a_1x_1 + a_2x_2 + a_3x_3\\
    b_1x_1 + b_2x_2 + b_3x_3\\
    c_1x_1 + c_2x_2 + c_3x_3
\end{matrix}\right.\\
$\left.   \begin{matrix}
    a_1y_1 + a_2y_2 + a_3y_3 & a_1z_1 + a_2z_2 + a_3z_3\\
    b_1y_1 + b_2y_2 + b_3y_3 & b_1z_1 + b_2z_2 + b_3z_3\\
    c_1y_1 + c_2y_2 + c_3y_3 & c_1z_1 + c_2z_2 + c_3z_3
\end{matrix}\right|$.
```

```
    {\heiti [注]}\quad(3),(4),(5),(6) 的性质,在四阶以上也适用.
\end{enumerate}
```

其中,vmatrix 表示产生定界符为一竖线的矩阵,利用 minipage 环境实现两个图形的并排。

程序代码编写完成后,单击菜单栏中的"工具/构建并查看"命令(快捷键:F5)或工具栏中的 ▶ 按钮,可以看到行列式公式排版效果如图 12.7 所示。

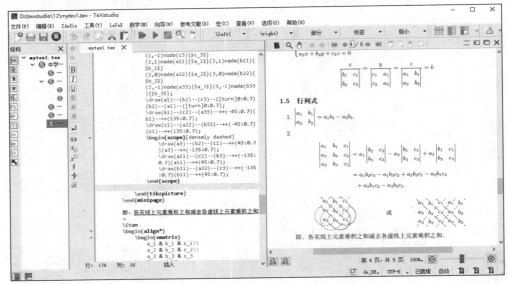

图 12.7 行列式公式排版效果

12.2.6 数列公式

数列公式包括等差数列公式、等比数列公式、调和数列公式,下面以程序代码的形式分别进行讲解。

1. 等差数列公式

等差列公式实现代码如下。

```
\subsection{数列公式}
    \subsubsection{等差数列公式}
```

```
        设首项${}=a_1$，公差${}=d$，项数${}=n$，第 $n$ 项${}=a_n$，则：
        \begin{enumerate}
          \item 通项  $a_n = a_1 + (n-1)d$.
          \item 前 $n$ 项和
            $s_n = \dfrac{a_1 + a_n}{2}n = na_1 + \dfrac{n(n-1)}{2}d$.
          \item 等差中项 若$a$, $b$, $c$ 成等差级数，则：$b=\dfrac{1}{2}(a+c)$.
        \end{enumerate}
```

程序代码编写完成后，单击菜单栏中的"工具/构建并查看"命令（快捷键：F5）或工具栏中的 ▶ 按钮，可以看到等差数列公式排版效果如图 12.8 所示。

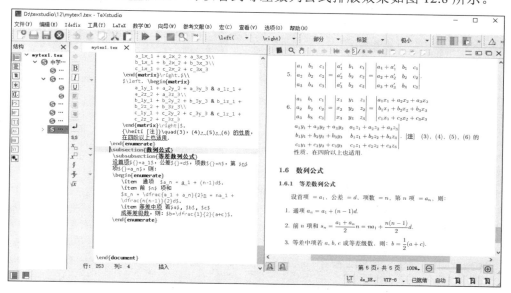

图 12.8　等差数列公式排版效果

2. 等比数列公式

等比数列公式实现代码如下。

```
\subsubsection{等比数列公式}
    设首项${}=a_1$，公比${}=d$，项数${}=n$，第 $n$ 项${}=a_n$，则：
    \begin{enumerate}
      \item 通项  $a_n = a_1 q^{n-1}$.
      \item 前$n$ 项和
      \[s_n = \dfrac{a_1-a_nq}{1-q} = d\dfrac{a_1(1-q^n)}{1-q}=
```

```
\dfrac{a_1(q^n-1)}{q-1}.\]
    \item 等比中项  若$a$, $b$, $c$ 成等比级数，则：
    \[ b = \pm \sqrt{ac}. \]
    \item 无穷递减等比级数的和：
    \[s = \dfrac{a_1}{1-q},\qquad(|\hbox to 1.5ex{\hfil$q$\hfil\hfil}|<1).\]
\end{enumerate}
```

程序代码编写完成后，单击菜单栏中的"工具/构建并查看"命令（快捷键：F5）或工具栏中的 ▶ 按钮，可以看到等比数列公式排版效果如图12.9所示。

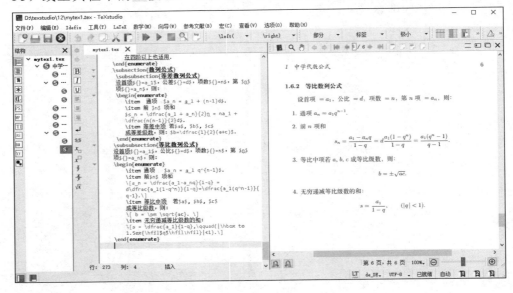

图12.9　等比数列公式排版效果

3．调和数列公式

调和数列公式实现代码如下。

```
\subsubsection{调和数列公式}
  设 $a$, $b$, $c$ 成调和级数，则：
  \begin{enumerate}
    \item $a-b:b-c=a:c$
    \item 调和中项：$b=\dfrac{2ac}{a+c}$
    \item $\dfrac{1}{a}$, $\dfrac{1}{b}$, $\dfrac{1}{c}$ 成等差级数。
    \item $a-\dfrac{b}{2}$, $b-\dfrac{b}{2}$, $c-\dfrac{b}{2}$ 成
```

等比级数。
```
    \item 设 $A$,$G$,$H$ 分别表二数的等差中项, 等比中项与调和中项, 则:
    \[ AH = G^2 \]
\end{enumerate}
```

程序代码编写完成后,单击菜单栏中的"工具/构建并查看"命令(快捷键: F5)或工具栏中的 ▶ 按钮,可以看到调和数列公式排版效果如图 12.10 所示。

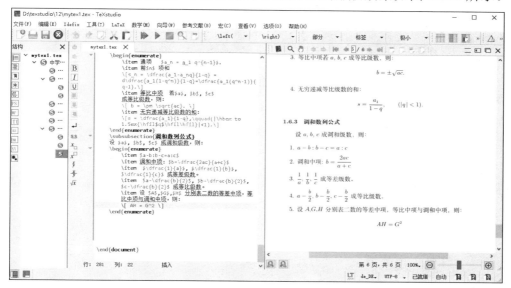

图 12.10　调和数列公式排版效果

12.2.7　指数公式

指数公式的实现代码如下。

```
\subsection{指数公式}
    \begin{enumerate}
    \item $a^m \cdot a^n = a^{m+n}$.
    \item $a^m \div a^n = a^{m-n}$.
    \item $(a^m)^n = a^{mn}$.
    \item $(ab)^m = a^m b^m$.
    \item $\left( \dfrac{a}{b} \right)^m = \dfrac{a^m}{b^m}$.
    $a^{\frac{m}{n}} = \sqrt[n]{a^m} = ( \!\sqrt[n]{a}
```

```
            )^m$.
    \item $a^0 = 1$.
    \item $a^{-m} = \dfrac{1}{a^m}$.
\end{enumerate}
```

程序代码编写完成后,单击菜单栏中的"工具/构建并查看"命令(快捷键:F5)或工具栏中的 ▶ 按钮,可以看到指数公式排版效果如图 12.11 所示。

图 12.11　指数公式排版效果

12.2.8　对数公式

对数公式的实现代码如下。

```
\subsection{对数公式}
    $a>0$, $a\neq 1$,
    \begin{enumerate}
    \item 若 $a^x = M$, 则 $\log_a\! M = x$.
    \item 对数恒等式: $a^{\log_a \!M} = M$.
    \item 1 的对数为零, \quad $\log_a \!1 = 0$.
    \item 底的对数为 1, \quad $\log_a \!a = 1$.
    \item $\log_a (MN) = \log_a\!M + \log_a\!N$.
```

```
            \item $\log_a \!\left( \dfrac{M}{N} \right) = \log_a\!M - \log_a\!N$.
            \item $\log_a(M^n) = n\log_a\!M$.
            \item $\log_a\!\!\sqrt[n]{M} = \frac{1}{n}\log_a\!M$.
            \item 换底公式: \quad $\log_a\!M = \dfrac{\log_b\!M}{\log_b\!a}$.
            \begin{enumerate}
                \item $\log_a\!b \cdot \log_b\!a = 1$.
                \item $\log M = 0.4343 \ln M$.
                \item $\ln M = 2.3026 \log M$.
            \end{enumerate}
        \item 常用对数首数的求法（尾数由对数表查出）。
        \begin{enumerate}
            \item 大于 1 的真数,对数的首数为正,其值比整数位数少~1。
            \item 小于 1 的真数,对数的首数为负；它的绝对值等于真数首位有效数字左面零的个数（包括小数点前的一个零）.
        \end{enumerate}
    \end{enumerate}
```

程序代码编写完成后，单击菜单栏中的"工具/构建并查看"命令（快捷键：F5）或工具栏中的 ▶ 按钮，可以看到对数公式排版效果如图 12.12 所示。

图 12.12　对数公式排版效果

12.3　中学几何公式

中学几何公式包括：三角形面积公式、四边形面积公式、正多边形公式、圆形公式等，下面详细讲解如何利用代码来实现中学几何公式的排版。

12.3.1　三角形面积公式

三角形面积公式的实现代码如下。

```
\section{中学几何公式}
    \subsection{三角形面积公式}
        \noindent
        \begin{minipage}{0.5\textwidth}
        \begin{align*}
            &\Delta = \dfrac{1}{2} ab \sin C,\\
            &\Delta = \sqrt{s (s-a) (s-b) (s-c)},
        \end{align*}
        其中, $s=\dfrac12(a+b+c)$,
        \[\Delta = \dfrac{c^2 \sin A \sin B}{2\sin(A+B)}.\]
        \end{minipage}
        \begin{minipage}{0.5\textwidth}
        \centering
        \begin{tikzpicture}[scale=1.3]
\draw(0,0)coordinate(A)node[below]{$A$}--node[below]{$b$}(3,0)coordinate(C)node[below]{$C$}  --node[above right]{$a$}
    (1,2)coordinate(B)node[above]{$B$}--node[above left]{$c$}cycle;
        \end{tikzpicture}
        \end{minipage}
```

注意，这里利用 minipage 环境实现并排效果，\noindent 命令表示没有缩进。

程序代码编写完成后，单击菜单栏中的"工具/构建并查看"命令（快捷键：F5）或工具栏中的 ▶ 按钮，可以看到三角形面积公式排版效果如图 12.13 所示。

图 12.13 三角形面积公式排版效果

12.3.2 四边形面积公式

四边形主要有 4 种形式，分别是矩形、平行四边形、菱形和梯形。

1. 矩形面积公式

矩形面积公式的实现代码如下。

```
\subsection{四边形面积公式}
    \subsubsection{矩形面积公式}
    \begin{center}
     \begin{tikzpicture}
        \node at(-3,0)  {$S=ab$.};
        \draw[thick]  (-1.5,-0.6)--node[below]{$b$}(1.5,-0.6)--(1.5,0.6)
        --(-1.5,0.6)--node[left]{$a$}cycle;
     \end{tikzpicture}
    \end{center}
```

程序代码编写完成后，单击菜单栏中的"工具/构建并查看"命令（快捷键：F5）或工具栏中的 ▶ 按钮，可以看到矩形面积公式排版效果如图12.14所示。

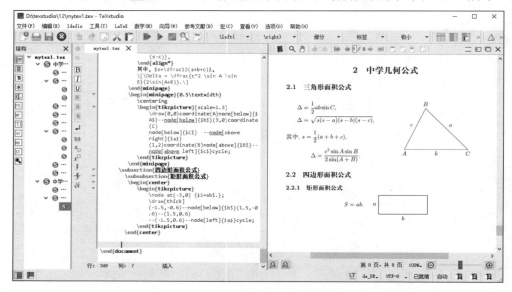

图12.14　矩形面积公式排版效果

2．平行四边形面积公式

平行四边形面积公式的实现代码如下。

```
\subsubsection{平行四边形面积公式}
        \noindent
        \begin{minipage}{0.5\textwidth}
          \begin{enumerate}
            \item $S=bh$.
            \item $S=ab\sin\phi$.
          \end{enumerate}
        \end{minipage}
        \begin{minipage}{0.5\textwidth}\hfill
          \begin{tikzpicture}
              \draw[thick](0,0)--node[above left]{$a$}++(60:2)--++(3,0)--++(-120:2)
                  --node[below]{$b$}cycle;
\draw[dashed](2.4,0)--node[right]{$h$}++(0,{sqrt(3)});
```

```
            \draw (0.5,0)arc(0:60:0.5);
            \node at(30:0.7){$\phi$};
        \end{tikzpicture}
\end{minipage}
```

程序代码编写完成后,单击菜单栏中的"工具/构建并查看"命令(快捷键:F5)或工具栏中的 ▶ 按钮,可以看到平行四边形面积公式排版效果如图 12.15 所示。

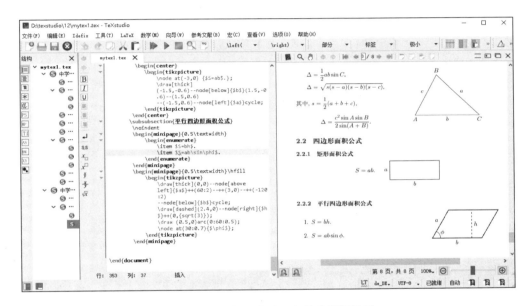

图 12.15　平行四边形面积公式排版效果

3．菱形面积公式

菱形面积公式的实现代码如下。

```
\subsubsection{菱形面积公式}
    \noindent
    \begin{minipage}{0.5\textwidth}
        \begin{enumerate}
            \item $S=ah$.
            \item $S= a^2 \sin\phi$.
            \item $S= \frac{d_1 d_2}{2}$.
```

```
            \end{enumerate}
        \end{minipage}
        \begin{minipage}{0.5\textwidth}
            \hfill
            \begin{tikzpicture}
                \draw[thick](0,0)coordinate(A)--node[above left]{$a$}++(60:2)coordinate(B)--++(2,0)coordinate(C)--++(-120:2)coordinate(D)--node[below]{$a$}cycle;
                \draw[dashed](A)--node[below,pos=0.7]{$d_2$}(C)(B)--node[left,pos=0.3]{$d_1$}(D);
                \draw(0.5,0)arc(0:60:0.5);
                \node[fill=white,inner sep=0pt] at(30:0.7){$\phi$};
                \draw(4,0)--(4,{sqrt(3)})node[midway,inner sep=0pt,fill=white]{$h$};
            \end{tikzpicture}
        \end{minipage}
```

程序代码编写完成后，单击菜单栏中的"工具/构建并查看"命令（快捷键：F5）或工具栏中的 ▶ 按钮，可以看到菱形面积公式排版效果如图 12.16 所示。

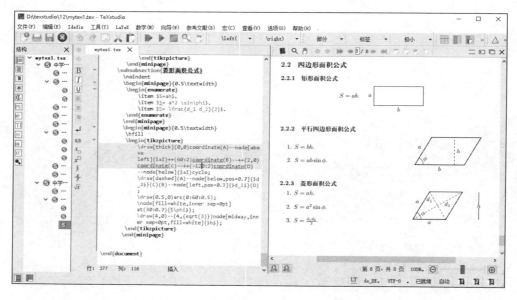

图 12.16　菱形面积公式排版效果

4. 梯形面积公式

梯形面积公式的实现代码如下。

```
\subsubsection{梯形面积公式}
    \noindent
    \begin{minipage}{0.5\textwidth}
        \begin{align*}
            S &= \dfrac{a_1+a_2}{2} h&= \text{中线} \times \text{高}
        \end{align*}
    \end{minipage}%
    \begin{minipage}{0.5\textwidth}
        \hfill
        \begin{tikzpicture}
\draw[thick](0,0)coordinate(A)--++(60:2)coordinate(B)--node[above]{$a_1$}++(2,0)coordinate(C)--(3.4,0)coordinate(D)--node[below]{$a_2$}cycle;
            \draw[dashed](B)--node[left]{$h$}(B|-0,0);
        \end{tikzpicture}
    \end{minipage}
```

程序代码编写完成后，单击菜单栏中的"工具/构建并查看"命令（快捷键：F5）或工具栏中的 ▶ 按钮，可以看到梯形面积公式排版效果如图 12.17 所示。

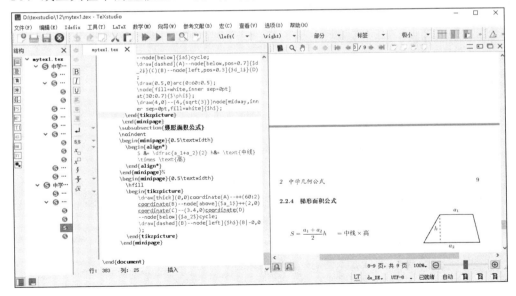

图 12.17 梯形面积公式排版效果

12.3.3 正多边形公式

正多边形主要有 5 种形式，分别是等边三角形、正方形、正五边形、正六边形和正 n 边形。

先来看一下正多边形的各项参数，代码如下。

```
\subsection{正多边形公式}
    \noindent
    \begin{minipage}{0.6\textwidth}
    \begin{tabular}{cl}
        设\quad & $a=$ 正多边形边长,\\
        & $R=$ 外接圆半径,\\
        & $r=$ 内切圆半径,\\
        & $2s=$ 多边形周长, \\
        & $\alpha=$ 圆内角 $\bigg(\alpha=\dfrac{360^\circ}n\bigg)$,\\
        & $S=$多边形面积.
    \end{tabular}
    \end{minipage}%
    \begin{minipage}{0.4\textwidth}
    \hfill
    \begin{tikzpicture}[rounded corners=.5pt]
        \draw(0,0)circle(2)circle({sqrt(3)});
        \draw[thick](0:2)--(60:2)--node[above,inner sep=1pt]{$a$}(120:2)
        --(180:2)--(240:2)--(300:2)--cycle;
        \draw(0,0)--node[right]{$R$}(60:2) (0,0)--(120:2)
        (0,0)--node[right]{$r$}(0,{sqrt(3)});
        \draw (0,0)arc(60:70:0.1);
        \node at(75:0.5){$\alpha$};
    \end{tikzpicture}
    \end{minipage}
```

程序代码编写完成后，单击菜单栏中的"工具/构建并查看"命令（快捷键：F5）或工具栏中的 ▶ 按钮，可以看到正多边形的各项参数排版效果如图 12.18 所示。

第 12 章　中学数学公式手册的排版

图 12.18　正多边形的各项参数排版效果

1．等边三角形公式

等边三角形公式的实现代码如下。

```
\subsubsection{等边三角形公式}
    \begin{enumerate}
        \item $S = \frac{\sqrt{3}}{4} a^2 = \frac{3}{4}\sqrt{3}  R^2 = 3\sqrt{3}  r^2 $.
        \item $a = \sqrt{3}  R$.
        \item $r= \frac{\sqrt{3}}{6} R$.
        \item $L= \frac{a}{\sqrt{3}}$.
    \end{enumerate}
```

程序代码编写完成后，单击菜单栏中的"工具/构建并查看"命令（快捷键：F5）或工具栏中的 ▶ 按钮，可以看到等边三角形公式排版效果如图 12.19 所示。

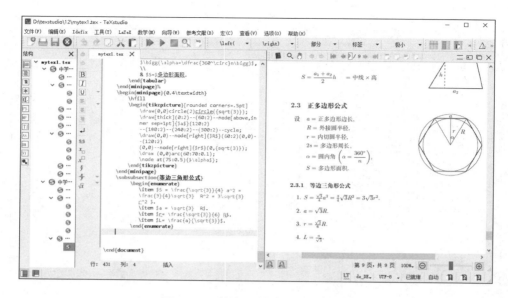

图 12.19　等边三角形公式排版效果

2. 正方形公式

正方形公式的实现代码如下。

```
\subsubsection{正方形公式}
    \begin{enumerate}
        \item $S = a^2 = 2R^2 = 4r^2$.
        \item $a = \sqrt{2}  R$.
        \item $r = \frac{1}{2} a$.
        \item $R = \frac{a}{\sqrt{2}}$.
    \end{enumerate}
```

程序代码编写完成后，单击菜单栏中的"工具/构建并查看"命令（快捷键：F5）或工具栏中的▶按钮，可以看到正方形公式排版效果如图 12.20 所示。

3. 正五边形公式

正五边形公式的实现代码如下。

```
\subsubsection{正五边形公式}
    \begin{enumerate}
        \item $S= \dfrac{a^2}{4} \sqrt{25 + 10\sqrt{5}}$
        \item $a= \dfrac{1}{2}R \sqrt{10-2\sqrt{5}}$
        \item $r= \dfrac{1}{2} a \sqrt{\dfrac{5+ 2\sqrt{5}}{5}}$
```

```
    \item $R= \dfrac{1}{2} a \sqrt{\frac{10+ 2\sqrt{5}}{5}}$
\end{enumerate}
```

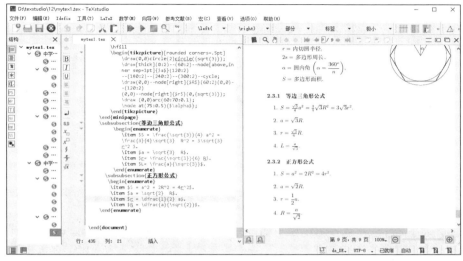

图 12.20　正方形公式排版效果

程序代码编写完成后，单击菜单栏中的"工具/构建并查看"命令（快捷键：F5）或工具栏中的 ▶ 按钮，可以看到正五边形公式排版效果如图 12.21 所示。

图 12.21　正五边形公式排版效果

4．正六边形公式

正六边形公式的实现代码如下。

```
\subsubsection{正六边形公式}
 \begin{enumerate}
  \item $S= \dfrac{3}{2}\sqrt{3}  a^2 = \frac{3}{2}\dsqrt{3}  R^2$
   \item $a = R$
    \item $r = \dfrac{\sqrt{3}}{2} a$
     \item $R=a$
\end{enumerate}
```

程序代码编写完成后，单击菜单栏中的"工具/构建并查看"命令（快捷键：F5）或工具栏中的 ▶ 按钮，可以看到正六边形公式排版效果如图12.22所示。

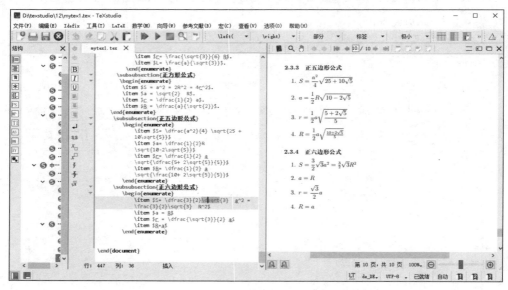

图12.22　正六边形公式排版效果

5．正 n 边形公式

正 n 边形公式的实现代码如下。

```
\subsubsection{正$n$ 边形}
    \begin{enumerate}
       \item $S = \dfrac{1}{2} n R^2 \sin \alpha = nr^2 \tan \dfrac
```

{\alpha}{2}$.

　　\item $a = 2R\sin \dfrac{\alpha}{2} = 2r \tan \frac{\alpha}{2}$.

　　\item $R = \dfrac{a}{2 \sin \dfrac{\pi}{n}}$.

\end{enumerate}

程序代码编写完成后，单击菜单栏中的"工具/构建并查看"命令（快捷键：F5）或工具栏中的 ▶ 按钮，可以看到正 n 边形公式排版效果如图 12.23 所示。

图 12.23　正 n 边形公式排版效果

12.3.4　圆公式

圆公式的实现代码如下。

```
\subsection{圆公式}
    设$R=$半径，$D=$直径，则：
    \begin{enumerate}
      \item 圆周长：$C = \pi D = 2\pi R$.
      \item 含$\theta$ 的弧长：$l = R\theta$,（$\theta$ 以弧度计算）
      \item 圆面积：$S = \pi R^2 = \dfrac{1}{4}\pi D^2$.
```

```
            \item 扇形面积：$A = \dfrac{1}{2} Rl = \frac{1}{2} R^2 \theta$.
            \begin{tikzpicture}[thick]
                \draw(0,0)node[above]{$\theta$}--node[below right]{$R$}(40:2)
                arc(40:140:2)--cycle;
                \node at(90:2.2){$l$};
            \end{tikzpicture}
        \end{enumerate}
```

程序代码编写完成后，单击菜单栏中的"工具/构建并查看"命令（快捷键：F5）或工具栏中的 按钮，可以看到圆公式排版效果如图 12.24 所示。

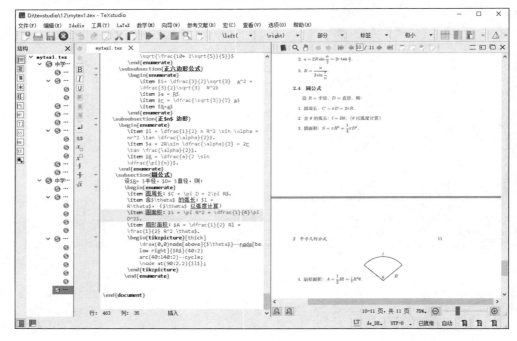

图 12.24　圆公式排版效果

12.3.5　圆柱公式

圆柱公式的实现代码如下。

```
\subsection{圆柱公式}
```

```
    设$R=$底半径, $H=$柱高, 则:
    \begin{enumerate}
        \item 侧面积$ = 2\pi RH $.
        \item 全面积 $=2\pi R(H+R)$.
        \item 体积 $=\pi R^2H$.
    \end{enumerate}
```

程序代码编写完成后, 单击菜单栏中的"工具/构建并查看"命令(快捷键: F5)或工具栏中的 ▶ 按钮, 可以看到圆柱公式排版效果如图 12.25 所示。

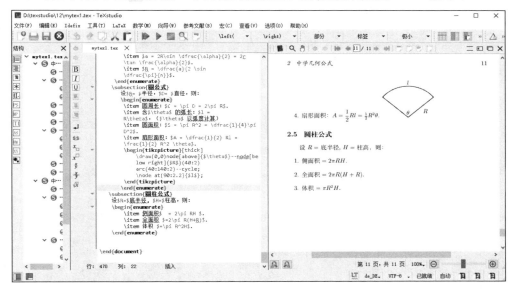

图 12.25　圆柱公式排版效果

12.3.6　圆锥公式

圆锥公式的实现代码如下。

```
\subsection{圆锥公式}
    \noindent
    \begin{minipage}{0.5\textwidth}
    \begin{enumerate}
        \item 侧面积$ = \pi R l $.
```

```
            \item 全面积 $=\pi R(l+R)$.
            \item 体积 $=\dfrac13\pi R^2H$.
        \end{enumerate}
        其中$l=\sqrt{H^2+R^2}$.
    \end{minipage}
    \begin{minipage}{0.5\textwidth}
    \hfill
    \begin{tikzpicture}
        \draw[dashed](0,3)--node[right,inner sep=1pt]{$H$}(0,0)--node[below]{$R$}(1,0);
        \draw[thick](1,0)--(0,3)--node[above left]{$l$}(-1,0);
        \draw(-1,0)arc(-180:0:1 and 0.5);
        \draw[dashed](-1,0)arc(180:0:1 and 0.5);
    \end{tikzpicture}
    \end{minipage}
```

程序代码编写完成后，单击菜单栏中的"工具/构建并查看"命令（快捷键：F5）或工具栏中的 ▶ 按钮，可以看到圆锥公式排版效果如图 12.26 所示。

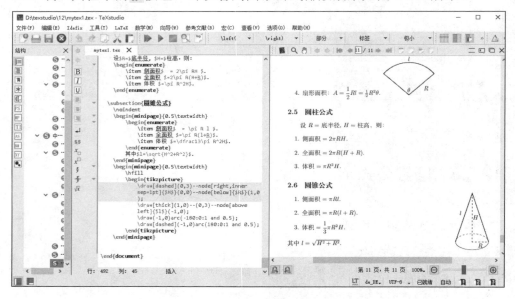

图 12.26　圆锥公式排版效果

12.4　中学平面三角公式

中学平面三角公式包括：弧度与度的关系、三角函数的定义公式、三角函数的基本关系公式、三角函数在各象限的正负、三角函数的正值区域、两角和的三角函数公式、倍角的三角函数公式、半角的三角函数公式等，下面详细介绍如何利用代码来实现平面三角公式的显示。

12.4.1　弧度与度的关系

弧度与度的关系的实现代码如下。

```
\section{平面三角公式}
    \subsection{弧度与度的关系}
    $\dfrac{\theta}{\pi} = \dfrac{D}{180}$，（$D$ 与\ $\theta$ 表同一角的度数与弧度数）
    \begin{enumerate}
    \item $180^\circ = \pi \,\text{弧度} = 3.1415926535 \,\text{弧度}$.\\
    $1^\circ = 0.01745329 \,\text{弧度}$.\\
    $1' = 0.0002909\,\text{弧度}$.\\
    $1'' = 0.00000485 \,\text{弧度}$.
    \item $1 \,\text{弧度} = \dfrac{180^\circ}{\pi} = 57.2958\cdots^\circ \doteq 57^\circ17' 44.8''$
    \end{enumerate}
```

程序代码编写完成后，单击菜单栏中的"工具/构建并查看"命令（快捷键：F5）或工具栏中的 ▶ 按钮，可以看到弧度与度的关系排版效果如图12.27所示。

图 12.27　弧度与度的关系排版效果

12.4.2　三角函数的定义公式

三角函数的定义公式的实现代码如下。

```
\subsection{三角函数的定义公式}
    \begin{center}
    \begin{tikzpicture}[inner sep=1pt]
        \draw[thick](0,0)--node[below]{邻\quad 边}(3,0)--node[right,align=center]{对\\边}
        (3,1.6)--node[above,sloped]{斜\quad 边}cycle;
        \draw(0.4,0)arc(0:30:0.4);
        \node at(15:0.6){$\alpha$};
    \end{tikzpicture}\qquad
    \begin{tikzpicture}
        \draw[->](-1,0)--(0,0)node[below left]{$O$}--(3,0)node[below]{$x$};
        \draw[->](0,-1)--(0,2)node[right]{$y$};
    \draw[thick](0,0)--node[below]{$x$}(2,0)--node[right]{$y$}
```

```
                (2,1.2)node[above right]{$P(x,y)$}--node[above,sloped]
{$r$}cycle;
            \draw[->](0.4,0)arc(0:30:0.4);
            \node at(15:0.6){$\alpha$};
        \end{tikzpicture}
    \end{center}
    \begin{center}
        \begin{tikzpicture}
            \draw[->](-2.5,0)--(0,0)node[below left]{$O$}--(1.5,0)
node[below]{$x$};
            \draw[->](0,-0.5)--(0,2)node[right]{$y$};
            \draw[->](0.5,0)arc(0:150:0.5);
            \node at(65:0.3){$\alpha$};
            \draw[thick](0,0)--node[above right]{$r$}(150:2.5)
coordinate(P)node[above]{$P(x,y)$}--node[left]{$y$}    (P|-0,0)—node
[below]{$x$}cycle;
        \end{tikzpicture}\qquad
        \begin{tikzpicture}
            \draw[->](-2.5,0)--(0,0)node[below right]{$O$}--(1.5,0)
node[below]{$x$};
            \draw[->](0,-2)--(0,1)node[right]{$y$};
            \draw[->](0.5,0)arc(0:210:0.5);
            \node at(120:0.3){$\alpha$};
            \draw[thick](0,0)--node[below right]{$r$}(210:2.5)
coordinate(P)node[below]{$P(x,y)$}--node[left]{$y$}    (P|-0,0)—node
[above]{$x$}cycle;
        \end{tikzpicture}
    \end{center}
    \begin{center}
        \begin{tikzpicture}
            \draw[->](-1,0)--(0,0)node[below left]{$O$}--(3,0)node
[below]{$x$};
            \draw[->](0,-2)--(0,1)node[right]{$y$};
            \draw[->](0.5,0)arc(0:330:0.5);
            \node at(120:0.3){$\alpha$};
            \draw[thick](0,0)--node[below left]{$r$}(330:2.5)
coordinate(P)node[below]{$P(x,y)$}--node[right]{$y$}
```

```
            (P|-0,0)--node[above]{$x$}cycle;
\end{tikzpicture}
\end{center}
\begin{enumerate}
\item $\sin\alpha=\dfrac{\text{对}}{\text{斜}}$.
\item $\cos\alpha = \dfrac{\text{邻}}{\text{斜}} = \dfrac{x}{r}$.
\item $\tan \alpha = \dfrac{\text{对}}{\text{邻}} = \dfrac{y}{x}$.
\item $\cot\alpha = \dfrac{\text{邻}}{\text{对}} = \dfrac{x}{y}$.
\item $\sec\alpha = \dfrac{\text{斜}}{\text{邻}} = \dfrac{r}{x}$.
\item $\csc\alpha = \dfrac{\text{斜}}{\text{对}} = \dfrac{r}{y}$.
\end{enumerate}
```

在这里先绘制 5 幅图形，然后列出三角函数的定义公式。

程序代码编写完成后，单击菜单栏中的"工具/构建并查看"命令（快捷键：F5）或工具栏中的▶按钮，可以看到三角函数的定义公式排版效果如图 12.28 所示。

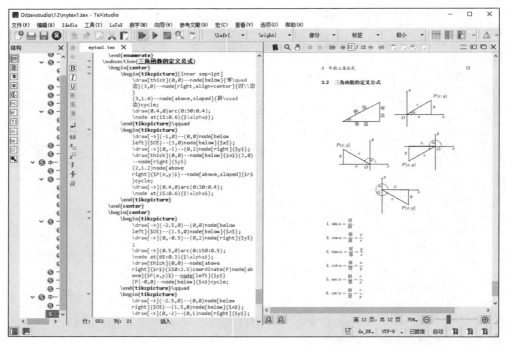

图 12.28　三角函数的定义公式排版效果

12.4.3 三角函数的基本关系公式

三角函数的基本关系公式的实现代码如下。

```
\subsection{三角函数的基本关系公式}
  \begin{enumerate}
    \item $\sin\alpha \cdot \csc\alpha = 1$.
    \item $\cos\alpha \cdot \sec\alpha = 1$.
    \item $\tan\alpha \cdot \cot\alpha = 1$.
    \item $\sin^2\alpha + \cos^2\alpha = 1$.
    \item $\sec^2\alpha - \tan^2\alpha = 1$.
    \item $\csc^2\alpha - \cot^2\alpha = 1$.
    \item $\tan\alpha = \dfrac{\sin\alpha}{\cos\alpha}$.
    \item $\cot\alpha = \dfrac{\cos\alpha}{\sin\alpha}$.
  \end{enumerate}
```

程序代码编写完成后，单击菜单栏中的"工具/构建并查看"命令（快捷键：F5）或工具栏中的 ▶ 按钮，可以看到三角函数基本关系公式的排版效果如图 12.29 所示。

图 12.29　三角函数基本关系公式的排版效果

12.4.4　三角函数在各象限的正负

在这里要使用\parbox命令绘制斜线表头，要在导言区先调用diagbox宏包，具体代码如下。

```
\usepackage{diagbox}
```

三角函数在各象限的正负的实现代码如下。

```
\subsection{三角函数在各象限的正负}
\[
\begin{array}{ccccccc}
    \hline
    \parbox{1.8cm}{\diagbox{象限}{函数}} & \sin \alpha & \cos\alpha & \tan\alpha &
    \cot\alpha & \sec\alpha & \csc\alpha\\
    \hline
    \text{I} & + & + & + & + & + & +\\
    \hline
    \text{II} & + & - & - & - & - & +\\
    \hline
    \text{III} & - & - & + & + & - & -\\
    \hline
    \text{IV} & - & + & - & - & + & -\\
    \hline
\end{array}
\]
```

程序代码编写完成后，单击菜单栏中的"工具/构建并查看"命令（快捷键：F5）或工具栏中的▶按钮，可以看到三角函数在各象限正负的排版效果如图12.30所示。

图 12.30　三角函数在各象限正负的排版效果

12.4.5　三角函数的正值区域

三角函数的正值区域的实现代码如下。

```
\subsection{三角函数的正值区域}
\begin{center}
    \begin{tikzpicture}
        \draw[->](-3,0) -- (3,0) node[below]{$x$};
        \draw[->](0,-2) -- (0,2) node[right]{$y$};
        \node[align=center] at (-1.5,1){II\\$\sin x$\\$\csc x$};
        \node[align=center] at (1.5,1){I\\全体};
        \node[align=center] at (-1.5,-1){$\tan x$\\$\tan x$\\III};
        \node[align=center] at (1.5,-1){$\cos x$\\$\sec x$\\IV};
    \end{tikzpicture}
\end{center}
```

程序代码编写完成后，单击菜单栏中的"工具/构建并查看"命令（快捷键：F5）或工具栏中的 ▶ 按钮，可以看到三角函数正值区域的排版效果如图 12.31 所示。

图 12.31　三角函数正值区域的排版效果

12.4.6　两角和的三角函数公式

两角和的三角函数公式的实现代码如下。

```
\subsection{两角和的三角函数公式}
\begin{enumerate}
    \item $\sin(\alpha\pm \beta) = \sin\alpha\cos\beta \pm \cos\alpha\sin\beta$.
    \item $\cos(\alpha\pm \beta) = \cos\alpha\cos\beta \mp \sin\alpha\sin\beta$.
    \item $\tan(\alpha \pm \beta) = \dfrac{\tan\alpha \pm \tan\beta}{1 \mp \tan\alpha \tan\beta}$.
    \item $\cot(\alpha\pm \beta) = \dfrac{\cot\alpha \cot\beta \mp 1}{\cot\beta \pm \cot\alpha}$.
\end{enumerate}
```

程序代码编写完成后，单击菜单栏中的"工具/构建并查看"命令（快捷键：F5）或工具栏中的▶按钮，可以看到两角和的三角函数公式排版效果如图12.32所示。

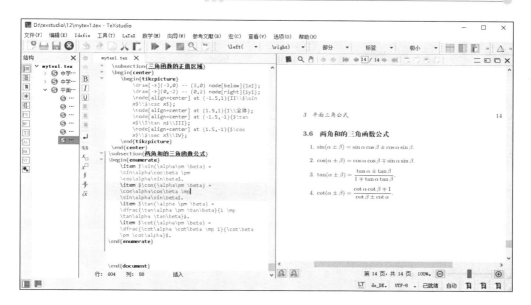

图 12.32　两角和的三角函数公式排版效果

12.4.7　倍角的三角函数公式

倍角的三角函数公式的实现代码如下。

```
\subsection{倍角的三角函数公式}
\begin{enumerate}
    \item $\sin 2\alpha = 2 \sin\alpha \cos\alpha$.
    \item $\cos 2\alpha = \cos^2\alpha - \sin^2\alpha = 1-2
\sin^2\alpha = 2\cos^2\alpha - 1$.
    \item $\tan 2\alpha = \dfrac{2\tan\alpha}{1 - \tan^2\alpha}$.
    \item $\cot2\alpha = \dfrac{\cot^2\alpha - 1}{2 \cot\alpha}$.
    \item $\sin^2\alpha = \dfrac{1}{2} (1 - \cos2\alpha)$.
    \item $\cos^2\alpha = \dfrac{1}{2} (1 + \cos2\alpha)$.
    \item $\sin3\alpha = 3 \sin\alpha - 4\sin^3\alpha$,
    或$4\sin^3\alpha - 3\sin\alpha + \sin3\alpha = 0$.
    \item $\cos3\alpha = 4\cos^3\alpha - 3\cos\alpha$,
    或$4\cos^3\alpha - 3\cos\alpha - \cos3\alpha = 0$.
    \item $\sin n\alpha = n \cos^{n-1}\alpha \sin\alpha-\dfrac
{n(n-1)(n-2)}{3!}\cos^{n-3}\alpha \sin^3\alpha$\\
```

```
        $+\dfrac{n(n-1)(n-2)(n-3)(n-4)}{5!} \cos^{n-5}\alpha \sin^5
\alpha + \dotsb$.
        \item $\cos n\alpha = \cos^n\alpha - \dfrac{n(n-1)}{2!}\cos^
{n-2}\alpha \sin^2\alpha$\\
        $+\dfrac{n(n-1)(n-2)(n-3)}{4!} \cos^{n-4}\alpha \sin^4\alpha +
\dotsb$.
    \end{enumerate}
```

程序代码编写完成后，单击菜单栏中的"工具/构建并查看"命令（快捷键：F5）或工具栏中的 ▶ 按钮，可以看到倍角的三角函数公式排版效果如图 12.33 所示。

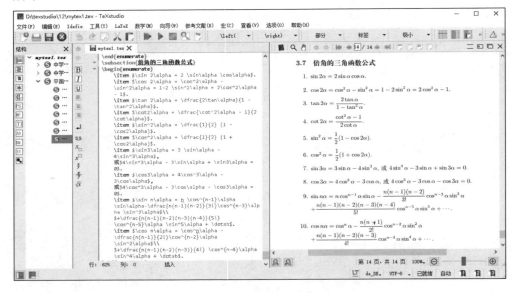

图 12.33　倍角的三角函数公式排版效果

12.4.8　半角的三角函数公式

倍角的三角函数公式的实现代码如下。

```
\subsection{半角的三角函数公式}
\begin{enumerate}
    \item $\sin\dfrac{\alpha}{2} = \pm\sqrt{\dfrac{1-\cos\alpha}
{2}}$.
```

```
        \pagebreak
        \item $\cos\dfrac{\alpha}{2} = \pm\sqrt{\dfrac{1+\cos\alpha}
{2}}$.
        \item $\tan \dfrac{\alpha}{2} = \pm\sqrt{\dfrac{1-\cos\alpha}
{1+\cos\alpha}} = \dfrac{1-\cos\alpha}{\sin\alpha}
        = \dfrac{\sin\alpha}{1+\cos\alpha}$.
        \item $\cot\dfrac{\alpha}{2} = \pm\sqrt{\dfrac{1+\cos\alpha}
{1-\cos\alpha}} = \dfrac{\sin\alpha}{1-\cos\alpha}
        = \dfrac{1+\cos\alpha}{\sin\alpha}$.
    \end{enumerate}
```

程序代码编写完成后，单击菜单栏中的"工具/构建并查看"命令（快捷键：F5）或工具栏中的 ▶ 按钮，可以看到半角的三角函数公式排版效果如图 12.34 所示。

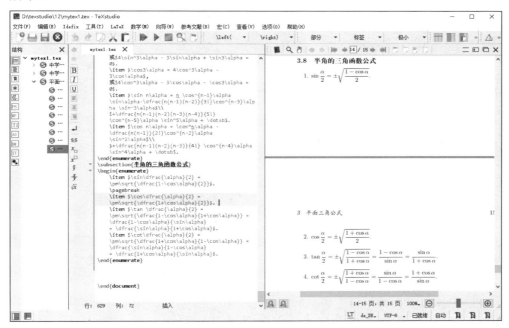

图 12.34　半角的三角函数公式排版效果

12.5　中学数学公式手册的目录

在 LaTeX 程序中，生成目录只须在适合的位置添加如下代码。

\tableofcontents

需要注意的是，这个命令在 book 和 report 文档类中会单独生成一章，而在 article 文档类中，会生成一节。

在\maketitle 命令后添加\tableofcontents 命令的目录排版效果如图 12.35 所示。

单击菜单栏中的"工具/构建并查看"命令（快捷键：F5）或工具栏中的▶按钮，可以看到中学数学公式手册的目录。

图 12.35　中学数学公式手册的目录

这里会发现中学数学公式手册的目录在首页中。如果把\documentclass{ctexart}改为\documentclass{ctexbook}，这时目录会分页显示，效果如图 12.36 所示。

在\documentclass{ctexart}状态下，如果想把目录分页显示的话，可以在\tableofcontents 命令前添加\newpage 命令，即手动断页命令，效果如图 12.37 所示。

第 12 章　中学数学公式手册的排版

图 12.36　目录分页显示效果

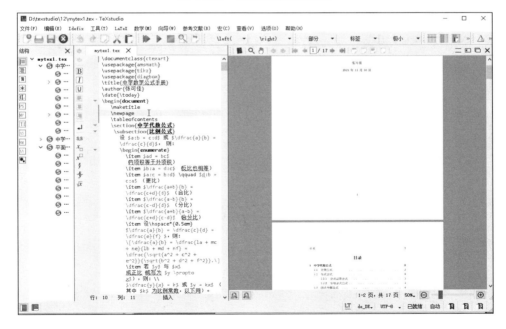

图 12.37　手动断页效果

第 13 章

普通高考数学试卷的排版

本章通过综合案例——普通高考数学试卷的排版,让我们进一步对 LaTeX 进行综合认识,掌握其排版的核心思想及技巧,从而学以致用。

本章主要内容包括:

- ✓ 纸张及页面边距设置。
- ✓ 数学试卷标题和注意事项的排版。
- ✓ 自定义\fourch 命令、\twoch 命令、\onech 命令。
- ✓ 数学试卷选择题的排版。
- ✓ 数学试卷填空题的排版。
- ✓ 解答题中的必答题的排版。
- ✓ 解答题中的选考题的排版。
- ✓ 为数学试卷添加页眉和页脚。

13.1 数学试卷标题和注意事项的排版

数学试卷的排版，先要设置纸张大小、字号大小及页边距等基本项目。基本设置完成后，就可以输入数学试卷标题和注意事项内容。

13.1.1 纸张及页面边距设置

打开 TeXstudio 软件，新建一个文档，在文档中编写如下代码。

```
\documentclass[12pt,a4paper,reqno]{ctexart}
\usepackage[left=0.6in,right=0.6in,top=0.8in,bottom=1.0in]{geometry}
```

在上述代码中，设置纸张的大小为 A4、字号大小为 12pt（12 号字体）；设置左右页面边距 0.6 英寸，上页面边距为 0.8 英寸，下页面边距为 1 英寸。

13.1.2 数学试卷标题

当导言区设置完成后，就可以进行正文编写了。数学试卷标题实现代码如下。

```
\begin{center}
   \begin{Large}
      2020 年普通高等学校招生全国统一考试\\
      \textbf{数学(理科)试卷}\\
   \end{Large}
\end{center}
```

在上述代码中，设置标题居中，文体字号为较大的字号，\textbf 为粗体。

程序代码编写完成后，单击菜单栏中的"工具/构建并查看"命令（快捷键：F5）或工具栏中的 ▶ 按钮，可以看到数学试卷标题的排版效果如图 13.1 所示。

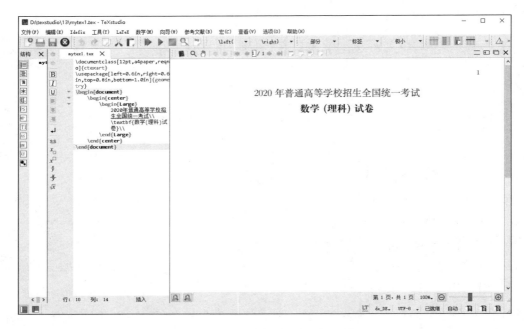

图 13.1 数学试卷标题的排版效果

13.1.3 注意事项

注意事项的实现代码如下。

```
\noindent\textbf{注意事项：} \\
    \noindent1.答题前,考生先将自己的姓名、准考证号码填写清楚，将条形码准确粘贴在条形码区域内；\\
    \noindent 2.选择题必须使用 2B 铅笔填涂,非选择题必须使用 0.5 毫米黑色字迹的签字笔书写；\\
    \noindent 3.请按照题号顺序在答题卡的答题区域内作答,超出答题区域的其他地方答案无效；\\
    \noindent 4.作图可先使用铅笔画出，确定后必须用黑色签字笔描黑；\\
    \noindent 5.保持卡面清洁、不要折叠、弄破,不准使用修正带、涂改液、刮纸刀。\\
```

其中，\noindent 表示没有缩进；\textbf 表示粗体；\\表示手动换行。

程序代码编写完成后，单击菜单栏中的"工具/构建并查看"命令（快捷键：F5）或工具栏中的 按钮,可以看到数学试卷注意事项的排版效果如图 13.2

所示。

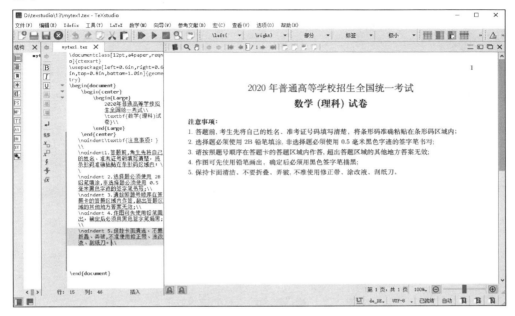

图 13.2 数学试卷注意事项的排版效果

13.2 数学试卷选择题的排版

数学试卷标题和注意事项排版完成后，就可以继续排版选择题了。

13.2.1 选择题说明信息

选择题说明信息实现代码如下。

\noindent\textbf{第一部分} \ 选择题:本题共 12 小题,每小题5 分,共60 分,在每个小题给出的四个选项中,只有一个符合题目要求}

程序代码编写完成后，单击菜单栏中的"工具/构建并查看"命令（快捷键：F5）或工具栏中的 ▶ 按钮，可以看到选择题说明信息的排版效果如图 13.3 所示。

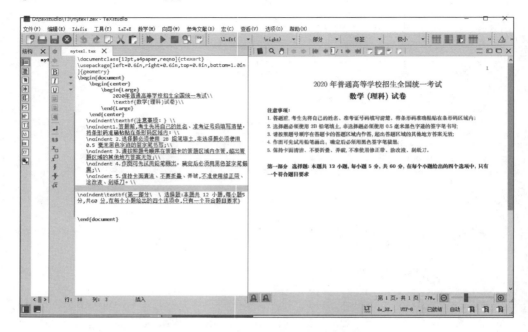

图 13.3　选择题说明信息的排版效果

13.2.2　选择题中的第一、二题

为了调整行与行之间的距离,首先在导言区调用 setspace 宏包;为了调用数学函数,还需要调用 amsmath 和 amssymb 宏包,具体代码如下。

```
\usepackage{setspace}
\usepackage{amsmath}
\usepackage{amssymb}
```

为了排版选择题的答案,即 A、B、C、D 的单行水平排列,需要在导言区自定义\fourch 命令,具体代码如下。

```
\newcommand{\fourch}[4]{
    \\\begin{tabular}
       {*{4}{@{}p{3.5cm}}}(A)~#1 & (B)~#2 & (C)~#3 & (D)~#4
    \end{tabular}}
```

该命令有 4 个参数,参数之间的距离为 3.5cm。

接下来就可以在正文编写第一、二题的代码了,具体如下。

```
\begin{spacing}{1.25}
    \begin{enumerate}
        \setcounter{enumi}{0}
        \item 已知集合$A=\{(x,y)|x,y\in \text{N}^{+}, y \geqslant x\}, B=\{(x,y)|x+y = 8 \}$,则$A\bigcap B$ 中元素的个数为(   ).
        \fourch{2}{3}{4}{6}
        \item 复数$\dfrac{1}{1-3i}$ 的虚部是(   ).
        \fourch{$-\dfrac{3}{10}$}{$-\dfrac{1}{10}$}{$\dfrac{1}{10}$}{$\dfrac{3}{10}$}
    \end{enumerate}
\end{spacing}
```

程序代码编写完成后,单击菜单栏中的"工具/构建并查看"命令(快捷键:F5)或工具栏中的 ▶ 按钮,可以看到选择题中第一、二题的排版效果如图 13.4 所示。

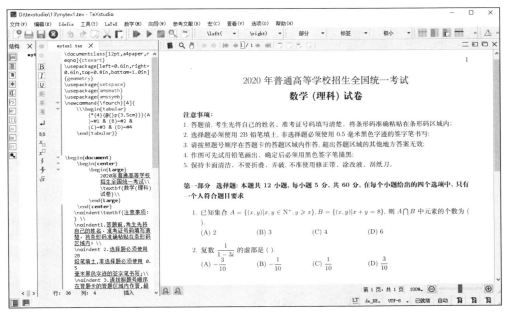

图 13.4　选择题中第一、二题的排版效果

13.2.3 选择题中的第三题

为了实现选择题的答案，即 A、B、C、D 的单行垂直排列，需要在导言区自定义\onech 命令，具体代码如下。

```
\newcommand{\onech}[4]{
    \\(A)~#1 \\ (B)~#2 \\ (C)~#3 \\ (D)~#4}
```

选择题中的第三题的实现代码如下。

```
    \item 一组样本数据中,1,2,3,4 出现的频率分别为 $p_{1}, p_{2}, p_{3},
p_{4}$, 且 $\sum\limits_{i=1}^{4}=1$,则下面四种情形中,对应样本的标准差最大
的一组是 ( ).
    \onech{$p_{1}=p_{4}=0.1, _{2}=p_{3}=0.4$}{$p_{1}=p_{4}=0.4,
p_{2}=p_{3}=0.1$}{$p_{1}=p_{4}=0.2,
p_{2}=p_{3}=0.3$}{$p_{1}=p_{4}=0.3, p_{2}=p_{3}=0.2$}
```

程序代码编写完成后，单击菜单栏中的"工具/构建并查看"命令（快捷键：F5）或工具栏中的 ▶ 按钮，可以看到选择题中第三题的排版效果如图 13.5 所示。

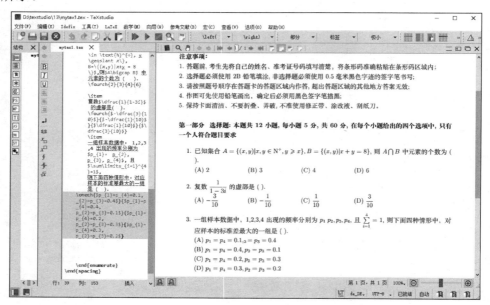

图 13.5　选择题中第三题的排版效果

13.2.4 选择题中的第四～七题

选择题中的第四题实现代码如下。

```
\item Logistic 是常用数学模型之一，可应用于流行病学领域．有学者根据公布数据建立了某地区新冠肺炎累计确诊病例数 $I(t)$($t$ 的单位：天）的 Logistic 模型：$I(t)=\dfrac{K}{e^{-0.23(t-53)}}$ 其中 $K$ 为最大确诊病例数．当 $I(t^{*})= 0.95K$ 时，标志着初步遏制疫情，则 $t^{*}$ 约为 $(\ln 19 \approx 3)$~( )
           \fourch{60}{63}{66}{69}
```

选择题中的第五题实现代码如下。

```
\item 设~$O$ 为坐标原点，直线 $ x = 2$ 与抛物线 $C: y^2=2px( p > 0)$ 相交于 $D,E$两点，若$OD\perp OE $ 则 $C$ 的焦点坐标为~( ).
    \fourch{$(\dfrac{1}{4}, 0)$}{$(\dfrac{1}{2}, 0)$}{$(1, 0)$}{$(2, 0)$}
```

选择题中的第六题实现代码如下。

```
\item 已知向量~$a, b$ 满足 $| a|= 5, | b|=6, a\cdot b = -6$，则 $\cos\langle a, a+ b\rangle=$~( ).
    \fourch{$-\dfrac{31}{35}$}{$-\dfrac{19}{35}$}{$\dfrac{17}{35}$}{$\dfrac{19}{35}$}
```

选择题中的第七题实现代码如下。

```
\item 在 $\triangle ABC$ 中, $\cos C = \dfrac{2}{3}, AC= 4, BC= 3$，则 $\cos B=$~( ).
    \fourch{$\dfrac{1}{9}$}{$\dfrac{1}{3}$}{$\dfrac{1}{2}$}{$2-\dfrac{2}{3}$}
```

程序代码编写完成后，单击菜单栏中的"工具/构建并查看"命令（快捷键：F5）或工具栏中的 ▶ 按钮，可以看到选择题中第四、五、六、七题的排版效果如图 13.6 所示。

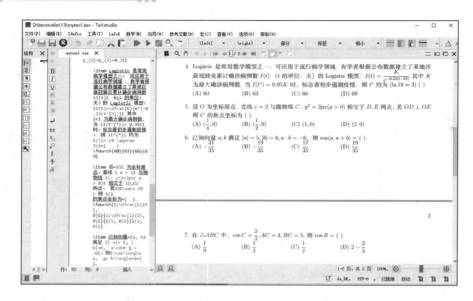

图 13.6　选择题中第四、五、六、七题的排版效果

13.2.5　选择题中的第八题

绘制图形要先在导言区中调用 tikz 宏包，具体代码如下。

```
\usepackage{tikz}
```

选择题中的第八题的实现代码如下。

```
    \item 右图为某几何体的三视图，则该几何体的表面积是~(    ).
\onech{$6+4\sqrt{2}$}{$4+4\sqrt{2}$}{$6+2\sqrt{3}$}{$4+2\sqrt{3}$}
        \vspace{-3.5cm}
        \begin{flushright}
            \begin{tikzpicture}[scale=0.8][h!]
                \draw (0,0)--(2,0)--(2,2)--cycle;
                \draw (2.5,0)--(4.5,0)--(2.5,2)--cycle;
                \draw (0,-0.5)--(2,-0.5)--(2,-2.5)--cycle;
                \draw (0,-0.05)--(0,-0.25);
                \draw (2,-0.05)--(2,-0.25);
                \draw (0,-0.5)--(2,-0.5);
                \draw[->] (0.8,-0.15)--(0,-0.15);
                \draw[->] (1.2,-0.15)--(2,-0.15);
                \node[below] at (1,0.1){$2$};
                \draw (2.05,0)--(2.25,0);
```

```
        \draw (2.05,2)--(2.25,2);
        \draw (0,-0.5)--(2,-0.5);
        \draw[->] (2.15,0.8)--(2.15,0);
        \draw[->] (2.15,1.2)--(2.15,2);
        \node[right] at (1.9,1){$2$};
        \draw (2.05,-0.5)--(2.25,-0.5);
        \draw (2.05,-2.5)--(2.25,-2.5);
        \draw[->] (2.15,-1.1)--(2.15,-0.5);
        \draw[->] (2.15,-1.6)--(2.15,-2.5);
        \node[below] at (2.15,-1){$2$};
        \node[below] at (2.15,-2.6){$\text{第 8 题图}$};
    \end{tikzpicture}
\end{flushright}
```

其中，flushright 表示右对齐，即绘制的图形放在右边。

程序代码编写完成后，单击菜单栏中的"工具/构建并查看"命令（快捷键：F5）或工具栏中的 ▶ 按钮，可以看到选择题中第八题的排版效果如图 13.7 所示。

图 13.7　选择题中第八题的排版效果

13.2.6　选择题中的第九、十题

选择题中的第九题是利用\fourch 命令单行水平排列答案；选择题中的第十题是每行两个答案，占两行，在这里要在导言区自定义命令\twoch 来实现，代

码如下。

```
\newcommand{\twoch}[4]{
    \\\begin{tabular}{*{2}{@{}p{7cm}}}(A)~#1 & (B)~#2
    \end{tabular}
    \\\begin{tabular}{*{2}{@{}p{7cm}}}(C)~#3 &
        (D)~#4
    \end{tabular}}
```

选择题中的第九、十题的实现代码如下。

```
\vspace{-2cm}
        \item 已知~$2\tan \theta-\tan(\theta+\dfrac{\pi}{4})=7$,则
$\tan \theta =$ ~( ).
        \fourch{-2}{-1}{1}{2}
        \item 若直线 ~$l$ 与曲线~$y=\sqrt{x}$ 和圆~$x^2+y^2=\dfrac
{1}{5}$ 都相切,则~$l$ 的方程为~( ).
        \twoch{$y=2x+1$}{$y=2x+\dfrac{1}{2}$}{$\dfrac{1}{2}x+1$}{$\dfrac
{1}{2}x+\dfrac{1}{2}$}
```

程序代码编写完成后,单击菜单栏中的"工具/构建并查看"命令（快捷键：F5）或工具栏中的 ▶ 按钮,可以看到选择题中第九、十题的排版效果如图 13.8 所示。

13.2.7 选择题中的第十一、十二题

选择题中的第十一、十二题实现代码如下。

```
    \item 若双曲线 $C: \dfrac{x^{2}}{a^{2}}-\dfrac{y^{2}}{b^{2}}=1,
(a>0, b>0)$ 的左右焦点分别为 $F_{1}, F_{2}$,离心率为 $\sqrt{5}$, $P$ 是$C$
上一点,且$F_{1}P\perp F_{2}P,$ 若 $\triangle PF_1F_2$ 的面积
为 $4$,则$a=$~( ).
        \fourch{1}{2}{4}{8}
        \item 已知~$5^5<8^4, 13^4<8^5$. 设 $a = \log_{5}3, b=\log_{8}
5, c=\log_{13}8$,则~( ).
        \fourch{$a<b<c$}{$b<a<c$}{$b<c<a$}{$c<b<a$}
```

图 13.8 选择题中第九、十题的排版效果

程序代码编写完成后，单击菜单栏中的"工具/构建并查看"命令（快捷键：F5）或工具栏中的 ▶ 按钮，可以看到选择题中第十一、十二题的排版效果如图 13.9 所示。

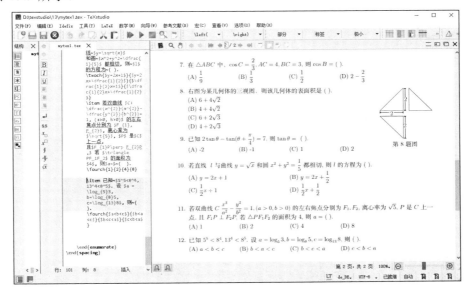

图 13.9 选择题中第十一、十二题的排版效果

13.3　数学试卷填空题的排版

下面来排版数学试卷填空题。首先输入\thispagestyle{empty}命令，这表示该页不显示页码，随后输入数学试卷填空题说明信息，代码如下。

`\noindent\textbf{第二部分\`	`\ 填空题:本部分共 4 道小题,每个小题~5 分, 共~`
`20 分}`	

程序代码编写完成后，单击菜单栏中的"工具/构建并查看"命令（快捷键：F5）或工具栏中的 ▶ 按钮，可以看到数学试卷填空题说明信息的排版效果如图 13.10 所示。

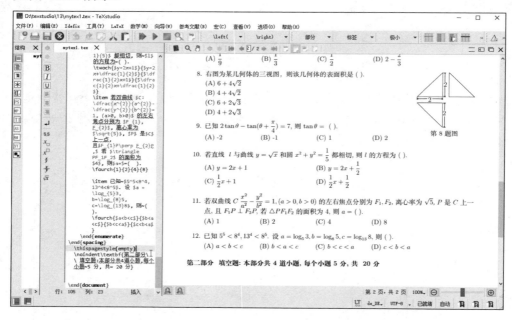

图 13.10　数学试卷填空题说明信息的排版效果

13.3.1　填空题中的第一题

填空题中第一题的实现代码如下。

```
\begin{enumerate}\setcounter{enumi}{12}
    \thispagestyle{empty}
    \item 若变量~$x,y$ 满足约束条件 $f(x)= \left \{
    \begin{aligned}
        &x+y\geq 0;\\
        &2x-y\geq 0;\\
        &x\leq 1;
    \end{aligned}
    \right.$ 则 $z=2x+y$ 的最大值为\underline{\quad \quad}.
\end{enumerate}
```

注意，这里填空题编号从 13 开始，利用\thispagestyle{empty}命令不显示页码；\left\{显示左侧可变大括号；\geq 表示大于等于；\leq 表示小于等于。

程序代码编写完成后，单击菜单栏中的"工具/构建并查看"命令（快捷键：F5）或工具栏中的 ▶ 按钮，可以看到填空题中第一题的排版效果如图 13.11 所示。

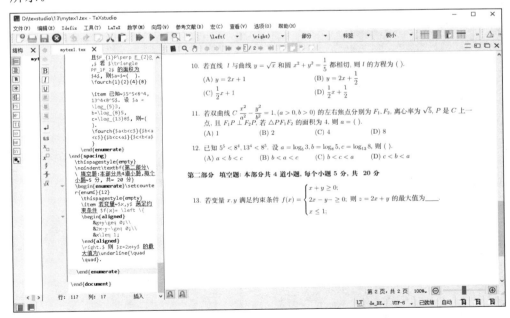

图 13.11　填空题中第一题的排版效果

13.3.2　填空题中的第二、三题

填空题中的第二、三题实现代码如下。

```
    \item 二次项式 ~$(x^2+\dfrac{2}{x})^{6}$ 展开式中常数项是
~\underline{\quad  \qquad}（用数字作答）．
    \item 一直圆锥的底面半径为 1，母线长为 3,则该圆锥内半径最大的球的体积为
~\underline{\quad  \qquad}
```

程序代码编写完成后，单击菜单栏中的"工具/构建并查看"命令（快捷键：F5）或工具栏中的 ▶ 按钮，可以看到填空题中第二、三题的排版效果如图 13.12 所示。

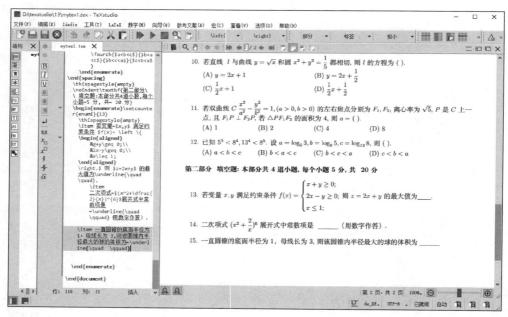

图 13.12　填空题中第二、三题的排版效果

13.3.3　填空题中的第四题

填空题中第四题的实现代码如下。

```
    \item 关于函数~$f(x)= \sin x +\dfrac{1}{\sin x}$ 有如下四个命题：
        \begin{enumerate}
            \item[\small\textcircled{1}] $f(x)$ 的图像关于 $y$ 轴对称.
            \item[\small\textcircled{2}] $f(x)$ 的图像关于原点轴对称.
            \item[\small\textcircled{3}] $f(x)$ 的图像关于直线 $x=\dfrac
{\pi}{2}$ 对称.
            \item[\small\textcircled{4}] $f(x)$ 的最小值为 2.
        \end{enumerate}
        其中所有真命题的序号是 \underline{\qquad \qquad}.
```

程序代码编写完成后，单击菜单栏中的"工具/构建并查看"命令（快捷键：F5）或工具栏中的 ▶ 按钮，可以看到填空题中第四题的排版效果如图 13.13 所示。

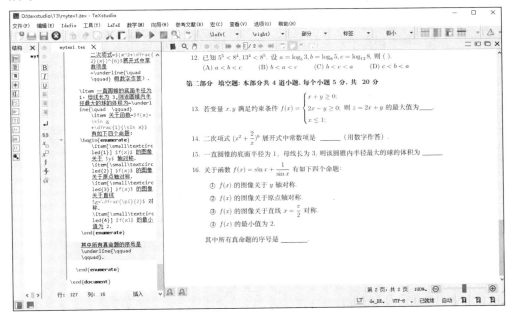

图 13.13　填空题中第四题的排版效果

13.4　数学试卷解答题的排版

前面介绍了数学试卷的选择题和填空题的排版方法，下面来介绍一下如何排版数学试卷的解答题。

13.4.1 解答题说明信息和第一题

解答题说明信息实现代码如下。

```
\noindent\textbf{第三部分\    \ 解答题：共 70 分,解答应写出文字说明、证明过
程或演算步骤.第$17\sim21$题为必考题,每个考生都必须作答；第$22\sim24$题为选考题,
考生根据要求作答(每题~7 分，共~21 分)}\\
       (一) 必考题(共 60 分)  }
```

解答题的第一题实现代码如下。

```
\begin{enumerate}\setcounter{enumi}{16}
     \item    (本题满分 10 分，第一小题满分 4 分，第二小题满 6 分)\\
        设数列 $\left\{a_{n}\right\}$ 满足$a_{1}=3,  a_{n+1}=3a_{n}-4n$.\\
        (1)计算 $a_{2},  a_{3}$,  猜想~$\left\{a_{n}\right\}$ 的通项公式并
加以证明.\\
        (2) 求数列 $\left\{2_{n}a_{n}\right\}$ 的前 $n$ 项和 $S_{n}$.
    \vspace{2cm}
\end{enumerate}
```

程序代码编写完成后，单击菜单栏中的"工具/构建并查看"命令（快捷键：F5）或工具栏中的 ▶ 按钮，可以看到解答题说明信息和第一题的排版效果如图 13.14 所示。

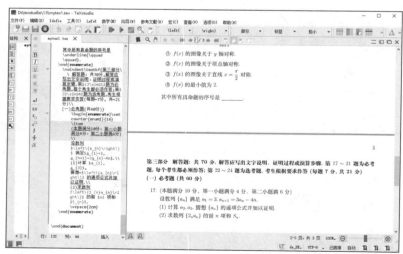

图 13.14　解答题说明信息和第一题的排版效果

13.4.2 解答题中的第二题

在这里，要使用\diagbox 命令需要先在导言区中调用 diagbox 宏包，具体代码如下。

```
\usepackage{diagbox}
```

解答题中的第二题的实现代码如下。

```
    \item    (本题满分12分，第一小题满分6分，第二小题满6分) \\
        某兴趣小组随机调查了某市~100 天中每天的空气质量等级和当天某公园锻炼的人次，整理数据得到下表（单位：天）：
        \begin{center}
            \tabcolsep 3pt
            \begin{tabular}{|c|c|c|c|}
                \hline
                \diagbox{空气质量等级}{锻炼人次} & [0, 200] & (200, 400] & (400, 600] \\
                \hline
                1（优）& 2 & 16 & 25 \\
                \hline
                2（良）& 5 & 10 & 12 \\
                \hline
                3（轻度污染）& 6 & 7 & 8 \\
                \hline
                4（重度污染）& 7 & 2 & 0 \\
                \hline
            \end{tabular}
        \end{center}
        （1）分别估计该市一天的空气质量等级为~1, 2, 3, 4 的概率；
        （2）求一天中到该公园锻炼的平均人次的估计值（同一组中的数据用该组区间的中点值为代表）；
        （3）若空气质量等级为 1 或 2，则称这天"空气质量良好"；若某天的空气质量等级为 3 或 4，则称这天"空气质量不好"，根据所给数据，完成下面~$2 \times 2$ 列联表，并根据列联表，判断是否有~95\% 的把握认为一天中到该公园锻炼的人次与该市当天的空气质量有关？
        \begin{center}
            \begin{tabular}{|c|c|c|}
                \hline
                & 人次~$\leqslant$ 400 & \qquad 人次~$>$ 400 \\
```

```
            \hline
            空气质量好 & \qquad  & \\
            \hline
            空气质量不好 & \qquad  & \\
            \hline
        \end{tabular}
\end{center}
附: $K^{2}=\dfrac{n(ad-bc)^{2}}{(a+b)(c+d)(a+c)(b+d)}$,
\begin{tabular}{c|ccc}
    %\hline
    $P(K^{2}\geqslant k)$ &  0.050 &  0.010 &  0.001 \\
    \hline
    $k$ &   40 &  6.635 &   10.828 \\
    %\hline
\end{tabular}
\vspace{4cm}
```

程序代码编写完成后,单击菜单栏中的"工具/构建并查看"命令(快捷键:F5)或工具栏中的 ▶ 按钮,可以看到解答题中第二题的排版效果如图13.15所示。

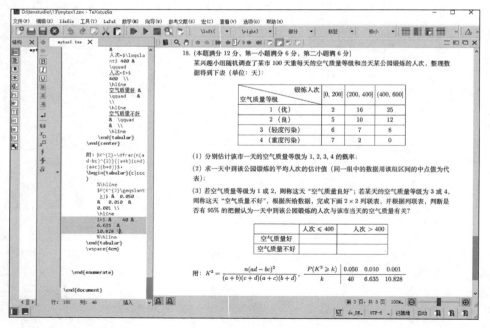

图13.15 解答题中第二题的排版效果

13.4.3 解答题中的第三题

解答题中第三题的实现代码如下。

```
\item (本题满分12分,第一小题满分3分,第二小题满分4分,第三小题满分5分)\\
如图,在长方体 $ABCD-A_{1}B_{1}C_{1}D_{1}$ 中, $E$, F$ 分别在棱
$DD_{1}$, $BB_{1}$ 上,且 $2DE=ED_{1}, BF=2FB_{1}$.
(1)证明:点 $C_{1}$ 在平面 $AEF$ 内.
(2)若 $AB=2, AD=1, AA_{1}=3$ 求二面角$A-EF-A_{1}$ 的正弦值.
\begin{flushright}
    \begin{tikzpicture}[scale=0.7]
        \draw(0,0)coordinate(D_{1})node[left]{$D_{1}$}(3,0)
        coordinate(A_{1})node[right]{$A_{1}$}
        (2,2.4)coordinate(C_{1})node[left]{$C_{1}$}(5,2.4)
        coordinate(B_{1})node[below]{$B_{1}$}
        (6,2.4)coordinate(J)
        (0,6)coordinate(D)node[left]{$D$}(2,8.4)
        coordinate(C)node[above]{$C$}
        (5,8.4)coordinate(B)node[above]{$B$}
        (1.5,0)coordinate(K)
        (3,6)coordinate(A)node[above]{$A$}
        (0,4.4)coordinate(E)node[right]{$E$}
        (5,3.8)coordinate(F)node[right]{$F$};
        \draw(D_{1})--(D)--(C)--(B)--(A)--(D)
        (D_{1})--(A_{1})--(A)(A_{1})--(B_{1})--(B)(E)--(A)(A)--(F)
        (F)--(A_{1})(A_{1})--(E);
        \draw[densely dashed](E)--(F)(D_{1})--(C_{1})(C_{1})--
        (C)(C_{1})--(B_{1});
    \end{tikzpicture}
\end{flushright}
```

程序代码编写完成后,单击菜单栏中的"工具/构建并查看"命令(快捷键:F5)或工具栏中的 ▶ 按钮,可以看到解答题中第三题的排版效果如图 13.16 所示。

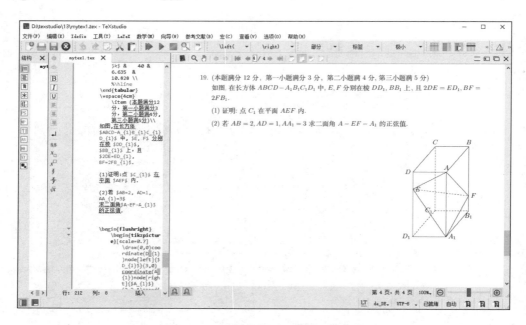

图 13.16　解答题中第三题的排版效果

13.4.4　解答题中的第四、五题

解答题中第四、五题的实现代码如下。

```
    \item   (本题满分14分，第一小题满分3分，第二小题满5分，第三小题满分6分)\\
    已知椭圆 $C$：$\dfrac{x^{2}}{25}+\dfrac{y^{2}}{m^{2}}=1$ 的离心率为 $\dfrac{\sqrt{15}}{4}$，$A, B$ 两点分别为 $C$ 的左、右顶点.\\
    (1)求 $C$ 的方程；
    (2)若 $P$ 在 $C$ 上，点 $Q$ 在 直线 $x=6$ 上，且 $|BP|=|BQ|$，求 $\triangle APQ$ 的面积.
        \vspace{3cm}
    \item   (本题满分12分，第一小题满分6分，第二小题满6分)
    设 函数 $f(x)=x^3+bx+c$，曲线 $y=f(x)$ 在点 $(\dfrac{1}{2},f(\dfrac{1}{2}))$ 处的切线与 $y$ 轴垂直.
    (1)求 $b$；
    (2)若 $f(x)$ 有一个绝对值不大于 1 的零点，证明：~$f(x)$ 的所有零点的绝对值都不大于 1.
```

\vspace{3cm}

程序代码编写完成后，单击菜单栏中的"工具/构建并查看"命令（快捷键：F5）或工具栏中的 ▶ 按钮，可以看到解答题中第四、五题的排版效果如图 13.17 所示。

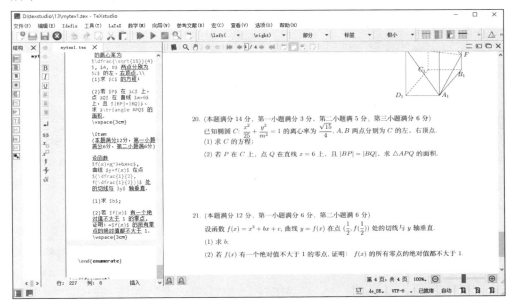

图 13.17　解答题中第四、五题的排版效果

13.4.5　解答题中的选考题

解答题中的选考题实现代码如下。

```
    \newpage
        \noindent\textbf{(二)\ \ 选考题：共 10 分，请考生在第$22\sim24$中任选一道题作答，如果考生多做，则按给出解答的第一题计分.}
        \vspace{1cm}
        \begin{enumerate}\setcounter{enumi}{21}
            \item $\left[ \textbf{选修 4\--4：参数坐系}\right]$ \\
            在直角坐标系 $\left\{x0y\right\}$ 中，曲线 $C$ 的参数方程为：$\left\{
            \begin{aligned}
```

```
            &  x= 2-t-t^2,\\
            &  y=2-3t+t^2,
        \end{aligned}
    \right.$($t$ 为参数且 $t\neq 1$), $C$ 与坐标轴相交于 $A, B$ 两点.
    (1)求 $|AB|$;
    (2)以坐标原点为极点, $x$ 正半轴为极轴建立极坐标系,求直线 $AB$ 的极坐标方程.        \vspace{3cm}
    \item $\left[ \textbf{选修 4\--5:不等式选讲}\right]$\\
    设$a ,b ,c\in {R}$, 且$a+b+c=0, abc = 1 $.
    (1)证明: $ab+bc+ca < 0$;
    (2)用 $\max~\{a, b, c \}$ 的最大值, 证明: $\max~\{a, b, c\} \geqslant \sqrt[3]{4}$.\\
    \end{enumerate}
```

程序代码编写完成后,单击菜单栏中的"工具/构建并查看"命令(快捷键: F5)或工具栏中的 ▶ 按钮,可以看到解答题中选考题的排版效果如图 13.18 所示。

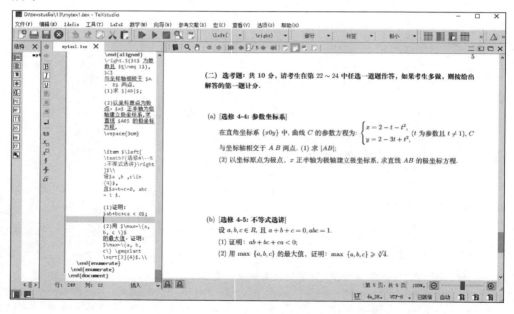

图 13.18　解答题中选考题的排版效果

13.5 为数学试卷添加页眉和页脚

为数学试卷添加页眉和页脚，要在导言区调用 fancyhdr、fancy 和 lastpage 宏包，具体代码如下。

```
\usepackage{fancyhdr}
\pagestyle{fancy}
\usepackage{lastpage}
```

接着在正文区，在数学试卷标题之前添加页眉信息，代码如下。

```
\lhead{\small{绝密 $\bigstar$ 启用前}}
```

程序代码编写完成后，单击菜单栏中的"工具/构建并查看"命令（快捷键：F5）或工具栏中的 ▶ 按钮，可以看到数学试卷中页眉的排版效果如图 13.19 所示。

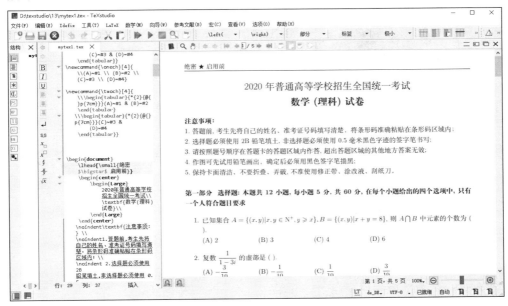

图 13.19 数学试卷中页眉的排版效果

接下来为数学试卷标题之前添加页脚信息，代码如下。

```
\cfoot{理科数学试题第 \thepage 页（共 \pageref{LastPage}页）}
```

程序代码编写完成后，单击菜单栏中的"工具/构建并查看"命令（快捷键：F5）或单击工具栏中的 ，就可以看到数学试卷中页脚的排版效果，如图13.20所示。

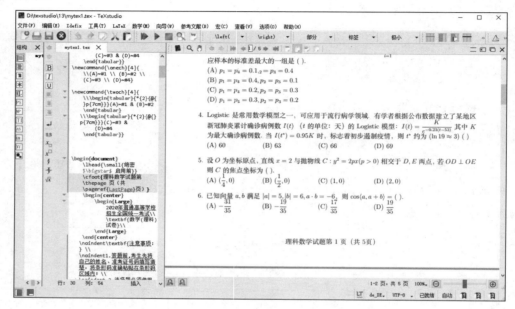

图13.20　数学试卷中页脚的排版效果